Zu diesem Buch

Die Zahl der Bücher und Artikel über Klassen,
Schichten und Mobilität ist Legion. Wozu ein
neues? Ein großer Teil der Literatur beschränkt
sich auf die Darstellung begrenzter Probleme
oder eines Spektrums von nur mittelbar miteinander
verbundener Themen. In diesem Buch wurde versucht,
Theorie und Empirie stärker miteinander zu verknüpfen, ohne dabei nur einen Ausschnitt der Forschung auf diesem Gebiet darstellen zu müssen.
Es werden deshalb diejenigen Theorien, die einen
nachhaltigen Einfluß auf die Forschung gehabt
haben, beschrieben; im Anschluß daran wird die
Frage aufgeworfen, ob es neue Theorien gibt. Die
Diskussion der theoretischen Fragen führt über zu
einer empirischen Analyse der verschiedenen Bereiche der Klassenbildung, der sozialen Schichtung
und der sozialen Mobilität. Die Basis bildet Material aus der amtlichen Statistik und aus neueren
Bevölkerungsumfragen. Besondere Bedeutung kommt
dem Vergleich zwischen der Bundesrepublik und anderen Industriegesellschaften zu.

Das Buch ist ein Lehrbuch und enthält deshalb eine
Wiedergabe von Theorien und von empirischen Ergebnissen. Darüber hinaus wurde ein analytisches Ziel
verfolgt und so weit wie möglich versucht, Theorien
und Hypothesen zu testen. Das Buch wendet sich an
Studenten im Hauptstudium.

D1695630

Studienskripten zur Soziologie

Herausgeber: Prof. Dr. Erwin K. Scheuch
            Priv.-Doz. Dr. Heinz Sahner

Teubner Studienskripten zur Soziologie sind als in
sich abgeschlossene Bausteine für das Grund- und
Hauptstudium konzipiert. Sie umfassen sowohl Bände
zu den Methoden der empirischen Sozialforschung,
Darstellungen der Grundlagen der Soziologie, als
auch Arbeiten zu sogenannten Bindestrich-Soziologien,
in denen verschiedene theoretische Ansätze, die Entwicklung eines Themas und wichtige empirische Studien
und Ergebnisse dargestellt und diskutiert werden.
Diese Studienskripten sind in erster Linie für An-
fangssemester gedacht, sollen aber auch dem Examens-
kandidaten und dem Praktiker eine rasch zugängliche
Informationsquelle sein.

Klassen, Schichten, Mobilität

Von Dr. rer. pol. Thomas A. Herz
Professor an der Universität Siegen

B. G. Teubner Stuttgart 1983

Professor Dr. rer. pol. Thomas A. Herz

wurde in Norrköping, Schweden, geboren. Studium der
Soziologie, der Wirtschaftswissenschaften und der
Sozialpsychologie an der Universität zu Köln. Promo-
tion 1973. Assistent im Zentralarchiv für empirische
Sozialforschung der Universität zu Köln. Seit 1977
Professor für Soziologie - Empirische Sozialforschung
an der Universität - Gesamthochschule - Siegen.

CIP-Kurztitelaufnahme der Deutschen Bibliothek

Herz, Thomas A.:
Klassen, Schichten, Mobilität / von Thomas A.
Herz. - Stuttgart : Teubner, 1983. - 316 S.
   (Teubner-Studienskripten ; 46 : Studienskripten
   zur Soziologie)
   ISBN 3-519-00046-6

NE: GT

Printed in Germany
Gesamtherstellung: Beltz Offsetdruck, Hemsbach/Bergstr.
Umschlaggestaltung: W. Koch, Sindelfingen

Vorwort

Dieses Buch hat eine lange, allzu lange Entstehungsgeschichte.
Den ersten Entwurf habe ich vor einigen Jahren aus Anlaß eines
Seminars über soziale Schichtung verfaßt. Ich hatte die feste
Absicht, ihn in den Ferien für die Veröffentlichung umzuar-
beiten. Daraus wurde dann aus Gründen, die ich im einzelnen
nicht in Erinnerung habe, nichts. Wahrscheinlich waren es
dieselben Gründe, die mich mehrfach veranlaßten, halbwegs
fertige Entwürfe beiseite zu legen, nämlich andere und
vermeintlich dringendere Arbeiten. Ein Freisemester gab mir
jetzt die Gelegenheit, das druckreife Manuskript zu schreiben.
Ich hoffe, aus der Erfahrung gelernt zu haben, niemals
einen Entwurf nur halbfertig in die Schublade zu verbannen.
Manuskripte sind nicht wie Wein; sie werden durch Liegen-
lassen nicht besser.

Meine Kollegin, Frau Helge Pross, hat einen Entwurf
des Manuskripts mit Akribie gelesen. Für ihre Kommen-
tare und ihre Kritik, die mich zum Nachdenken zwangen,
möchte ich ihr herzlich danken.

Meine Frau hat in vielerlei Weise dazu beigetragen, daß
das Buch zu Ende geschrieben wurde. Sie hat, trotz eigenen
Berufs, im Kochtopf gerührt und viele meiner Aufgaben
übernommen. So verschaffte sie mir Zeit und Ruhe. Viel
wichtiger war jedoch ihre intellektuelle Hilfe. Sie hat
das endgültige Manuskript gelesen und immer wieder auf
klare Gedankenführung und deutliche Formulierung gedrängt.
Den Dank an sie werde ich an anderer Stelle zum Ausdruck
bringen.

6

Danken möchte ich den beiden Studenten Frau Mayer-Merkelbach
und Herrn Koch, die das Manuskript korrekturlasen, Darstellungen zeichneten und die Bibliographie kontrollierten. Frau Weiß
hat in Windeseile das Manuskript mit außerordentlicher Ge-
wissenhaftigkeit geschrieben. Für ihren Einsatz bin ich ihr sehr
dankbar.

Köln, Januar 1983   T. Herz

7

Inhaltsverzeichnis

1. Einleitung 9 - 11

2. Ziel und Aufbau des Buches 12

3. Theoretische und methodische Vorüberlegungen 13

   3.1 Von sozialer Schichtung zu Ungleich- 13 - 15
heit: Wandel des Begriffes oder des
Gegenstandes?

   3.2 Die Rolle der interkulturell vergleichen- 15 - 17
den Forschung in der Schichtungssoziolo-
gie

4. Theorien 18

   4.1 Einleitung 18

   4.2 Die Klassentheorie von MARX 18 - 32

   4.3 WEBERs Theorie der Klassen und Stände 32 - 38

   4.4 Die funktionalistischen Schichtungs- 38 - 50
theorien von PARSONS und DAVIS/MOORE

   4.5 Neue Theorien 50 - 56

   4.6 Ökonomische Klassen, soziale Klassen 56 - 61
und Statusgruppen

5. Die empirische Analyse von Klassen, Schichten 62
und Mobilität

   5.1 Einleitung 62

   5.2 Klassenlagen 63

   5.2.1 Beruf 63 - 75

   5.2.2 Auf dem Weg zur postindustriellen 75 - 85
Gesellschaft?

   5.2.3 Eigentum und Vermögen 85 - 91

   5.2.4 Einkommen 91 - 115

   5.2.5 Versorgungsklassen 115 - 124

   5.2.6 Bildung und soziale Schichtung 124 - 141

   5.3 Prestige und Ansehen: im Grenzgebiet 141 - 151
zwischen Klassen und Statusgruppen

6. Soziale Mobilität   152
  6.1 Einleitung   152 - 154
  6.2 Theorien in der Mobilitätsforschung   154 - 160
  6.3 Mobilität in der Bundesrepublik   161 - 182
  6.4 Die Veränderung der Klassenstruktur   182 - 189
  6.5 Die Bundesrepublik im internationalen 189
       Vergleich
  6.5.1 Die Analyse von Mobilitätstabellen   189 - 202
  6.5.2 Prozesse der Statuszuweisung   202 - 222
  6.6 Probleme der Mobilitätsanalyse   222 - 225

7. Schichtspezifisches Verhalten   226
  7.1 Einleitung   226
  7.2 Kriminalität und soziale Schichtung 227 - 248
  7.3 Wandel politischer Konfliktstrukturen 248 - 290

8. Anmerkungen   291 - 295

Literatur   296 - 312

Sachregister   313 - 316

1. Einleitung

Womit befaßt sich die Schichtungs- und Mobilitätsforschung? Erstens mit der Verteilung und Struktur unterschiedlich bewerteter
Positionen und Güter; zweitens mit dem Zugang zu diesen Gütern
und Positionen; und drittens mit den Konsequenzen für soziales
Handeln, die aus der Ungleichbewertung und den Strukturen entstehen. Ähnlich definieren BOLTE et al. (1974, 12) die Zielsetzung
ihres Buches als die Beschreibung von "wem in der Gesellschaft
welche als wertvoll erachteten 'Güter' in welchem Ausmaß zuwach-
sen, warum das so ist und welche Wirkungen es hat".

Wir kennen alle aus eigener Erfahrung die Ungleichheit, die zwischen Menschen herrscht. Der Reichtum des einen und die Armut des
anderen manifestiert sich in alltäglichen Interaktionen, wird im
Fernsehen und in der Zeitung sichtbar oder wird durch unerwartete
Schicksalsschläge - Krankheit, Arbeitslosigkeit, Lottogewinn - am
eigenen Leibe gespürt. Hungersnot in der Sahel-Zone Afrikas, Flücht-
lingselend im Fernen Osten, ein süßes Leben in Acapulco sind uns
ebensowohl bekannt wie die Macht der Öllieferländer und der großen
Konzerne, wenn sie die Preise heraufsetzen oder die Macht von Behörden, wenn Autobahnbauten oder Stadtsanierungen gegen den Willen
von unmittelbar Betroffenen durchsetzen. Die Chancen auf dem Arbeitsmarkt hängen zu einem großen Teil von einer guten Ausbildung
und guten Noten ab, und die Leistung in der Schule hängt wiederum
auch davon ab, welche Möglichkeiten den Kindern zu Hause geboten
wurden. Denkt man an den eigenen Werdegang und an den Lebenslauf
seiner Eltern, wird man darin eine Systematik entdecken, die auch
gesellschaftliche Ursachen hat. In der Literatur werden häufig
Themen behandelt, die als Beispiele dienen können. Klaus MANNS
"Mephisto" heißt im Untertitel "Roman einer Karriere" und beschreibt den Aufstieg des Sohnes eines Kellners zum berühmten
Theaterleiter. Klaus MANNS Vater, Thomas MANN, beschreibt in
"Buddenbrooks" den Aufstieg und Niedergang einer großbürgerlichen

Familie. Biographien schildern häufig Berufskarrieren und versuchen, die Zeitumstände, die die Karriere und die Persönlichkeit beeinflussen, einzufangen. Auf dem Gebiet des Films ist Fritz LANGS "Metropolis" aus dem Jahre 1927 ein eindrucksvolles Beispiel für die Darstellung von Klassengegensätzen. In einem paradiesischen Garten spielt der Sohn des herrschenden Kapitalisten mit schönen Mädchen, während unten, unter der Erdoberfläche, die Arbeiter sich an den Maschinen kaputt schuften. Die populäre Fernsehserie "Eaton Place" schildert in anschaulicher Weise das Leben einer englischen Oberschichtfamilie und parallel dazu den Alltag ihrer Bediensteten. Die englische Serie heißt im Original "Upstairs and Downstairs". Darin kommt nicht nur die Ebenen, auf denen das Leben von Ober- und Unterschicht sich abspielt, sondern auch die oft apostrophierte vertikale Dimension der sozialen Schichtung zum Ausdruck. Klassen und Schichten kann man mit verschiedenen Mitteln darstellen. Nur in Ergänzung ergibt sich ein wahrheitsgetreues Bild der Wirklichkeit.

Die hier beispielhaft erwähnten Unterschiede zwischen den Menschen, die in unterschiedlichem Einkommen und Vermögen, ungleiche Macht, Benachteiligung auf dem Arbeitsmarkt, Hunger und Elend sichtbar werden, kommen nicht zufällig zustande. Wie sie zu erklären sind - hierauf versucht die Schichtungs- und Mobilitätsforschung eine Antwort zu geben. Schichtungs- und Mobilitätsforschung sind komplementär. Befaßt man sich mit der Frage der Verteilung von Gütern wie Macht, Einkommen oder Ansehen auf soziale Positionen, z.B. Berufspositionen, betreibt man Schichtungsforschung. Mit Hilfe von Mobilitätsanalysen wird der Zugang zu diesen Positionen untersucht.

Schichtung und Mobilität gehören zu den klassischen Gebieten der soziologischen Forschung. Das hat u.a. sehr praktische Gründe. Ungleiche Verteilung von bzw. ungleiche Zugangschancen zu Gütern wie Eigentum, Einkommen, Macht, Ansehen beeinflussen in entscheidendem Maße das Leben des einzelnen. Ihr Besitz ermög-

licht ein "gutes", "glückliches", "erfülltes" Leben. Für die soziologische Theorie sind Schichtung und Mobilität zentral, weil
Probleme der Ungleichheit, der Machtverteilung, der Lebenschancen
etc. in jedem anderen Teilgebiet der Soziologie relevant werden.
Diese Beziehung, die sich für alle speziellen Soziologien aufweisen läßt, ist hinsichtlich der Schichtungs- und Mobilitätsforschung besonders eng. Erstens manifestiert sich soziale Ungleichheit in verschiedenen gesellschaftlichen Bereichen: auf dem
Arbeitsplatz, in der Schule, im Konsumverhalten, in der Freizeit,
in der Familie und in der Politik, um nur einige Gebiete zu
nennen. Damit liefern Arbeits-, Bildungs-, Konsum-, Freizeit-
und Familiensoziologie wichtige Ergebnisse an die Schichtungs-
soziologie, während umgekehrt diese die anderen speziellen Soziologien befruchtet. Darüber hinaus stehen in allen sogenannten
makro-soziologischen Gesellschaftstheorien, wie sie MARX, WEBER
und andere formuliert haben, Klassen und Schichten im Zentrum.
Das hat seinen Grund im Charakter derjenigen Gesellschaft, die
diese Autoren analysiert haben. Diese Gesellschaft ist die Industriegesellschaft. Sie ist durch das Primat der Wirtschaft gekennzeichnet. Besitz- und Eigentumsverhältnisse spielen eine
wichtige Rolle. Neben Wirtschaft ist Politik und Staat in der Industriegesellschaft wichtig. In der Politik ist weniger Eigentum als Macht der entscheidende Faktor. Befaßt man sich mit gesamtgesellschaftlicher Analyse, muß man zwangsläufig auf die
Verteilung von Macht, Eigentum und Ansehen, d.h. auf Klassen und
Schichten eingehen.

2. Ziel und Aufbau des Buches

Das Buch wendet sich an Studenten des Hauptstudiums. Es enthält
eine Beschreibung von Theorien, empirischen Ergebnissen, methodischen Vorgehensweisen und Problemen der Schichtungs- und Mobilitätsforschung. Darüber hinaus habe ich zwei analytische Ziele
berücksichtigt. Erstens beschreibe ich die Veränderung der Klas-
sen- und Schichtstruktur in der Nachkriegszeit in der Bundesrepublik. In den vergangenen 35 Jahren hat sich die soziale und wirtschaftliche Struktur der Bundesrepublik gewandelt. Es stellen
sich daher folgende Fragen: Wie haben sich Veränderungen auf die
soziale Schichtung und die Mobilitätschancen ausgewirkt. Können
wir den Begriff Klasse ad acta legen? Welche sind die Ursachen
eines möglichen Wandels? Welche ihre politischen Konsequenzen?
Diese Fragen werden in der einen oder anderen Form in allen
empirischen Abschnitten aufgegriffen. Die zweite Besonderheit
des Buches besteht in dem Vergleich der Bundesrepublik mit anderen Industriegesellschaften. Was typisch ist für ein Land und
welche Eigenschaften es mit anderen gemeinsam hat, kann nur
mittels eines interkulturellen Vergleichs deutlich werden. Beide
Vorgehensweisen - die Analyse des Wandels und der interkultu-
relle Vergleich - sind anspruchsvolle Methoden. Sie setzen vergleichbare statistische Angaben voraus, Angaben, die z.B. einen
35-jährigen Zeitraum oder mehrere Länder abdecken. Solche Angaben sind kaum vorhanden und deshalb wird die Aufgabe, Entwicklungen und nationale Unterschiede zu beschreiben, außerordentlich erschwert. Trotzdem muß man in viel stärkerem Maße, als
dies bisher geschehen ist, die soziale Schichtung in der Bundesrepublik in einer zeitlich und interkulturell vergleichenden
Perspektive betrachten. Dieses Buch liefert dazu einen Beitrag.

3. Theoretische und methodische Vorüberlegungen

3.1. Von sozialer Schichtung zu Ungleichheit: Wandel der Begriffe oder des Gegenstandes?

Dieses Buch trägt einen altmodischen Titel. Was bis in die sechziger Jahre unter dem Begriff der sozialen Schichtung behandelt wurde, wird heute unter dem Begriff der Ungleichheit thematisiert. Zwar benutzten z.B. DAHRENDORF (1961) und LEPSIUS (1961) in ihren Erörterungen schon den Begriff Ungleichheit, heute ist die Popularität des Begriffs aber unverkennbar. Das Buch von BOLTE et al. (1974) hieß in früheren Auflagen "Soziale Schichtung", heute heißt es "Soziale Ungleichheit". Eine Erklärung über den Grund und die Relevanz der Änderung fehlt. SCHEUCH (1974), setzt sich als einziger recht polemisch mit diesem neumodischen Trend auseinander. Auch in neuen Lehrbüchern der Soziologie finden wir ihn zunehmend. Diese Veränderung wird weder in dem Übersichtsartikel von MÜLLER und MAYER (1975) noch in dem von HÖRNING (1976) erwähnt. Was hat sich da verändert? Nur der Begriff oder auch die Wirklichkeit? Sind Klassen und Schichten heute nicht mehr relevant? Es sind verschiedene Faktoren, die den Begriffswandel verursacht haben. Nach dem Zweiten Weltkrieg und der Wiederherstellung einigermaßen normaler Lebensverhältnisse setzte ein großer Optimismus ein. Der wirtschaftliche Aufschwung, der Frieden, so meinte man, würde automatisch einen Abbau von Klassenunterschieden zur Folge haben. Typisch für diese Denkrichtung sind verschiedene Aufsätze von SCHELSKY, in denen er nachzuweisen versucht, die Nachkriegsgesellschaft bewege sich in Richtung einer nivellierten Mittelstandsgesellschaft (SCHELSKY 1979 a). Nach dieser These haben sich die Klassenunterschiede weitgehend abgebaut. Eine Klassenanalyse sei nicht mehr lohnend, eher noch eine Analyse sozialer Mobilität. Das weit verbreitete Aufstiegsstreben müsse allerdings enttäuscht werden, da "oben" nicht genügend Stellen frei wären. Die daraus entstehenden Kon-

flikte seien für die künftige Gesellschaft typisch, nicht aber
Klassenkonflikte. In den sechziger Jahren wurden solche Prognosen mit Tatsachen konfrontiert. In den Vereinigten Staaten
(HARRINGTON 1962), in England (TOWNSEND 197o), in Schweden
(JOHANSON 197o) "entdeckte" man die Armen. DAHRENDORF (1965)
prangerte Mitte der sechziger Jahre die Ungleichheit der Bildungschancen an. Man stellte plötzlich fest, daß die optimisti-
sche Einschätzung der ausgleichenden Funktion des wirtschaftlichen Wachstums nicht korrekt gewesen war. Daraus resultier-
ten dann politische Forderungen der verschiedensten Art. Allerdings war der Lebensstandard gestiegen, so daß faktisch - und
ideologisch - der Begriff Schicht (im Englischen "Class") oder
Klasse nicht mehr legitim zu sein schien. Man konnte auch nicht
wie MILLER und ROBY (197o) anführen, den Begriff Armut benutzen,
weil es sich in den meisten Fällen nicht um absolute Armut
(Hunger, fehlende Unterkünfte etc.), sondern um relative Benachteiligung handelte. Als politische Waffe ist dann der Begriff
Chancengleichheit entstanden und von Sozialwissenschaftlern übernommen worden. Ein zweiter Gesichtspunkt ist ebenso wichtig. Der
Begriff Ungleichheit umfaßt mehr als die traditionellen Schich-
tungsvariablen, also Eigentum, Einkommen, Status, Macht. Die
Ursachen von Unterschieden zwischen Männern und Frauen, zwischen
Schwarzen und Weißen etc. stehen nunmehr gleichberechtigt neben
den traditionellen Fragestellungen. Die Anwendbarkeit der Begriffe Schicht oder Klasse ist in diesen Fällen nicht unmittelbar gegeben. Die Benutzung des Begriffs Ungleichheit weist also auf
eine Erweiterung der Fragestellung der klassischen Schichtungsforschung hin. Drittens lag ein Grund für die Übernahme des neu-
en Terminus darin, daß sowohl Schichtungs- als auch Klassenana-
lytiker sich mit dem Begriff Ungleichheit identifizieren konnten.
Im letzten Jahrzehnt hat sich nämlich das Interesse unter den
marxistisch orientierten Soziologen für eine empirisch fundierte Klassenanalyse vergrößert (z.B. TJADEN-STEINHAUER und
TJADEN 1973).

Der Glaube an die Funktion des Wirtschaftswachstums, Klassen- und Schichtunterschiede auszugleichen, wurde in der Nachkriegszeit durch den Ausbau des Bildungswesens ergänzt. SCHELSKY (1979 b,155) hatte Recht als er schrieb, die Schule sei die "primäre, entscheidende und nahezu einzige soziale Dirigierungsstelle für Rang, Stellung und Lebenschancen des einzelnen in unserer Gesellschaft". Am Beispiel der Schule läßt sich zeigen, wie der Begriff der Chancen eine Individualisierung und Psychologisierung der Fragestellung der Schichtungsforschung impliziert. Leistung, Erfolg und Versagen in der Schule hat man primär dem einzelnen, seinen Anlagen und Fertigkeiten zuzuschreiben. Allgemeiner formuliert: wo Klassen keine Rolle mehr spielen, wo Schichtgrenzen ihre Distinktion verlieren, dort ist das Schicksal des einzelnen von ihm selbst abhängig.

Vordergründig gesehen spiegelt der Begriffswandel eine tatsächliche Veränderung der Gesellschaft wider. Ob aber Wachstum und Prosperität, erhöhter Lebensstandard und erhöhte Bildungschancen, Erweiterung der traditionellen Fragestellung der Klassen- und Schichtungsforschung und marxistische Besinnung auf empirische Studien, wie Begriffe Klasse und Schicht, tatsächlich und theoretisch irrelevant machen, kann nur eine eingehende Analyse ergeben. Die restlichen Abschnitte dieses Buches werden die Aktualität der Begriffe unter Beweis stellen und die Tendenzen zur Psychologisierung und Individualisierung der Schichtungsforschung zurückweisen.

3.2. Die Rolle der interkulturell vergleichenden Forschung in der Schichtungssoziologie

In diesem Buch soll nicht nur von Theorie die Rede sein. Auch empirische Angaben über die Struktur sozialer Ungleichheit werden diskutiert. Im Mittelpunkt des Buches steht die Klassen- und Schichtstruktur in der Bundesrepublik. Aber die soziale Lage der Bevölkerung wird heute nicht allein innerhalb der Grenzen eines Staates entschieden. Erhöhte Energiekosten oder Ver-

teidigungsausgaben aufgrund von Vorgängen in weit entfernten Ländern beeinflussen die Preise und die Arbeitsmöglichkeiten. Wir
engagieren uns für politische Gefangene in der UdSSR oder in Ar-
gentinien; unsere politischen Einstellungen werden beeinflußt von
der Stellungnahme der einheimischen Parteien zu fremden Mächten.
Innerhalb der Europäischen Gemeinschaft werden Entscheidungen ge-
troffen - über die wirtschaftliche Hilfe für unterentwickelte
Regionen, über den künftigen Milchpreis oder über Subventionen
für eine kränkelnde Stahlindustrie - die die soziale Lage bestimmter Bevölkerungsgruppen (die Bevölkerung Kalabriens, Landwirte und Stahlarbeiter) in entscheidender Weise beeinflussen.
Inflation in einem Land kann zum Preisauftrieb in einem anderen Land und dort zur Arbeitslosigkeit führen. Die staatliche
Interdependenz macht es schwer, ein Land isoliert von anderen
zu untersuchen. Deshalb habe ich, wo immer möglich, die Verhältnisse in der Bundesrepublik mit denen anderer Länder verglichen. Das liegt bei der Analyse sozialer Mobilität besonders
nahe. Soziologen, die sich mit diesem Thema befaßt haben, haben
sehr früh im Rahmen der International Sociological Association
(ISA) ihre Bemühungen koordiniert (vgl. MAYER 1975a).Einen Grund
für diesen Umstand finden wir in ihrer Fragestellung. Eine Angabe über das Ausmaß der Mobilität in einer Gesellschaft kann
nicht als hoch oder niedrig interpretiert werden, sofern nicht
über eine andere Gesellschaft die gleiche Angabe vorliegt. Das
Streben nach interkulturell vergleichenden Aussagen über Art
und Umfang der Mobilität hatte auch eine Angleichung der Er-
hebungsmethoden und Analysetechniken zur Folge. Hierüber geben
die zahlreichen Aufsätze Aufschluß, in denen Ausmaß und Art der
Mobilität in verschiedenen Gesellschaften behandelt werden (z.B.
MILLER 196o; HAZELRIGG und GARNIER 1976). Dagegen war die
Klassen- und Schichtungsanalyse lange Zeit auf Gemeindeunter-
suchungen beschränkt. Die Studien von WARNER und seinen Mitarbeitern (1949) gehören hierzu ebenso wie die Untersuchungen von
MAYNTZ (1958) und PAPPI (1973a).Hier brauchte man nicht, wie in
der Mobilitätsforschung, den Vergleich außerhalb der staatlichen

Grenzen zu suchen. Es genügte eine andere Gemeinde. Unterschiede
zwischen Stadt und Land, zwischen industrialisierten und agrari-
schen Gemeinden, zwischen Großstädten und Kleinstädten prägten
die vergleichende Forschung über soziale Schichtung - nicht Unterschiede zwischen Gesellschaften. Auch dann, wenn ein gesamtgesellschaftlicher Vergleich versucht wurde, blieb viel zu wünschen
übrig. Schlägt man ein Standardwerk über soziale Schichtung auf,
z.B. das Buch von BENDIX und LIPSET (1967), dann findet man dort
einen Abschnitt über vergleichende Schichtung. Nur: es handelt
sich meist nicht um systematische Vergleiche. Vielmehr werden
Analysen einzelner Gesellschaften nebeneinander gestellt und es
bleibt dem Leser überlassen, die vergleichenden Schlußfolgerungen zu ziehen (vgl. auch PLOTNICOV und TUDEN 197o). Erst in den
letzten 10 bis 15 Jahren haben Forscher, die an gesamtgesellschaftlicher Analyse sozialer Schichtung interessiert waren,
vergleichbare Daten aus mehreren Ländern zusammengetragen. Solche Daten werden z.B. von den statistischen Ämtern erhoben. Andere Quellen sind die repräsentativen Bevölkerungsumfragen, die
von Markt- und Meinungsforschungsinstituten und von Universi-
tätsinstituten durchgeführt werden. Die Fülle des vorhandenen
Materials täuscht leicht darüber hinweg, daß Vergleiche immer
noch sehr schwer sind. Die Methoden der Datengewinnung und die
Fehlerquellen unterscheiden sich von Land zu Land beträchtlich,
ebenso die Form der Präsentation der Ergebnisse. Die soziologische Theorie kann von vergleichenden Analysen nur profitieren und deshalb werde ich, trotz der großen Probleme, an geeigneten Stellen Ergebnisse anderer Länder zum Vergleich heranziehen.

4. Theorien

4.1. Einleitung

In der folgenden Darstellung wurden diejenigen Theorien behandelt,
die die Schichtungsforschung in entscheidender Weise beeinflußt
haben. Die Wahl ist einfach: dazu zähle ich die Beiträge von MARX,
WEBER, PARSONS sowie DAVIS und MOORE. Wenn es um die Weiterent-
wicklung der Theorien geht, wird es schwierig. GALTUNG (1967, 315-34o,
458 - 465) hat zwar zehn Kriterien definiert, anhand derer man
die Fruchtbarkeit von Theorien messen kann. Ihre Anwendung ist
jedoch mit erheblichen Schwierigkeiten verknüpft, und ich habe
deshalb auf ihre Anwendung hier verzichtet. Ich habe statt dessen
mein subjektives Urteil walten lassen und mich beschränkt auf
zwei "neue" Theorien: eine, die implizit auf MARX Bezug nimmt
(BELL) und eine, die WEBER'sche Gedanken weiterführt (OFFE). Die
funktionalistische Schichtungstheorie (PARSONS, DAVIS und MOORE)
hat keinen Exegeten gefunden - dafür bildet diese Theorie die
Grundlage vieler empirischer Untersuchungen. Ich behandle im folgenden jede Theorie getrennt und ziehe am Ende jedes Kapitels
die Konsequenzen für die empirische Analyse.

4.2. Die Klassentheorie von MARX

Es ist kein leichtes Unterfangen, die Theorie der Klassen von
MARX in knapper Form darzustellen. MARX hat keine geschlossene
Theorie der Klassen verfaßt. Das letzte Kapitel des dritten
Teils des Werks "Das Kapital", das MARX einer Erörterung der
Klassen widmen wollte, bricht nach eineinhalb Seiten abrupt ab.
Auf der anderen Seite bezog sich lt. LENIN (vgl. BOTTOMORE
1966, 13) alles, was MARX schrieb, auf die Auseinandersetzung
der Klassen. Eine andere Schwierigkeit liegt in der Verbindung
zwischen philosophischer und sozialwissenschaftlicher Analyse
und politischer Programmatik, die z.B. in kommunistischem Manifest sehr deutlich zum Ausdruck kommt. Schließlich gibt es ter-

minologische Probleme (GIDDENS 1973): die gleichen Begriffe
werden mal in dieser, mal in jener Bedeutung verwandt.

Man muß die MARX'sche Klassenanalyse auf dem Hintergrund der
Industrialisierung der westlichen Welt sehen. In dieser Phase
entsteht eine neue Gesellschaftsstruktur, wird der Feudalismus
allmählich durch die Industriegesellschaft zurückgedrängt. Zwei
neue Gruppierungen treten in Erscheinung: Unternehmer und Arbeiter. Während im Feudalismus der Besitz von Grund und Boden
das entscheidende Element gesellschaftlicher Position und Macht-
basis war, verliert dieses Gut im Industrialisierungsprozeß an
Bedeutung zugunsten eines anderen Produktionsmittels, nämlich
Kapital. Es ist der Besitz von Kapital, der nunmehr die Beziehungen zwischen den Klassen - hie besitzender Unternehmer, Kapitalisten, dort besitzlose Arbeiter - bestimmt, ja die Konstitution
von Klassen überhaupt determiniert. Einkommen, Konsum etc. sind
in der MARX'schen Theorie von geringerer Bedeutung. Die MARX'sche
Klassenanalyse kann als eine Analyse dieses Industrialisierungs-
prozesses und im weiteren Sinne als eine Theorie des sozialen
Wandels interpretiert werden (DAHRENDORF 1959, 3 - 35). Spätere
Kritiken richten sich gegen die Verallgemeinerung auf moderne
Industriegesellschaften und die Auseinandersetzung um die
marxistische Theorie ist eine Auseinandersetzung um mögliche
Erweiterungen und Veränderungen der Theorie (vgl. BOTTOMORE
1966, 22). Die feudale Gesellschaft ist wegen der Bedeutung
von Grund und Boden und seiner Produkte um lokale Märkte und
auf der Basis enger zwischenmenschlicher Beziehungen organisiert.
Ein geringes Maß an Arbeitsteilung, vor allem zwischen Stadt
und Land, kennzeichnet die Produktionsform. Allmählich findet
eine Spezialisierung von Produktion, eine Teilung der Arbeit
nicht nur zwischen Stadt und Land, sondern zwischen den Städten,
statt. Die lokalen Märkte brechen auf, produziert wird mit Hilfe von Rohstoffen aus weitentfernten Gegenden. Die Nachfrage
weitet sich aus. Manufakturen, später Industriebetriebe, entstehen. Die Produktivkräfte, d.h. die objektiven Bedingungen

der Produktion, wie sie in dem Entwicklungsstand der Arbeitskraft,
der Arbeitsmittel und der Arbeitsgegenstände zum Ausdruck kommen,
entsprechen jetzt nicht mehr den Eigentumsverhältnissen, d.h.
die auf Grund und Boden beruhende Sozialordnung. Es findet deshalb
ein Wandel der Eigentumsverhältnisse statt, die die Klassenbildung entscheidend beeinflussen (zum obigen vgl. MARX und ENGELS
1953, 49 - 62; 1945, 42 - 49).

Von den Produktivkräften kommt der Arbeit die größte Bedeutung
zu, nicht nur weil die Arbeitskraft es ist, welche die anderen Produktivkräfte schafft, sondern weil Arbeit die Selbstverwirklichung des Menschen ermöglicht (MARX und ENGELS 1953,
13 - 79). Die Art und Weise, wie Menschen sich mit der Natur
auseinandersetzen und diese umformen, führt zu einer spezifischen Form der Arbeitsteilung und ist eine wichtige Ursache für
die Entstehung von Bourgeoisie und Proletariat. Charakteristisch
an der neuen Produktionsweise ist das Einschlagen von Umwegen.
Die Herstellung eines Produkts wird in kleine Arbeitsschritte
zerlegt. In diesem Prozeß gelingt es den Produktionsmittelbesitzern lt. MARX, sich einen Mehrwert anzueignen. Aufgrund der
repetitiven und wenig Fertigkeiten voraussetzenden Arbeit kann
der Lohn auf das Existenzminimum herabgedrückt werden. Die Pro-
duktionskosten für den Kapitalisten sind gleich den Reproduktionskosten der Arbeit: MARX bezieht sich hier auf die Theorien
des englischen Nationalökonomen RICARDO. Der Wert der Waren, die
hergestellt werden, übersteigt diese Reproduktionskosten und
die Differenz ist der Mehrwert. Diese Aneignung des Mehrwerts
bildet die Grundlage der Klassen, denn zum Proletariat zählen
nur diejenigen Arbeiter, die Mehrwert produzieren (MILIBAND
1977, 23). Für den klassischen Marxisten sind die Industriearbeiter gleichzusetzen mit dem Proletariat, mit der Arbeiterklasse (MILIBAND 1977, 25). Entsprechend gehören zur Bourgeoisie
diejenigen, die sich Mehrwert aneignen. Was Mehrwert ist und
wer ihn erzeugt, hat MARX nie eindeutig beschrieben. Mehrwert
ist nicht das Resultat der Produktion eines spezifischen Pro-

dukts oder der Arbeit in einem speziellen Produktionszweig. Der
Mehrwert ist der Wert, der zur Kapitalbildung, zur Vermehrung des
Eigentums, dient. Im Feudalismus ist dieser Mehrwert auch vorhanden und er ist in einer ganz anderen Weise sichtbar als im Kapitalismus. Der Vasall gibt dem Lehnsherrn einen Teil des von
ihm erarbeiteten Produkts (z.B. einen Teil der Ernte).

Bourgeoisie und Proletariat, Lehnsherr und Vasall, sind aufeinander angewiesen, um die Produkte zu erzeugen. Die Kapitalisten
brauchen die Arbeiter, die ihnen den Mehrwert erzeugen, den sie
wieder investieren, um damit die Produktion auszuweiten und Kapital zu vermehren. Die Arbeiter sind, da sie nichts als ihre Arbeitskraft besitzen, auf die Kapitalisten angewiesen. Dieses aufeinander Angewiesensein ist jedoch antagonistisch, denn die Produktionsmittelbesitzer beuten nach MARX die Arbeiter aus. Der
Gewinn aus dem gemeinsam Produzierten fließt allein in die Ta-
sche der Bourgeoisie. Dies wird ermöglicht durch die Eigentumsverhältnisse im Kapitalismus. Das Privateigentum gibt der Bourgeoisie die Kontrolle der Produktion in die Hand und damit die
Möglichkeit, den Mehrwert sich anzueignen. Dadurch sind die
Interessen der Kapitalisten und der Lohnarbeiter diametral ent-
gegengesetzt und asymmetrisch. Der Konflikt zwischen den Klassen
ist deshalb keine schlechte Anpassung bestimmter Bevölkerungsgruppen an den Kapitalismus, sondern ein konstitutives Element
dieses Systems (GIDDENS 1973; MILIBAND 1977, 17).

Nicht allein die Eigentumsverhältnisse und die ökonomischen Bedingungen der Produktion bilden die Grundlage der Klassen. Die
sozialen Veränderungen durch die Industrialisierung sind ebenfalls wichtig. Die neuen Produktionsformen bedeuten eine Mobilisierung der Produktivkräfte. Traditionelle religiöse, moralische und ideologische Bindungen verlieren damit ihre Bedeutung.
So wie die Massenwaren, die nunmehr hergestellt werden, auf
einem internationalen Produktmarkt angeboten werden müssen,
müssen auch die Arbeiter bereit sein, ihre Arbeitskraft auf dem

nationalen Arbeitsmarkt zu verkaufen. Eigentümer von Produktionsmittel und Arbeiter gehen vertragliche Beziehungen ein. Diese
Beziehungen zwischen - in der MARX-ENGELS'schen Diktion - Unter-
drücker und Unterdrückte im Kapitalismus und Feudalismus unterscheiden sich, denn im Feudalismus bestehen gegenseitige Rechte
und Pflichten: der Feudalherr kann vom Vasall (Leibeigener) bestimmte Dienste und/oder Güter verlangen, er ist aber selbst
verpflichtet, für den Vasallen in Zeiten der Not zu sorgen. Diese Gegenseitigkeit wird durch die Industrialisierung zerrissen.
MARX und ENGELS sprechen davon, daß zwischen den Menschen kein
anderes Band übriggelassen wird als die "gefühllose 'bare Zah-
lung'" (MARX und ENGELS 1945, 45). HOBSBAWN (1969, 87) führt
ein plastisches Beispiel an, wenn er schreibt, die soziale
Distanz zwischen dem Herzog von Wellington und dem einfachsten
Arbeiter auf seinem Gut war geringer als die zwischen den Kapitalisten und seinen Arbeitern. Die Art und Weise, wie Menschen aneinander gebunden sind, ist wichtig, denn sie beeinflußt Ausmaß und Art möglicher Konflikte zwischen ihnen. Die
kapitalistische Produktionsweise ist gekennzeichnet durch eine
strenge Über- und Unterordnung. MILIBAND betrachtet sie als spezifische Form der Dominanz, wobei die Aneignung des Mehrwerts
die andere Form dieses Verhältnisses darstellt (MILIBAND 1977,
24). Daß die soziale Distanz eine Dimension eigener Art, neben
dem des Besitzes ist, wird im nächsten Abschnitt bei der Erörterung von Max WEBER's Schichtungstheorie relevant. Der Prozeß der Ausbeutung ändert nicht nur die Beziehung zwischen
Mensch und Natur, führt nicht nur zur Entfremdung zwischen dem
Individuum und seiner so toten Umwelt, sondern entfremdet auch
die Menschen untereinander. 16-Stunden-Arbeitstag, Fließbandar-
beit, körperliche schwere Arbeit etc. verhindern dauerhafte persönliche Beziehungen. Des weiteren besteht zwischen den Arbeitern eine Konkurrenzsituation, da das Arbeitskräfteangebot stets
die Nachfrage übersteigt. Die Produktionsform und die Eigentumsverhältnisse schaffen eine Gleichartigkeit der sozialen Lagen.
In einer solchen Situation sind die Arbeiter eine Klasse an sich,

aber noch können sie kein gemeinsames Handeln entwickeln, keine
gemeinsamen politischen Ziele formulieren, geschweige denn durchsetzen. Dieses Verhältnis zwischen objektiver sozialer Lage und
politischem Handeln wird an zwei Zitaten deutlich. Georg BÜCHNER
hat, zusammen mit seinem Mitstreiter WEIDIG 1834 in seinem Auf-
ruf an die hessischen Bauern zum Aufstand (Der hessische Landbote) ihre Situation so dargestellt: "Friede den Hütten! Krieg
den Palästen! Im Jahre 1834 siehet es aus, als würde die Bibel
Lügen gestraft. Es sieht aus, als hätte Gott die Bauern und Handwerker am fünften Tage und die Fürsten und Vornehmen am sechsten
gemacht, und als hätte der Herr zu diesen gesagt: 'Herrschet über
alles Getier, das auf Erden kriecht', und hätte die Bauern und
Bürger zum Gewürm gezählt. Das Leben der Vornehmen ist ein langer Sonntag: sie wohnen in schönen Häusern, sie tragen zierliche
Kleider, sie haben feiste Gesichter und reden eine eigne Sprache;
das Volk aber liegt vor ihnen wie Dünger auf dem Acker. Der Bauer
geht hinter dem Pflug, der Vornehme aber geht hinter ihm und dem
Pflug und treibt ihn mit den Ochsen am Pflug, er nimmt das Korn
und läßt ihm die Stoppeln. Das Leben des Bauern ist ein langer
Werktag; Fremde verzehren seine Äcker vor seinen Augen, sein Leib
ist eine Schwiele, sein Schweiß ist das Salz auf dem Tische des
Vornehmen". Warum diese Situation nicht zu Klassenkampf und Revolution führt - darauf gibt MARX (1965) 18 Jahre nach BÜCHNER
eine indirekte Antwort als er im 18. Brumaire des Louis Bonaparte
den Unterschied zwischen Klasse an sich und Klasse für sich am
Beispiel der französischen Parzellenbauern schildert: "Die Parzellenbauern bilden eine ungeheure Masse, deren Glieder in gleicher Situation leben, aber ohne mannigfache Beziehung zueinander
zu treten. Ihre Produktionsweise isoliert sie voneinander statt
sie in wechselseitigen Verkehr zu bringen. Die Isolierung wird
gefördert durch die schlechten französischen Kommunikationsmit-
tel und die Armut der Bauern. Ihr Produktionsfeld, die Parzelle,
läßt in ihrer Kultur keine Teilung der Arbeit zu, keine Anwendung der Wissenschaft, also keine Mannigfaltigkeit der Entwick-

lung, keine Verschiedenheit der Talente, keinen Reichtum der gesellschaftlichen Verhältnisse... Insofern Millionen von Familien
unter ökonomischen Existenzbedingungen leben, die ihre Lebens-
weise, ihre Interessen und ihre Bildung von denen der anderen
Klassen trennen und ihnen feindlich gegenüberstellen, bilden sie
eine Klasse. Insofern ein nur lokaler Zusammenhang unter den Parzellenbauern besteht, die Diesselbigkeit ihrer Interessen keine
Gemeinsamkeit, keine nationale Verbindung und keine politische
Organisation unter ihnen erzeugt, bilden sie keine Klasse".
(MARX 1965, 123 - 124). Die Parzellenbauern leben in der gleichen wirtschaftlichen und sozialen Lage, haben jedoch durch die
fehlende Kommunikation und durch die Organisation der Arbeit
nicht die Möglichkeit, über den lokalen Raum hinaus eine nationale politische Kraft zu werden. Kommunikation und Interaktion
zwischen den Mitgliedern einer Klasse sind wichtige Ursachen für
das Zustandekommen von Klassenbwußtsein. Das Klassenbwußtsein des
Proletariats entsteht aus dem Prozeß der Ausbeutung und Verelendung, der Konzentration des Kapitals in einer gleichsam natürlichen Weise (MARX 1971 a, 317 - 319). Die einfache repetiti-
ve Arbeit verringert die Unterschiede zwischen verschiedenen
Schichten innerhalb des Proletariats, macht Unterschiede zwischen
alten und jungen Arbeitern, zwischen Frauen und Männern irrelevant (MARX und ENGELS 1945, 5o - 51). Die Arbeit in großen Fa-
briken bedeutet eine leichte Kommunikation zwischen Arbeitern,
genauso wie die Konzentration in den Städten, die Interaktion
erleichtert. Durch diese Entwicklung entsteht eine Situation, in
der Arbeiter ein gemeinsames Bewußtsein ihrer Lage entwickeln
und zu einer Klasse für sich werden. Damit ist die politische
Handlungsfähigkeit dieser Klasse hergestellt (MARX 1971 b, 523).
Die Rolle des Konflikts in der MARX'schen Theorie liegt nicht
nur in der Festigung des Klassenbewußtseins. Der Klassenbegriff bzw. das Vorhandensein von Klassen ist ohne den Konflikt
nicht denkbar.

Zu den obengenannten gesellen sich weitere Veränderungen, die
schließlich das kapitalistische System revolutionieren: a. Die
Produktion wird vergesellschaftet. Kein einzelner Produktionsmittelbesitzer kann die Kosten für Neuinvestitionen, Produk-
tionsausweitung, Forschung etc. aufbringen. Auf der anderen Seite müssen die Kapitalisten ihr Kapital auf dem Markt suchen,
auf der anderen Seite müssen sie sich zusammenschließen, um Kri-
sen zu entgehen und darüber hinaus muß der Staat eine steuernde
Rolle übernehmen. b. Die zunehmende Verelendung des Proletariats
und die zunehmende Konzentration der Bourgeoisie führt zu einer
Polarisierung des Klassenkonflikts. c. Die bisher noch bestehenden transitorischen Klassen, die als Überbleibsel aus einer vergangenen Gesellschaftsform noch existieren - kleine Handwerker,
Bauern, Kaufleute, Rentiers - werden durch die Polarisierung in
das Proletariat herabgerissen und verschwinden. In dieser Weise
entwickelt sich der Klassenkonflikt zu einer großen Katastrophe,
aus der eine klassenlose Gesellschaft hervorgeht.

Bisher habe ich mich auf die beiden Hauptklassen, nämlich Bourgeoisie und Proletariat, und auf den Klassenkonflikt beschränkt.
MARX leugnet weder das Vorhandensein anderer Klassen und Differenzierungen innerhalb der Klassen noch andere Konflikte. Die
aus der Feudalzeit übriggebliebenen Aristokraten, Landwirte,
Händler und selbständigen Handwerker sowie die neuen Staats-
und Privatangestellten lassen sich nicht so leicht der Bourgeoisie oder dem Proletariat zuordnen. Man kann sie einer eigenen Klasse, der "petit Bourgeoisie", zuordnen. In der MARX'schen
Theorie sind sie jedoch dazu verurteilt, im Zuge des sich ver-
schärfenden Klassenkonflikts ins Proletariat überzugehen (MARX
und ENGELS 1945, 55). Die Bourgeoisie tritt nach außen als Einheit auf, ist jedoch innerlich zersplittert. Der Reichtum der
Bourgeoisie kann nur dadurch aufrechterhalten werden, daß einzelne Glieder dieser Klasse vernichtet werden (MARX 1971 b, 511).
Dieser Konzentration und Vereinheitlichung auf seiten der Kapitalisten entspricht die oben schon erwähnte Entdifferenzierung auf

seiten der Lohnarbeiter. Es gibt im MARX'schen System auch
Platz für ethnische, ökonomische, politische oder kulturelle
Konflikte. Sie werden jedoch alle auf den Klassenkonflikt zu-
rückgeführt (MILIBAND 1977, 17 - 42).

MARX entwirft eine Theorie, in der die Produktionsverhältnisse
eine Folge der Eigentumsverhältnisse sind, die wiederum die soziale
und politische Struktur einer Gesellschaft prägen. Eine theoretische Verbindung zwischen objektiver Situation, subjektiver Beurteilung dieser Situation und politischem Handeln hergestellt zu
haben, ist nach BOTTOMORE (1966, 17) die große Leistung von
MARX und es ist bezeichnend, daß die MARX'sche Analyse auch all
diejenigen Soziologen beeinflußt hat, die sich bewußt von MARX
abgesetzt haben.

Es ist nun nicht so gekommen, wie MARX es vorausgesehen hat und
es sind viele kritische Argumente im Laufe der Zeit formuliert
worden. Die Kritik läßt sich unter vier gemeinsamen Themen subsumieren, die ich nacheinander kurz behandeln werde. Das erste
Thema bezieht sich auf das Eigentum an Produktionsmittel. Ist
es sinnvoll, den Klassenbegriff heute noch an den Besitz von
Produktionsmittel zu knüpfen? (DAHRENDORF 1959, 41 - 48; ARON
1960) Dadurch wird relevanten Entwicklungen in kapitalistischen
Gesellschaften nicht Rechnung getragen. Eigentümerkapitalisten
gibt es praktisch nicht mehr. Sie sind durch die anonymen Ak-
tiengesellschaften ersetzt. Eigentum und Kontrolle haben sich
differenziert. DAHRENDORF interpretiert zwar Eigentum an Pro-
duktionsmitteln als ein Spezialfall von Autorität und Kontrolle;
schafft man das Privateigentum ab, gibt es keine Produktionsmittelbesitzer mehr, wohl aber Manager, die Autorität und Kontrolle ausüben. Hinsichtlich ihrer Macht und ihrer Stellung
sollten aber Produktionsmittelbesitzer und Manager nicht gleich-
gestellt werden. Die Beziehung zwischen den Managern und den
ihnen Untergebenen sind andere als die zwischen den Letztgenannten und den Eigentümerkapitalisten. Der Manager muß viel mehr als

der Kapitalist seine Autorität auf Konsens im Betrieb gründen.
Des weiteren rekrutieren sie sich aus anderen Kreisen als die
Produktionsmittelbesitzer. Sie sind weniger homogen als diese.
Die beiden Unterschiede führen zu einer Entschärfung des Klassen-
konflikts (DAHRENDORF 1959, 43 - 48). PARKIN hat jüngst dieses
Argument wieder aufgegriffen und seinerseits kritisiert. Er be-
mängelt das völlige Verschwinden von Eigentum aus der soziolo-
gischen Theorie bzw. seine Umdeutung in "possessions" (vgl.
Abschnitt 4.5). DAHRENDORF habe Eigentum als Spezialfall von
Autorität interpretiert mit der Konsequenz, daß die Stellung von
Personen in Organisationen (wo Autorität institutionalisiert sei)
die Klassenlage bestimme. Wenn der Arbeiter nach Hause gehe, sei
er nicht mehr Angehöriger einer Klasse. DAHRENDORF übersehe (was
er in Wirklichkeit nicht tut), daß Autorität im Interesse der
Eigentümer ausgeübt werde, also abgeleitet sei (PARKIN 1978).
Implizit liegt dem Argument PARKINs die Annahme zugrunde, daß
Eigentum weitreichendere Konsequenzen hat und fundamentaler ist
als Autorität. Weder dieses Argument noch der Hinweis auf die
im Grunde identischen Ziele von Managern und Kapitalisten, nämlich Profitmaximierung (MILIBAND 1977, 27 - 28) genügte nach
meiner Auffassung, um die These DAHRENDORFs wirklich zu er-
schüttern. Zwar hat die Trennung von Eigentum und Kontrolle die
Macht der Eigentümer nicht neutralisiert (ZEITLIN 1974): Empirische Analysen zeigen die immer noch bestehende starke Stellung
von Familien, Verwandtschaftsgruppen sowie Einzelpersonen und
Gruppen hinsichtlich der Lenkung der größten Unternehmen der
Vereinigten Staaten. Trotzdem ist auch für ZEITLIN Umfang und
Art gemeinsamer Interessen von Eigentümern und Managern eine
offene Frage. Angesichts dieser Unsicherheit ist es sinnvoll,
sie zunächst unbeantwortet zu lassen.

Der Klassenkonflikt - und damit wende ich mich dem zweiten Typus
von Kritik zu - hat sich auch dadurch gemildert, daß die Arbeiterklasse keinesfalls im Laufe der Zeit vereinheitlicht worden
ist, sondern eine große Differenzierung hinsichtlich Qualifika-

tion, Bildung und Wissen erfahren hat (DAHRENDORF 1959, 48 - 51).
Ähnlich steht es mit der Prognose des Untergangs der transitorischen Klassen (DAHRENDORF 1959, 51 - 57; BOTTOMORE 1966, 23 - 26).
Wir können seit Mitte des vorigen Jahrhunderts beobachten, wie
gerade die sogenannten Mittelschichten, d.h. die Angestellten
und Beamten, an Bedeutung gewinnen. Es schieben sich zwischen
den beiden großen Klassen Zwischenschichten. Die Klassenbeziehungen werden nicht mehr durch sie, sondern durch mehrere Klassen
bestimmt. Die Bedeutung der Mittelschichten zeigt sich spätestens
beim Aufstieg der faschistischen Bewegungen (GEIGER 1967; LIPSET
1962; FALTER 1979; SCHIEDER 1976 und die dort erschienenen Aufsätze über den deutschen und italienischen Faschismus; MASON
1977, 42 - 98). Die Unfähigkeit mancher marxistischer Analytiker
und Politiker in den zwanziger und dreißiger Jahren dieses Jahrhunderts, die Gefahr des Nationalsozialismus richtig einzuschätzen,
liegt u.a. in einer fatalen Fehlinterpretation der Klassenbeziehungen.

Mit der Differenzierung der Mittelschichten eng verbunden ist
das dritte gegen MARX gerichtete Argument. DAHRENDORF (1959,
57 - 61) weist darauf hin, daß im Laufe der Industrialisierung
die soziale Mobilität zugenommen habe. Diese Behauptung ist
sicherlich problematisch, wie neuere Untersuchungen zeigen. Ich
behandle sie ausführlich in Abschnitt 6.

Schließlich wird die einseitige Analyse des politischen Konflikts
bei MARX kritisiert. Der Klassenkonflikt sei institutionalisiert
und domestiziert. Die Auseinandersetzungen zwischen Arbeiter
und Produktionsmittelbesitzer geschehen nach Regeln der Tarif-
partner. Neben dem Klassenantagonismus haben Interessengegen-
sätze zwischen Landwirte und städtischer Mittelschicht, neben
den religiösen auch kulturelle Konflikte die Entwicklung der
Gesellschaft charakterisiert (LIPSET und ROKKAN 1967; ROKKAN
und SVÅSAND 1978). Die beiden erstgenannten Konflikttypen sind
durch die industrielle Revolution, die beiden letztgenannten

durch die nationale Revolution erzeugt worden. Man könnte sogar
soweit gehen zu sagen, Religion sei politisch wichtiger als
Klasse, denn eine größere Zahl von politischen Parteien in
Europa sind hinsichtlich der konfessionellen Zugehörigkeit ihrer
Anhänger homogener als hinsichtlich ihrer Klassenzugehörigkeit
(ROSE und URWIN 1969). Während diese Faktoren zu einer Pluralisierung des politischen Konflikts und der Gruppenbildung führt,
hat der Nationalismus, den MARX auch vernachlässigte, die Tendenz,
Gegensätze innerhalb von Nationen zu mildern und die dahinter-
stehenden Kräfte gegen andere Nationen zu lenken (BOTTOMORE 1966,
19 - 2o). Pluralität der Konflikte und Nationalismus haben zur
Folge, daß die Klassenbildung nur unter ganz speziellen Bedingungen stattfinden kann.

Die Kritik an MARX richtet sich also erstens gegen die aus-
schließliche Betonung des Produktionsmittelbesitzes, zweitens
gegen die prognostizierten Vereinheitlichungstendenzen innerhalb der Bourgeoisie und des Proletariats, drittens gegen die
daraus folgende Abnahme der Mobilität und viertens gegen die
Beschränkung auf den Klassenkonflikt. Einerseits konnte MARX
die genannten Veränderungen nicht voraussehen, andererseits hat
er ihnen keine originäre Bedeutung beigemessen. Wir müssen sie
jedoch ernst nehmen und uns fragen: Wie haben sich die Bedingungen für die Klassenbildung verändert? Eine Antwort auf diese
Frage erfolgt im empirischen Teil des Buches.

Trotz der zum Teil scharfen Kritik an der marxistischen Theorie
hat in den vergangenen zehn Jahren eine MARX-Renaissance stattgefunden. Bemerkenswert ist der Versuch, marxistische Kategorien und empirische Methoden miteinander zu verbinden. TJADEN-
STEINHAUER und TJADEN (1973) diskutieren ausführlich die MARX'sche
Klassentheorie, um dann eine Analyse amtlichen statistischen
Materials vorzunehmen. Analog ist die Studie des Instituts für
marxistische Studien und Forschungen (z.B. Autorenkollektiv
1974) und die Untersuchungen im Rahmen des Projekts Klassenana-

lyse an der Freien Universität Berlin (zusammenfassend BISCHOFF
1976) aufgebaut. Alle diese Untersuchungen haben einerseits
mit den Schwierigkeiten zu kämpfen, daß die amtliche Statistik
sich nicht leicht den MARX'schen Kategorien anpaßt (diese Schwierigkeiten haben auch "bürgerliche" Soziologen, andererseits
leiden sie an problematischen Konzeptualisierungen. Ein Beispiel
liefert eine amerikanische Untersuchung. WRIGHT und PERRONE
(1977) analysieren Einkommensdeterminanten unter Berücksichtigung von Klassenkategorien. Klassenposition, so die Autoren,
sei nicht mit Berufsposition gleichzusetzen, denn Klasse "designates positions within the social relations of pruduction, i.e.
it designates the social relationship between actors" (WRIGHT
und PERRONE 1977, 35). Um Klassenposition von Personen zu
messen und um die obengenannte Trennung von Besitz und Kontrolle zu berücksichtigen, klassifizieren die Autoren Befragte einer
Umfage nach dem Vorhandensein oder der Abwesenheit von vier
Eigenschaften: 1. Produktionsmittelbesitz, 2. Möglichkeit, Arbeitskraft zu kaufen, 3. Kontrolle über die Arbeitskraft und
4. Verkauf der eigenen Arbeitskraft. Sie unterscheiden mittels
dieser Eigenschaften vier Klassen: Kapitalisten, Manager, Arbeiter und "petty bourgeoisie". Im Prinzip halte ich den hier
eingeschlagenen Weg, marxistische Kategorien einem empirischen
Test zu unterziehen, für sinnvoll. Drei Probleme sind jedoch
mit der obigen Vorgehensweise verbunden. Erstens wird aus den
Ausführungen der Autoren nicht klar, was unter sozialen Beziehungen der Produktion genau zu verstehen ist. Mehr darüber
könnte man durch die Wahl einer geeigneten abhängigen Variable erfahren. Einkommen läßt aber kaum Schlußfolgerungen über
die Beziehung zwischen den Akteuren zu. Das zweite Problem ist,
daß die Beziehung zwischen den vier obengenannten Eigenschaften
und den vier Klassen überdeterminiert ist. Zwei Merkmale, die
entweder vorhanden oder nicht vorhanden sein können, genügen,
um vier Klassen voneinander zu unterscheiden. Welche der vier
Merkmale beeinflussen die sozialen Beziehungen zwischen den
Klassen? Diese Frage können die Autoren nicht eindeutig beant-

worten. Das dritte Problem ergibt sich aus der unklaren Benutzung des Begriffes Beruf. Auch WRIGHT und PERRONE müssen die
Berufsangaben, die die Befragten in der von ihnen analysierten
Umfrage angegeben haben, benutzen, um die vier Klassen zu bilden. Die Berufsangabe kann Träger der verschiedensten Informationen sein, u.a. auch der Klassenzugehörigkeit. Angesichts
dieser Probleme stellen die Autoren falsche Forderungen an die
künftige Forschung (WRIGHT und PERRONE 1977, 54). Nicht ausge-
tüftelte statistische Analysen, sondern bessere theoretische
Konzeptualisierungen und andere Daten sind notwendig. Dabei
muß man sich allerdings vor den außerordentlich ausgeklügelten
Argumentationen von Marxisten etwa zur Beschreibung von "produk-
tiver Tätigkeit" hüten (POULANTZAS 1978; BISCHOFF 1976). Sie
erwecken denselben Eindruck wie die artifiziellen empirischen
Analysen mancher Soziologen, die zu Recht auch von marxistischer Seite kritisiert werden.

Welche Konsequenzen aus dieser Erörterung folgt für unsere
Analyse? Eines liegt auf der Hand: Hier kann nicht die MARX'sche
Klassentheorie überprüft werden, wohl aber einige ihrer Elemente. Nach meiner Auffassung lauten die zentralen Fragen: Gibt
es in der Bundesrepublik und in den anderen westlichen Industriegesellschaften heute noch Klassen? Wie kommen sie zustande?
Welche ist ihre Erscheinungsform? WEBER, PARSONS und andere
Soziologen, deren Theorien ich im folgenden behandeln werde,
haben alle ihre Antworten auf diese Fragen formuliert. Deshalb wird die theoretische Erörterung sich immer wieder mit
ihnen beschäftigen. Empirisch fundierte Antworten können wir
durch die folgenden Analysen gewinnen: Erstens durch die Analyse der Eigentumsverteilung und ihrer Veränderung, zweitens
durch die Analyse der Differenzierungsprozesse innerhalb der
Arbeiterschaft und der Mittelschichten, drittens durch
Messung von Ausmaß und Richtung der Mobilität, viertens durch
die Überprüfung der Bewußtseinsformen innerhalb der Arbeiterschaft und der Mittelschichten sowie der Formen des politi-

schen Konflikts.

4.3. WEBERs Theorie der Klassen und Stände

Im Werk WEBERs sucht man ebenso vergebens nach einer geschlossenen Darstellung der sozialen Schichtung und Klassenbildung
wie in MARX' Veröffentlichungen. In "Wirtschaft und Gesellschaft" (WEBER 1964) werden diesem Thema direkt nur relativ
wenige Seiten gewidmet. Also ein ähnlicher Fall wie MARX? In
gewisser Weise ja, denn die Veröffentlichungen WEBERs, die
sich indirekt mit Schichten und Klassen befassen, sind recht
umfangreich. WEBERs Religionssoziologie ist eine Auseinandersetzung u.a. mit der Beziehung zwischen sozialen Schichten,
die von diesen getragenen religiösen Lehren und die mit diesen verbundenen Wirtschaftsethiken. WEBER geht es dabei u.a.
um den Nachweis der Bedeutung von Ideen zur Erklärung sozialen Handelns. Nicht nur die materiellen Bedingungen, sondern
auch z.B. religiöse Doktrinen haben gesellschaftlichen Wandel verursacht und soziale Strukturen verändert. Der erste
Abschnitt seiner Analyse der protestantischen Ethik (1979)
ist überschrieben "Konfession und soziale Schichtung". Hier
gibt WEBER die Beobachtung wieder, welche ihn dann zu einer
eingehenden Analyse der protestantischen Doktrin und ihrer
Auswirkung auf wirtschaftliches Handeln führt: "Den ganz
vorwiegend protestantischen Charakter des Kapitalbesitzes
und Unternehmertums sowohl, wie der oberen gelernten Schichten der Arbeiterschaft, namentlich aber des höheren technisch und kaufmännisch vorgebildeten Personals der modernen
Unternehmungen". (WEBER 1979, 29) WEBER setzt die Analyse des
Verhältnisses zwischen Ökonomie und Religion in seiner Arbeit
über "Die Wirtschaftsethik der Weltreligionen" fort. Die Hoch-
religionen z.B. Chinas oder Indiens werden auf ihr Verhältnis
zu den ihnen tragenden Schichten hin untersucht. WEBER widmet
in seinem Postum erschienenen Werk "Wirtschaft und Gesellschaft" der Religionssoziologie ein Kapitel mit einem Ab-

schnitt "Stände, Klassen und Religionen". Dies ist eine detaillierte Schilderung der religiösen Orientierung von Bauern, Krieger, Adel, Beamte, Kleinbürgertum, Proletariat, Intellektuelle und positiv und negativ Privilegierte. So zieht sich durch das Werk WEBERs hindurch eine Beschäftigung mit sozialen Schichten und Klassen. Es sind aber nicht diese Darstellungen, die die soziologische Schichtungstheorie beeinflußt haben, sondern die bereits erwähnten kurzen Abschnitte in "Wirtschaft und Gesellschaft". Der Grund liegt gerade in der kurzen und theoretisch prägnanten Formulierung. Er liegt auch in der großen Übereinstimmung zwischen der WEBER'schen Theorie und der amerikanischen Soziologie. WEBER ist erst auf dem Umweg über die Vereinigten Staaten in der Bundesrepublik rezipiert worden.

Man kann WEBERs Darstellung der Klassen- und Schichtenbildung teilweise als eine Entgegnung auf die Theorie MARXens verstehen. MARX hatte, wie oben bereits beschrieben, auf die Eigentumsverhältnisse und dem daraus entstandenen Gegensatz zwischen besitzlosem Proletariat und besitzender Bourgeoisie abgestellt. Zwar gab es und gibt es neben den beiden Hauptklassen noch verschiedene Mittelklassen, aber deren Existenz wurde und wird immer auf die ökonomische Grundstruktur der Gesellschaft zurückgeführt. Demgegenüber hebt WEBER die unterschiedliche Basis der Schichtung bzw. Klassenbildung hervor. Er deutet auch an, in welcher Weise diese Grundlagen miteinander verbunden sind.

WEBERs Definition von sozialen Klassen setzt sich aus zwei Teilen zusammen. a. Die Klassenlage ergibt sich aus der Verfügungsgewalt über Güter und Leistungsqualifikationen und den daraus entstehenden Chancen der Güterversorgung, der Gestaltung der äußeren Lebensstellung und des inneren Lebensschicksals. b. Zu einer sozialen Klasse gehören all diejenigen Klassenlagen, zwischen denen ein Wechsel leicht möglich und typisch ist (WEBER 1964, 223).

WEBER setzt sich von MARX in zweierlei Hinsicht ab. Die Verfügungsgewalt über Güter und Leistungsqualifikationen erweitert
die Basis für die Klassenbildung. WEBER unterscheidet zwischen
Besitzklassen (ihre Position ist charakterisiert durch Besitz
und durch den Bezug von Renteneinkommen) und Erwerbsklassen
(ihre Position ist Resultat der Erwerbstätigkeit) und spricht
in diesem Zusammenhang auch von den"Monopolqualitäten" eines
nur angelernten Arbeiters (WEBER 1964, 225). Der zweite Unterschied zu MARX liegt in der Betonung der Mobilität. In dem
Maße, in dem es gelingt, Eigentum und Leistungsqualifikationen
von einer Generation auf die andere zu übertragen, findet eine
soziale Klassenbildung statt.

Die an dieser Stelle von "Wirtschaft und Gesellschaft" betonte
Distanz zur marxistischen Klassentheorie wird an anderer Stelle
wieder abgeschwächt. Nach WEBER (1964, 679) soll man von Klassen dort reden, wo: "1. eine Mehrzahl von Menschen eine spezifische ursächliche Komponente ihrer Lebenschance gemeinsam
ist, soweit 2. diese Komponente lediglich durch ökonomischen
Güterbesitz- und Erwerbsinteressen, und zwar 3. unter den Bedingungen des (Güter- oder Arbeits)Markt dargestellt wird
('Klassenlage')". Im darauf folgenden Absatz beschreibt WEBER
die Wirkungen des Besitzes und benutzt häufig Begriffe wie
schließt aus, monopolisiert etc., d.h. Begriffe, die an die
Dichotomie zwischen Kapitalisten und Lohnarbeiter denken läßt:
" 'Besitz' und 'Besitzlosigkeit' sind daher die Grundkategorien
aller Klassenlagen, einerlei, ob diese im Preiskampf oder im
Konkurrenzkampf wirksam werden" (WEBER 1964, 679). Wie für MARX
ist auch für WEBER der Markt für das Zustandekommen von Klassenlagen von eminenter Bedeutung. WEBER verallgemeinert hier Beobachtungen von der Aktienbörse, bei dem anonyme Händler Werte durch
wenige Zeichen miteinander tauschen (BENDIX 1962, 85). Aber im
Unterschied zu MARX gibt es für WEBER keine Dominanz des Gegen-
satzes von Bourgeoisie und Proletariat. Was auf dem Markt angeboten wird, ist von Fall zu Fall verschieden, ebenso die Grund-

lage für die Klassenbildung.

WEBER ordnet seinen Begriff von Klasse dem wirtschaftlichen Bereich zu. Unter wirtschaftlich orientiertes Handeln versteht
WEBER ein Handeln, welches einem Sinne nach "an der Fürsorge
für einen Begehr nach Nutzleistungen orientiert ist" (1964,
43). Auch hier finden wir gewissermaßen eine Beschränkung des
Klassenbegriffs, während MARX alle wichtigen menschlichen Äußerungen auf die Dualität von Kapital und Arbeit zurückführt. WEBER
stellt nun der Klasse den Begriff des Standes gegenüber. "Ständische Lage soll heißen eine typisch wirksam in Anspruch genom-
mene positive oder negative Privilegierung in der sozialen
Schätzung". (WEBER 1964, 226) Die Begründung für diese Inan-
spruchnahme kann an der Lebensführung, an der Erziehung, an der
Abstammung oder am Berufsprestige liegen. Standesbeziehungen
drücken sich praktisch im "Connubium", d.h. in Heiratsbeziehun-
gen zwischen Mitgliedern eines Standes oder verschiedener Stände,
in der "Kommensalität", d.h. in den informellen Beziehungen zwischen Menschen, in der Monopolisierung von bestimmten Erwerbs-
arten oder in Konventionen verschiedener Art (WEBER 1964, 226).
WEBER sieht die ständische Lage als eine Komponente des Lebensschicksals von Menschen, die durch "Ehre" bedingt ist (1964,
683). Im Begriff der Ehre bzw. des Ansehens ist die Vorstellung
von "sich gegenseitig anerkennen" bzw. Ehrerbietung zeigen, also
eine gegenseitige Beziehung, enthalten. Nach WEBER muß nicht,
kann aber die ständische Lage sich aus der Klassenlage ergeben.
Oft werden sich beide gegenseitig ausschließen. Charakteristisch
für Klassenbeziehungen ist, daß sie anonym zustande kommen.
Der Tausch von Gütern und die Bewertung von Leistungsqualifikationen geschieht im Prinzip ohne Rücksicht auf andere als die
relevanten Eigenschaften der Handelnden (regionale und soziale
Herkunft, Konfession etc. spielen keine Rolle). Ständische Lage entsteht dagegen durch die Lebensführung, und hierbei spielen andere Faktoren als wirtschaftliche eine wesentliche Rolle.
Der Student, der Offizier und der Beamte können sonst nicht der

gleichen ständischen Lage angehören (WEBER 1964, 226). Der Par-
venü wird nicht akzeptiert, nur sein Sohn, der die korrekte Lebensführung sich angeeignet hat. Die hier beschriebene Trennung
von Klassenlage und ständische Lage findet sich allerdings in der
Wirklichkeit nicht immer in reiner Form und es wird zu einer empirischen Frage, wo und wann die Unterscheidung von Bedeutung ist.
Läßt sich nachweisen, daß die Bewertung von Leistungsqualifikationen am Markt (z.B. wenn eine Person eine Arbeit sucht und
eine Firma zwischen mehreren Bewerbern auswählen kann) nicht allei-
niges Kriterium der Entscheidung ist, sondern daß auch Rücksicht-
nahme auf Abstammung, gutes Benehmen etc. erfolgt, dann zeigt
dies einen Zusammenhang zwischen Klassenlage und ständische Lage. Während Klassenlage dem wirtschaftlichen Bereich zuzuordnen
ist, weist WEBER den Begriff der ständischen Lage dem Bereich
der sozialen Ordnung zu (WEBER 1964, 688). Keineswegs kann der
Auffassung PARKINs zugestimmt werden, der behauptet, Klasse sei
bei Weber das Primäre und Stände bildeten sich innerhalb von
Klassen (PARKIN 1978). Es sind vielmehr verschiedene Prinzipien
der gesellschaftlichen Organisation, die zum Teil miteinander
konkurrieren, zum Teil sich zeitlich ablösen (MAYER 1977;
BENDIX 1962). Klassen und Stände versuchen, ihre Privilegien
zu monopolisieren. Vor allem die besitzenden Klassen werden
mittels Verwandtschaftsbande und familiäre Beziehungen versuchen, ihr Eigentum zusammenzuhalten. In diesem Falle könnte
man - pointiert formuliert - für Standesbeziehungen Priorität
reklamieren.

Die Beziehung zwischen Klassenlage und ständischer Position
bzw. zwischen den verschiedenen Dimensionen von Positionen ist
ein von WEBER nicht eingehend behandeltes Problem. Es besteht
eine gewisse Ähnlichkeit zwischen soziale Klasse und ständischer Lage, aber wann die eine in die andere übergeht, läßt
sich aus der Erörterung WEBERs nicht entnehmen. An WEBERs
Theorie ist - im Gegensatz zu MARX'schen - kaum Kritik geübt
worden. Sie eignet sich auch nicht dazu, da sie nicht eine

Theorie im eigentlichen Sinne ist. WEBER macht keine Prognose
über die künftige Entwicklung von Klassen und Stände. Er unterscheidet eine Vielzahl ökonomischer Klassen ohne zu sagen, welche sozialen Klassen für eine Industriegesellschaft typisch sind.
WEBER entwirft einen konzeptuellen Rahmen, aus dem hervorgeht,
worauf man achten soll, wenn man Klassen und/oder Stände untersuchen möchte. Dieser Umstand erklärt auch die Relevanz und
Aktualität der WEBER'schen Theorie. Sie ist relativ offen und
eignet sich besonders für empirische Analysen. Der sogenannte
multidimensionale Ansatz, der sich gegen die MARX'sche Betonung
nur eines Kriteriums, nämlich des Eigentums am Produktionsmittel,
wendet und die Verschiedenartigkeit der Ungleichheit postuliert,
konnte in WEBERs Unterscheidung zwischen Besitz-, Berufs- und
soziale Klassen bzw. zwischen Klassen und Stände gute Argumente
finden. Deshalb ist es weniger leicht als im Falle der MARX'schen
Theorie, Fragen zu formulieren, deren Beantwortung Aufschluß
über die Tragfähigkeit der Theorie geben könnten. Trotzdem
sollen hier Fragen zu drei Themen gestellt werden. Das erste
bezieht sich auf die Rolle der Marktposition. Hängen heute die
Lebenschancen eines Menschen im gleichen Maße von der Marktposition ab, wie dies zu Zeiten WEBERs der Fall war? Haben nicht
vielmehr die verschiedenen sozialen Sicherungssysteme - Krankenversicherung, Arbeitslosenversicherung, um nur zwei zu nennen -
die Beziehung zwischen Lebenschancen und Marktposition voneinander abgekoppelt? Das zweite Thema ist die ständische Lage. Ist
sie heute überhaupt eine relevante Dimension sozialer Schichtung? In einer auf den Wert Gleichheit basierenden Gesellschaft
sollten Standesbeziehungen auf ein Minimum reduziert worden sein.
Oder haben gerade die Bestrebungen zur Verwirklichung des Wertes
Gleichheit in der Politik, in der Wirtschaft, in Schulen und Familien zur Folge, daß Menschen sich dem Mittel der ständischen
Gruppenbildung bedienen, um ihre "Besonderheit" aufrechtzuerhalten. Das dritte Thema bezieht sich auf soziale Klassen. In
welcher Weise und in welchem Ausmaß kann die Verfügungsgewalt
über Güter und Leistungsqualifikationen in der Generationenfolge

weitergegeben werden? Sind die Barrieren gegen Mobilität in erster Linie ökonomisch oder kulturell bedingt. Diese Fragen be-
dürfen sowohl einer theoretischen als auch einer empirisch fun-
dierten Antwort.

4.4. Die funktionalistischen Schichtungstheorien von PARSONS und DAVIS/MOORE

Als funktionalistische Schichtungstheorie wird in den meisten
Lehrbüchern die Theorie von DAVIS und MOORE (1967) behandelt.
Die Theorie wird in Zusammenhang mit PARSONS, der der Vertreter
einer funktionalistischen Theorie par excellence ist, gebracht.
PARSONS Schichtungstheorie und DAVIS und MOORs Veröffentlichung
sowie die Kritik an diesen Theorien sollen in diesem Abschnitt
behandelt werden.

PARSONS Theorie ist anspruchsvoller und allgemeiner als die
Theorie von DAVIS und MOORE. PARSONS hat durch alle seine Veröffentlichungen hindurch das Ziel verfolgt, eine allgemeine Theorie des sozialen Handelns zu entwickeln. Auch seine Aufsätze,
die sich mit sozialer Schichtung befassen, sind als Anwendung der
allgemeinen Theorie auf spezielle Phänomene gemeint. DAVIS und
MOORE verfolgen mit ihrer Veröffentlichung dagegen ein begrenz-
tes Ziel. Sie wollen konkrete und empirische überprüfbare Aussagen über Schichtung in modernen Industriegesellschaften formulieren. Ihre Theorie ist funktionalistisch, auch wenn sie
PARSONS nur einmal zitieren. Umgekehrt werden sie auch von
PARSONS nur einmal zitiert. Die direkte Bezugnahme ist daher
begrenzt. PARSONS hat sich in vier Aufsätzen direkt mit sozialer Schichtung befaßt: 1940, 1949, 1953 und 1970. Innerhalb von
30 Jahren wandelt sich seine Auffassung. Schwerpunkt und Wandel
seiner Theorie stelle ich im folgenden dar.

Soziale Schichtung ist das Ergebnis institutionalisierten sozialen Handels (PARSONS 1964 a). Institutionalisiertes soziales

Handeln ist ein solches Handeln, welches auf Erwartungen beruht,
die für die Beteiligten legitim sind. Das Verhalten wird
von den Beteiligten mit den Erwartungen konfrontiert und bewertet. Diese Bewertung erfolgt also aufgrund von Kriterien, die
von der Mehrheit der Gesellschaftsmitglieder geteilt werden. Sie
beziehen sich auf soziale Rollen. Nun sind Rollen in der Familie
nach anderen Kriterien differenziert als z.B. Berufsrollen. Damit ergibt sich prinzipiell die Möglichkeit, daß eine Person
ganz unterschiedlichen Status, weil unterschiedlich bewertet,
erlangt. Trotzdem sagen wir ja oft: Dieser Mann gehört der Oberschicht, diese Familie der Mittelschicht an. Es muß ein Mechanismus geben, der die verschiedenen Kriterien auf einen Nenner
bringt und dieser ist die soziale Schichtung. Soziale Schichtung hat also eine integrative Funktion. Es widerspricht allerdings gängiger Vorstellung, soziale Schichtung als Mittel gesellschaftlicher Integration zu interpretieren. Hatte nicht
MARX die desintegrativen Wirkungen der Klassenbildung betont?
Hier ist sicherlich ein wichtiger Unterschied zwischen PARSONS
und den Konflikttheoretikern zu sehen. Andererseits sollten
wir einen Unterschied, der sich aus der gewählten theoretischen Perspektive ergibt, nicht verwechseln mit der Leugnung
jeglichen Konflikts. Offen bleibt jedoch, wie die Bewertung
unterschiedlicher Rollen auf einen Nenner gebracht werden,
wie also jemand zu einem gesellschaftsweit gültigen und nicht
bloß in der Familie oder im Betrieb relevanten sozialen Status
gelangt. PARSONS befaßt sich erst später mit dieser Frage.

PARSONS leugnet nicht Konflikte, nur haben sich die Konflikt-
punkte nach seiner Auffassung seit MARXens Zeit gewandelt
(PARSONS 1964 b). Die Grundlage der sozialen Schichtung bildet
nach PARSONS das Berufssystem und nicht mehr der Besitz von
Produktionsmittel. Gleichzeitig ist die Schichtposition verknüpft mit dem Verwandtschaftssystem, denn die Mitglieder einer
Familie haben denselben sozialen Status. Da Leistung im Berufssystem eine so große Rolle spielt, muß gewährleistet sein, daß

gerechte Wettbewerbsmaßstäbe herrschen. Das wird durch die über
Familien weitergegebenen Vor- und Nachteile verhindert. Dies
ist der erste potentielle Konfliktherd. Des weiteren generali-
siert PARSONS den Begriff der Ausbeutung, denn nicht nur die Aneignung eines ökonomischen Mehrwerts, auch die mittels Macht
und Autorität angeeignete Leistung ist das Resultat der Ausbeutung. Autorität muß, damit es nicht zu Konflikten kommt, legitim sein. Schließlich können kulturelle Unterschiede zwischen
Personen und Gruppen Konflikte erzeugen. Auch solche Unterschiede werden durch Familien aufrechterhalten. Die Hauptquellen
des Konflikts liegen im Gegensatz zwischen dem Verwandtschafts-
und dem Berufssystem und in der Art der Institutionalisierung
von Arbeit und sind in der Struktur der Gesellschaft angelegt.
Drei Dinge sorgen nach PARSONS für einen relativ konfliktfreien
Bestand sozialer Ungleichheit: die nur beschränkte Sichtbarkeit
von Unterschieden zwischen Individuen und Gruppen, die Betonung von Gleichheit und schließlich Solidaritäten wie Nationalismus oder ethnische Identifikation, die über die oder quer
zu den Klassen gesellschaftliche Integration gewährleisten.
Die Betonung von Gleichheit als konflikthemmendes Element
greift PARSONS später wieder auf (PARSONS 1970). PARSONS sieht
in der Entwicklung seit der Reformation und vor allem seit der
französischen Revolution einen Trend zu größerer Gleichheit.
Traditionelle Bindungen ethnischer, territorialer und religiö-
ser Natur verlieren an Bedeutung. Menschen können aufgrund
dieser Eigenschaften nicht mehr als ungleich behandelt werden.
Die Gleichstellung geht besonders weit im Bereich des Rechts.
Vor dem Gesetz sind alle Menschen gleich. Die bürgerlichen
Freiheiten können niemandem verwehrt werden. Die rechtliche
Gleichheit gilt als Prototyp für Gleichheit in anderen Lebensbereichen. Abweichungen von dem Prinzip der Gleichheit müssen
begründet werden. Ungleichheit ist in modernen Gesellschaften
immer erworben und ungleiche Belohnung "shall be justified in
terms of functional contribution to the development and welfare
of the society" (PARSONS 1970, 33; Hervorhebungen von T.H.).

Gleichheit, welche im ersten Artikel (PARSONS 1964 a) als ein
Extremfall, als eine Abweichung vom Normalfall der Ungleichheit
behandelt wurde, gehört nun zu den integrativen Mechanismen der
Gesellschaft. Was versteht PARSONS unter "Entwicklung und Wohlstand der Gesellschaft"? In jedem Subsystem der Gesellschaft,
z.B. im politischen oder wirtschaftlichen System, in dem jeder
einen Status einnimmt, herrschen subsystemspezifische Werte
(PARSONS 1964 c). Diese Werte - im politischen Bereich z.B.
"sich an Entscheidungen beteiligen, die das Wohl der Gesellschaft fördern"; im wirtschaftlichen Bereich z.B. "sich an
der Produktion von Gütern und Dienstleistungen beteiligen,
die das Wohl der Gesellschaft fördern" - sind Handlungsmaxime,
die jeder normalerweise zu erfüllen versucht. Eines dieser Ziele wird, so PARSONS, einen gewissen Vorrang gewinnen und wird
in allen Lebensbereichen Gültigkeit beanspruchen. Leistung im
Berufsbereich entwickelt sich zur charakteristischen Wert-
orientierung in Industriegesellschaften amerikanischen Typs.
Dieser Sachverhalt löst auch das im ersten Aufsatz (PARSONS
1967 a) offenkundig gewordene Problem: Wie werden die verschiedenen Bewertungskriterien zu einem Status verknüpft? Ein
Wertsystem übernimmt tendenziell eine führende Rolle und der
Gesamtstatus einer Person ergibt sich aus dem Status in diesem
Wertesystem. Aber gerade die Tatsache, daß in Industriegesellschaften amerikanischen Typs die Leistung im Berufssystem eine
so überragende Rolle spielt, bedeutet, daß ganz unterschiedliche Leistungen als wertvoll oder weniger wertvoll erachtet
werden. Denn was im Berufssystem produziert wird, variiert
außerordentlich stark. Das verlockende Spiel des Filmstars,
die Rede des Politikers und die Entscheidung des Managers -
alles dies und noch viel mehr ist berufliches Handeln. Es gibt
zwar Situationen mit relativ eindeutiger Beziehung zwischen
Zielen und Belohnungen. Organisationen (eine Verwaltung, ein
Betrieb) sind in dieser Weise strukturiert. Aber zwischen den
verschiedenen Berufsbereichen ist der Vergleich schwierig.
Eine vermittelnde Funktion übt Geld und Ansehen aus. Beide

ermöglichen einen Vergleich, wenn nicht zwischen Leistungen, so
doch zwischen Belohnungen. Beide führen jedoch zu einer recht
großen Variationsbreite des Status. Die soziale Schichtung in
Industriegesellschaften weist einen geringen Strukturierungsgrad
auf - sie ist pluralistisch.

Drei Probleme der PARSON'schen Theorie sollen hier behandelt werden: Die Rolle der Bewertung und die Gleichheit sowie die Kon-
fliktpotentiale. Wenn PARSONS die soziale Schichtung als eine
Dimension von institutionalisiertem sozialen Handeln behandelt,
vernachlässigt er alle faktischen Unterschiede zwischen Menschen.
PARKIN (1978, 51 - 53) hat, wie bereits erwähnt, auf die völlige Vernachlässigung des Eigentums in PARSONS Theorie hingewiesen. Eigentum werde mit "possessions" gleichgesetzt mit dem
Ergebnis, daß Besitz einer Zahnbürste und einer Fabrik ein und
dasselbe sei. PARSONS hat durch die Unterscheidung zwischen
"facilities" und "rewards" versucht, dieses Problem zu lösen.
Es handelt sich hier um die zweifache Klassifikation der
gleichen Besitz-Objekte. Sie werden einmal aus der Perspektive
des zentralen Wertes eines gesellschaftlichen Subsystems betrachtet: Wie nützlich ist ein bestimmtes Objekt zur Zielerreichung ("facilities")? Natürlich sollte z.B. eine Fabrik
demjenigen in die Hand gegeben werden, der damit den größt-
möglichen Wertzuwachs erzeugt. Aus der anderen Perspektive betrachtet wird gefragt: Für welche Leistung gilt ein Besitz-Ob-
jekt als eine Belohnung ("rewards")? Natürlich sollte dieselbe
Fabrik demjenigen gegeben werden, der den größten Beitrag zur
Zielerreichung leistet (PARSONS 1964 c, 402 - 404). Schon diese
von mir ersonnenen Beispiele zeigen die Problematik des Ansatzes,
über den sich PARSONS teilweise bewußt ist (PARSONS 1964 c,
389, 403 - 404). Verteidiger PARSONS könnten natürlich auf die
Einschränkungen von Eigentumsrechten, wie sie z.B. im Artikel
14 Abs. 2 Grundgesetz enthalten sind (Eigentum verpflichtet.
Sein Gebrauch soll zugleich dem Wohle der Allgemeinheit dienen), hinweisen. Dies berechtigt doch nicht dazu, die jenseits

von Bewertungsprozessen wirksamen faktischen Unterschiede zwischen Menschen (Eigentum, Arbeitsbedingungen, Zugang zu Gütern
und Leistungsqualifikationen) zu vernachlässigen. Trotz dieser
Schwäche der Theorie ist nicht von der Hand zu weisen, daß Be-
wertungsprozesse, auch außerhalb des Bereichs der Standesbeziehungen (vgl. Abschnitt 4.3), eine schichtungsrelevante Rolle
spielen. Indem wir bestimmte Arten von Leistungen hoch, andere
niedrig bewerten, sorgen wir für eine hierarchische Differenzierung von Menschen, die gleichzeitig eine integrative gesellschaftliche Funktion ausübt, denn die Bewertung beruht
auf allgemein anerkannte Kriterien. Ob nun die faktischen Unterschiede zwischen Menschen oder die Bewertungsunterschiede
für die soziale Schichtung wichtiger sind, läßt sich nach
meiner Auffassung nicht beantworten. Man muß beide Sachver-
halte untersuchen.

Die Frage nach der Rolle des Gleichheitspostulats läßt sich
selbstverständlich nur mit erneutem Bezug auf faktische Unterschiede zwischen Menschen beantworten. MARSHALL (1950), auf
den sich PARSONS (1970) auch bezieht, hatte den allmählichen
Bedeutungsverlust von regionalen und ethnischen Identifika-
tionen und die Ausweitung der Sphäre der Gleichheitsrechte
auf alle Bürger hervorgehoben. MARSHALL nennt die Rechte des
18. Jahrhunderts Bügerrechte (Gleichheit vor dem Gesetz), die
des 19. Jahrhunderts politische Rechte (allgemeines Wahlrecht)
und die des 20. Jahrhunderts soziale Rechte (Bildung, soziale
Sicherung). Alles spricht jedoch dafür, daß die Institutionalisierung von Gleichheit nur andere Formen der Ungleichheit
schafft. DAHRENDORF (1961a) hat darauf hingewiesen, daß alle
Menschen vor dem Gesetz gleich sein mögen, aber nicht nach dem
Gesetz und er begründet seine Schichtungstheorie - ganz im Gegensatz zu PARSONS - auf die Tatsache, daß das Gesetz ein Herr-
schaftsinstrument ist. Die Sanktionierung von Verhalten, insbesondere mittels des Rechts, sei die Basis der sozialen Schichtung. Die Möglichkeiten, die gleichen Rechte in Anspruch zu

nehmen, sind ungleich verteilt. Das allgemeine Wahlrecht bevorzugt diejenigen, die politisch aktiv sind und sich zu Interessengruppen und Parteien organisieren. Die Ausdehnung des
Rechts auf eine Grundbildung auf alle Kinder erzeugt Interessengruppen, die unterschiedliche Bildungsvorstellungen durchzusetzen suchen. Herkunftsunterschiede, die außerhalb des
Bildungswesens entstanden sind, werden im System und nach deren
Verlassen plötzlich relevant. Jede Form der Institutionalisierung von Gleichheitspostulaten ruft neue Ungleichheit hervor
(BENDIX 1964, 74 - 104). Inwieweit im informellen Bereich
soziales Handeln Gleichheit heute wichtiger ist als früher,
ist eine schwer zu beantwortende Frage, eben weil es sich um
informelle Interaktion handelt. Es hat den Anschein als würden
heute Autoritätsunterschiede zwischen Menschen häufig herunter-
gespielt. Kinder werden von Eltern und Lehrern als gleiche
behandelt; Titel, die einer beruflichen Leistung entsprechen
(Doktor, Professor) werden in Anreden weggelassen. Wenn es
heute kaum Hausangestellte oder deutsche Kellner gibt oder
wenn Arbeitnehmer bevorzugt in großen Betrieben arbeiten,
dann hat das nicht nur ökonomische Gründe. Die unmittelbare
Unterordnung von Menschen unter "Autoritätspersonen" ist prekär
geworden. Könnte das zu Konflikten führen? Hat PARSONS die Kon-
fliktpotentiale in Schichtungssystemen überhaupt korrekt beschrieben? Konflikte zwischen Leistung unter gerechten Wettbewerbsbedingungen und Verwandtschaft haben sich, im Gegensatz zur PARSONS Behauptung, nicht im Berufsbereich, sondern im Bereich der Bildung manifestiert. Der Ruf nach Chancengleichheit ist gleichzeitig eine Kampfansage an die durch Familien weitergegebenen Vor- und Nachteile. Der Konflikt um
das dreigliedrige Schulsystem, in dem die Beibehaltung des
traditionellen Gymnasiums im Gegensatz zu der Einführung der
Gesamtschule steht, ist ein Beispiel für diesen Tatbestand.
Ebenfalls im Schulsystem wird der Kulturkonflikt, den PARSONS
auf das Verwandtschaftssystem bezieht, virulent. Dafür ist
die in der Bundesrepublik zu beobachtende Kritik an den vielen

ausländischen Kindern in deutschen Schulen ein Beispiel, denn
das Argument lautet, sie behinderten die anderen Kinder am
schnellen Weiterkommen. Dieser Konflikt manifestiert sich auch
im Berufssystem. Ausländer nehmen angeblich den Deutschen die
Arbeit weg. Die Institutionalisierung von Autorität und ihre
mögliche Veränderung habe ich bereits gestreift. Autoritätsbeziehungen und Gleichheitsansprüche widersprechen sich. Der
Wandel von Berufswerten in Richtung einer zunehmend stärkeren
Betonung der sozialen Komponenten der Arbeit (mit Personen
arbeiten, mit denen man gut auskommt; eine Arbeit haben, die
einem das Gefühl gibt, etwas zu leisten; vgl. HERZ 1983 a),
könnte in Konflikt mit Tendenzen zur Verstärkung von Autoritätsbeziehungen kommen (vgl. Abschnitt 5.2.2). Bisher sind jedoch
diese, von PARSONS zum Teil korrekt diagnostizierten Kon-
fliktquellen nicht die Ursache von Konflikten gewesen, die
das Klassen- oder Schichtungssystem verändert hätten. Lediglich die Schulfrage ist politisiert worden.

PARSONS Theorie ist in doppelter Weise funktionalistisch. Erstens erfüllt die soziale Schichtung eine integrative Funktion
und zweitens richtet sich der Status eines Haushalts nach dem
"Beitrag zur Entwicklung und Wohlfahrt der Gesellschaft", den
dieser Haushalt leistet. Dies ist der Anknüpfungspunkt für den
Aufsatz von DAVIS und MOORE (1967).

DAVIS und MOORE gehen von der Feststellung aus, Schichtung sei
ubiquitär, und es sei Aufgabe der Theorie zu erklären, warum
in allen Gesellschaften Ungleichheit vorhanden und deshalb die
Verteilung von Ressourcen auf Positionen in allen Gesellschaften relativ ähnlich sei. Ihre Erklärung lautet, Ungleichheit sei notwendig, damit a. die Aufgaben in einer Gesellschaft
ausgeführt werden und b. Personen bereit seien, bestimmte Positionen einzunehmen. Die Theorie ist also teilweise auch eine
Mobilitätstheorie. Was bedeutet die Erklärung nun im einzelnen? Gesellschaftliche Positionen unterscheiden sich im Ausmaß

ihrer Annehmlichkeit, ihrer gesellschaftlichen Bedeutung und
den in ihnen geforderten Fähigkeiten. Unter Ressourcen, die
in unterschiedlichem Ausmaß auf Positionen verteilt sind, verstehen die Autoren sowohl materielle Güter als auch Dinge, die
zur guten Laune und Zerstreuung beitragen und die das Selbstimage
und die Selbstverwirklichung beeinflussen. Welche Positionen
haben nun den höchsten Rang, werden also mit den meisten Ressourcen
ausgestattet? Es sind dies erstens diejenigen Positionen, die
für die Gesellschaft funktional am wichtigsten sind und zweitens
diejenigen Positionen, die die längste Ausbildung erfordern.
Die funktionale Bedeutung einer Position kann sich in der Ein-
zigartigkeit der Position manifestieren oder darin, daß andere
Positionen von ihr abhängig sind. Falls eine Position zur Er-
füllung der Aufgaben wenig Qualifikationen verlangt und Talente
reichlich sind, wird sie mit wenig Ressourcen ausgestattet sein,
während eine Position, die eine lange und aufwendige Ausbildung
verlangt, auch höher belohnt werden muß. DAVIS und MOORE (1967)
erläutern ihre Theorie an einigen Beispielen, u.a. an der Rolle
der Religion. Ihre Aufgabe (Funktion) besteht darin, Normen wie
Nächstenliebe oder Achtung vor dem Leben zu artikulieren und
ihre Einhaltung durch einen Stab von Mitarbeitern zu überwachen.
Dadurch trägt sie zum Zusammenhalt der Gesellschaft bei. Eine
solche Aufgabe ist wichtig und Priester sollten daher mit
hohen Ressourcen belohnt werden. Auf der anderen Seite sind
die Voraussetzungen für diese Aufgabe relativ einfach. Jeder
kann im Prinzip zwischen Menschen und Göttern vermitteln. Belohnungen können nur hoch bleiben, wenn es der Kirche gelingt,
ihren Anspruch auf Heil zu monopolisieren. DAVIS und MOORE
haben hier en passant auf zwei Dinge hingewiesen, die nicht
in ihre Theorie passen. Erstens zählt die Fähigkeit, Interessen zu organisieren und die Organisation zur Abschottung
gegenüber konkurrierenden Ansprüchen zu benutzen, nicht zu den
Voraussetzungen für die Übernahme der Position als solche.
Trotzdem ist sie wichtig und wird auch belohnt. Zweitens ge-
stehen die Autoren indirekt ein, daß es Anwärter auf Positionen

gibt, die auch in der Lage wären, die Aufgaben zu erfüllen, die
jedoch nicht zum Zuge kommen. Damit ist der Kern der Theorie
dargestellt. Ihre Probleme liegen auf der Hand und haben zur
Kritik Anlaß gegeben, die sich gegen drei Punkte richtet, nämlich die funktionale Bedeutung von Positionen, die Besetzung
von relativ bedeutungslosen Positionen und die Annahmen über
die Motive menschlichen Handelns. Ich werde sie nacheinander
behandeln.

Das schwierigste Problem besteht in der Bestimmung der funktio-
nalen Bedeutung von Positionen. Es liegt nahe, solche Positionen,
in deren Aufgabenbereich es liegt, das Überleben der Gesellschaft zu gewährleisten, als die bedeutensten zu definieren
(vgl. LEVY 1952; TUMIN 1967). Was aber heißt "Überleben
der Gesellschaft"? Es steht z.B. bei kriegerischen Auseinandersetzungen, in deren Verlauf Gesellschaften untergehen können,
auf dem Spiel. Dabei unterstelle ich, daß eine Gesellschaft im
Krieg primär versucht, seine Grenzen intakt und seine Bevölkerung am Leben zu erhalten. Sterben Menschen und werden Grenzen verletzt, ist der Bestand der Gesellschaft bedroht.
STINCHCOMBE (1967) hat vorgeschlagen, die Theorie an diesem
Beispiel zu überprüfen. Im Falle eines Krieges müßte das Militär
wichtiger und ihre Ausstattung mit Ressourcen größer werden
als in Friedenszeiten. Es erscheint plausibel, wenn man den
hohen Status von Ärzten und Richtern mit dem Hinweis erklärt,
sie würden auch den Bestand der Gesellschaft schützen, indem
sie für Gesundheit und Rechtssicherheit sorgten. Nur: Nicht
immer ist die Konsequenz einer Handlung - ihre Funktionalität -
eindeutig (TUMIN 1967). Handlungen haben kurzfristige und langfristige, erwartete und unerwartete Konsequenzen. Ein erfolgreicher Krieg kann ein Land an den Rand des Ruins bringen,
kann die Staats- und Wirtschaftsordnung grundlegend ändern.
Hat damit die Gesellschaft überlebt oder ist sie eine andere
geworden? Ab welcher von mehreren Wirkungen beurteilen wir die
Funktionalität einer Handlung? Diese Frage muß beantwortet werden, bevor die Theorie einem Test unterzogen werden kann. Die

funktionale Bedeutung von Positionen ist auch deshalb schwer zu
bestimmen, weil in unserer äußerst arbeitsteiligen Gesellschaft
eine eindeutige Hierarchie von Funktionen und Beiträgen zur Be-
standserhaltung kaum definiert werden kann. Wenn z.B. die Müllabfuhr in einer Großstadt in New York längere Zeit streikt, wird
die Stadt unbewohnbar. In der gleichen Stadt kommt es zu einem
Chaos, wenn für eine Nacht die Elektrizität ausfällt. Die Beschäftigten von Kraftwerken haben ungeahnte Machtmittel in der
Hand, das Funktionieren eines Teils der Gesellschaft zu beein-
trächtigen. Diese auch von TUMIN (1967) vorgetragene Kritik
sucht DAVIS (1967) zu entkräften, indem er auf die zweite
Stütze der Theorie, nämlich das Angebot an qualifizierten Kräften,
hinweist. Vermutlich gibt es viele Menschen, die Arbeiter und
Angestellte an Kraftwerken und bei der Müllabfuhr werden könnten, also ist der Status dieser Berufe relativ niedrig. Ist
dieses Argument jedoch stichhaltung? Nicht ganz. Es gibt viele
Positionen, deren Bedeutung für die Gesellschaft gering und
deren Ansehen niedrig ist und für die qualifizierte Bewerber
trotzdem nicht in genügender Zahl vorhanden sind. Nach der
funktionalistischen Schichtungstheorie müßten nun solche Positionen, z.B. in der Müllabfuhr, im Dienstleistungsgewerbe, im
Bergbau, mit mehr Ressourcen ausgestattet werden. Tatsächlich
sind sie in der Bundesrepublik mit ausländischen Arbeitnehmern
besetzt worden. Die funktionalistische Schichtungstheorie ver-
leitet dazu, an Positionen zu denken, die für die Gesellschaft
wichtig, mit viel Ressourcen ausgestattet sind oder die hohe
Qualifikation verlangen, z.B. Ärzte, Richter, Filmschauspieler
oder Topmanager. Die Theorie müßte jedoch das Zustandekommen
der ganzen Schichtungsskala erklären, aber sie kann es nicht.

Der dritte Problemkomplex hängt mit den nicht ausgesprochenen
Annahmen über die Motive menschlichen Handelns zusammen. Ist
eine lange Ausbildung nur als ein Opfer anzusehen und nimmt man
dieses Opfer auf sich, weil man weiß, welche Belohnungen daraus
resultieren? Werden Positionen nicht auch deshalb erstrebt, weil

das Streben an sich, die Aufgabe als solche, belohnend ist
(intrinsische Berufsorientierung)? DAVIS (1967) weist darauf
hin, daß intrinsische Faktoren nicht zum erwünschten Ergebnis
führen. Führt aber die Ressourcenverteilung, wie sie DAVIS und
MOORE voraussetzen, dazu? Wie DAVIS und MOORE (1967, 48) an
einer Stelle sagen, ist die ungleiche Verteilung von Ressourcen
auf Positionen "an unconsciously evolved device" der Gesellschaft, um die richtigen Personen auf die richtigen Stellen zu
vermitteln. Nach allen unseren Erfahrungen ist das Resultat oft
nicht, daß der richtige Mann/die richtige Frau am richtigen Platz
sich befinden. Einerseits liegen Talente brach, andererseits erhält mancher ungerechtfertigt Vorteile. Müssen Ärzte soviel verdienen, wie sie es tatsächlich tun und müssen sie zudem über
das mit wenigen Ausnahmen höchste Ansehen verfügen? Diese Dys-
funktionalitäten sind mit der Theorie nicht zu vereinbaren
(TUMIN 1967).

Die funktionalistische Schichtungstheorie hat, wie auch der
Funktionalismus, in den letzten 15 Jahren an Popularität eingebüßt. Viele empirische Untersuchungen sind trotzdem dieser
Theorie verpflichtet, auch wenn die Autoren es manchmal nicht
wahrhaben wollen (z.B. HALLER und BILLS 1979). Warum hat die
Theorie, trotz der Kritik, solange standgehalten? Weil sie ein
großes Maß an Plausibilität für sich in Anspruch nehmen kann.
Die Tatsache, daß Ärzte nicht nur zu den bestverdienenden Berufsgruppen in der Gesellschaft gehören, sondern auch ein hohes Ansehen genießen, läßt sich, wie wir gesehen haben, mit der genannten Theorie leicht erklären. Im allgemeinen verdienen Menschen mit hoher Bildung mehr als Personen mit niedriger. Die
Beziehung zwischen Leistungsbeurteilung nach universalistischen
Kriterien und Belohnung ist uns vertraut. Empirische Untersuchungen und Alltagserfahrungen "bestätigen" die funktionalistische Schichtungstheorie, während Klassenauseinandersetzun-
gen in unserer unmittelbaren Umgebung zu den Ausnahmen gehören
oder kaschiert werden. Jedoch verdeckt diese impressionistische

Betrachtungsweise alle mit dieser Theorie verbundenen Probleme.
Ein Weg, um die Theorie zu überprüfen, hat STINCHCOMBE (1967)
gewiesen. Gibt es gesellschaftliche Veränderungen, die eine Zu-
oder Abnahme der bestimmten Positionen zukommenden Ressourcen
bewirken? Die Theorie der postindustriellen Gesellschaft (Abschnitt 4.5 und 5.2.2) enthält u.a. die Behauptung, Wissen
werde den Produktionsmittelbesitz als zentrales klassenbildendes Gut allmählich ersetzen. Daraus folgt, daß alle Berufe, die
mit Wissensverarbeitung und Wissensvermittlung beschäftigt sind
(Wissenschaftler, Lehrer etc.) an Bedeutung gewinnen und mit
mehr Ressourcen ausgestattet werden müßten. Zu derselben Prognose gelangt man auf der Basis der Wertwandelstheorie. Nach dieser Theorie nimmt mit dem Generationenwechsel die Bedeutung materieller Werte zugunsten postmaterieller Werte ab. Materielle
Werte heißen: hohe Priorität für Wirtschaftswachstum, innere
und äußere Sicherheit. Die mit diesen Zielen befaßten typischen
Berufe - Manager, Offiziere, Polizisten - müßten über Zeit an
Ressourcenausstattung einbüßen. In Abschnitt 5.2.2 werde ich auf
diese Vorhersagen eingehen.

4.5 Neue Theorien?

Gibt es in der Schichtungs- und Mobilitätsforschung neue Theorien?
Stellt man diese Frage in dieser pauschalen Weise, muß man sie
verneinen. Das Neue manifestiert sich in der Entwicklung und
Differenzierung alter Theorien. Damit wird auf die Verfeinerung
des theoretischen Auflösevermögens (LUHMANN 1977) einerseits,
andererseits auf die realen Veränderungen der Gesellschaft reagiert. Die zu behandelnden Theorien sind Beispiele dafür, wie
der Wandel der Gesellschaftsstruktur Eingang in Schichtungs-
und Klassentheorien findet.

BELL (1976) knüpft in seiner Veröffentlichung "Die nachindustrielle Gesellschaft" an MARX und diejenigen Theoretiker, die sich
mit der Entwicklung des Kapitalismus und der Industriegesell-

schaft befaßt haben, an. Der Kern seiner These lautet: Die post-
industrielle Gesellschaft ist um Wissen organisiert. Die zunehmende Bedeutung des Wissens wirkt sich aus auf verschiedene
Bereiche der Gesellschaft. Auf welche? Wie? Am ehesten wird dies
klar, wenn man Industriegesellschaft und nachindustrielle Gesellschaft einander gegenüberstellt. Die Industriegesellschaft
ist gekennzeichnet durch Güterproduktion (Autos, Kühlschränke
etc.). Der Industriebetrieb und die Fabrik steht im Mittelpunkt
dieser Gesellschaftsform. In der postindustriellen Gesellschaft
sind es hingegen die Universitäten und andere Forschungs- und
Entwicklungseinrichtungen, die im Zentrum stehen. Entsprechend
spielt nicht mehr die Produktion von Gütern, sondern die Produktion von Wissen die entscheidende Rolle. Nun ist Wissen ein
abstrakter Begriff. Wissen muß sich umsetzen in bestimmte Produkte (z.B. eine wissenschaftliche Veröffentlichung)oder Dienste
(z.B. Erziehungsberatung) und diese müssen wiederum von bestimmten Berufsgruppen in einer bestimmten Weise erzeugt werden.
Schauen wir uns zunächst an, was produziert werden wird. Nach
BELL ist die postindustrielle Gesellschaft gekennzeichnet durch
Dienstleistungen - staatliche und private. Gesundheit und Bildung gewinnen an Bedeutung. Damit geht eine andere Bedeutung
der Begriffe Rationalität und Optimierung einher. Bei der Produktion von Gütern ist der möglichst effektive Einsatz von Pro-
duktionsfaktoren und somit die Minimierung von Kosten entscheidend. In der postindustriellen Gesellschaft sind dagegen "soziale" Entscheidungen notwendig - Arbeit ist nunmehr "ein Spiel
zwischen Personen" (BELL 1976, 128). Wir können also folgern:
Der Wandel zu einer postindustriellen Gesellschaft bedeutet
eine sektorale Verschiebung der Produktion, nämlich von dem
sekundären Wirtschaftssektor (Baugewerbe, produzierendes Gewerbe, Energieversorgung) zum tertiären Wirtschaftssektor (Handel und Verkehr, Dienstleistungen). Wie äußert sich das Wissen
in dem Berufssystem? Während in der Industriegesellschaft der
Arbeiter und der Unternehmer die Prototypen darstellen, sind
es in der postindustriellen Gesellschaft Wissenschaftler und

Techniker, helfende und lehrende Berufe, die die Repräsentanten
des Systems sind. Damit sind die Art der Produkte und die typischen Produzenten in einer postindustriellen Gesellschaft umschrieben. Ausgehend hiervon fragt BELL nach den Auswirkungen
auf andere gesellschaftliche Bereiche. Die wichtigste Konsequenz
ist die Veränderung des Systems der sozialen Ungleichheit. Die
Ungleichheit in der Industriegesellschaft wurde vom Eigentum bestimmt. Die typischen Träger der Industriegesellschaft waren
Arbeiter und Unternehmer. In der postindustriellen Gesellschaft
wird Eigentum durch Wissen ersetzt. Die Klassenstruktur ändert
ihren Charakter, indem z.B. Einkommensunterschiede verringert
werden, u.a. durch technologischen Fortschritt. Durch Zunahme
des Bildungsniveaus findet eine Differenzierung innerhalb der
gebildeten Schichten statt. Eine neue Mittelschicht entsteht.
Ingenieure, Techniker sowie Wissenschaftler werden als neue
Klasse mit größerer politischer Macht erscheinen. Die post-
industrielle Gesellschaft weist auch andere politische Konflikte als die Industriegesellschaft auf. Wenn nicht mehr Arbeiter
und Unternehmer einander gegenüberstehen, dann verlieren Konflikte zwischen Arbeit und Kapital, zwischen Arbeitgeber und
Gewerkschaften, ihre Bedeutung. Konflikte finden nicht mehr
zwischen Klassen, sondern zwischen sogenannten Funktionsgruppen, z.B. zwischen Wissenschaftlern und Verwaltungsleuten, zwischen der Wirtschaft und den Universitäten statt. Auch die
Inhalte des Konflikts ändern sich. Konflikte um staatliche
Leistungen und Dienste und um Partizipation werden in der nach-
industriellen Gesellschaft virulent. Industriegesellschaft
und nachindustrielle Gesellschaft unterscheiden sich schließlich durch Ziele, die Menschen durch ihr Handeln erstreben.
Die Ernstgenannte ist gekennzeichnet durch die Betonung des
materiellen Wohlstandes. Ihre Befriedigung war nur möglich
unter Vernachlässigung von kollektiven Gütern. Die postindustrielle Gesellschaft ist dagegen durch kollektive Werte charakterisiert: Streben nach gerechter Einkommensverteilung, sozialer
Verantwortung des Unternehmens, Mitbestimmung und Partizipation.

BELLs Theorie ist eine mit marxistischen Elementen versehene,
aber kontra MARX gerichtete Theorie. Aus Veränderungen der
Produktivkräfte - das Produktionsmittel Wissen ersetzt das
Produktionsmittel Kapital - werden Änderungen der Klassenstruktur und der politischen Konflikte abgeleitet. Die Veränderungen der Klassenstruktur werden uns in allen empirischen
Abschnitten beschäftigen. Ich habe außerdem der These BELLs
einen eigenen Abschnitt gewidmet (5.2.2). Die politischen
Folgen des vermuteten Bandes werden in Abschnitt 7.3 diskutiert.

Mit dem Einfluß der Staatsintervention auf die Klassenstruktur
befaßt sich OFFE (1969). Seine hier zu behandelnde These lautet: Staatliche Eingriffe haben die Klassenstruktur grundlegend verändert. Die Theorie wurde von OFFE zur Beschreibung
der Beziehung zwischen politischem und sozialem System, zwischen Staat und Gesellschaft entwickelt. OFFE kritisiert her-
kömmliche politiksoziologische Analysen (MARX, MILLS, PARSONS,
LIPSET) wegen eines gemeinsamen Mankos: die Vernachlässigung
der Staatsintervention. Nach OFFE findet zwischen Bürger und
Staat nur eine schwache und zudem "disziplinierende" Vermittlung statt. Sie ist charakterisiert durch ein Parteienkartell; durch Verbände, die nur ganz bestimmte Gruppen und
Interessen organisieren können und durch die verschleiernde
Wirkung des Parlaments, in dem die Fraktionen nicht mehr die
Regierung kontrollieren können. Diese Kritik soll hier nicht
im einzelnen diskutiert werden. Vielmehr soll auf die Behauptung:
ein Parteienkartell herrsche, eingegangen werden. Die Allerweltsparteien, so OFFE, sind u.a. ihres Wählerpotentials wegen nicht
voneinander zu unterscheiden. Sie wenden sich im großen und
ganzen an die gleichen Gruppen in der Gesellschaft. Die soziale Struktur ist amorph, es gibt keine deutlich voneinander
unterschiedenen Interessengruppen - also Klassen. Dieser Umstand
wird (u.a.) auf die staatliche Intervention zurückgeführt, welche wie folgt auf die Klassenstruktur wirkt: a. Die Einkommen

werden politisch determiniert. b. Der Konsum ist nur teilweise von der Höhe des Einkommens abhängig, da die staatlichen Leistungen eine wichtige Ergänzung darstellen. c. Diese beiden Umstände führen zu einer Lockerung der Beziehung zwischen Einkommen und Lebenschancen. Vielmehr entsteht eine Disparität der Lebensbereiche. d. Dies hat das Fehlen typischer Bewußtseinsformen zur Folge. OFFE hält die These für bestätigt, "daß im staatlich regulierten Kapitalismus nicht mehr der globale Konflikt zwischen Klassen das dynamische Zentrum sozialen Wandels darstellt; es wird zunehmend überlagert von einem 'horizontalen' Schema der Ungleichheit, der Disparität von Lebensbereichen" (OFFE 1969, 185). Unter Lebensbereichen verstehe ich Bildung, Arbeit, Freizeit, Familie, Politik oder Konsum. Folgt man den traditionellen Klassen- und Schichtungstheorien, sind Ungleichheiten in allen diesen Lebensbereichen auf wenigen Merkmalen zurückzuführen. Ungleichheit kumuliert sich. Dagegen setzt OFFE den Begriff der "Situationsgruppe" (OFFE 1969, 185). Im jeweiligen Lebensbereich sind es unterschiedliche Gruppen, die sich in einer benachteiligten oder bevorzugten Situation vorfinden. Die Konsumkraft hängt nicht von der Höhe des Einkommens, der politische Einfluß nicht von der Bildung ab. Die so "offe"rierte Theorie stellt eine Alternative zu WEBERs Theorie, wonach Klassenlagen sich am Markt herstellen, dar. Warum OFFE sich an WEBER und nicht an MARX orientiert, ist evident: Bei WEBER liegt es nahe, die Bedeutung staatlicher Aktivität zu berücksichtigen, während MARX eine autonome Rolle des Staates nicht vorgesehen hatte.

Die Theorie weist eine Reihe von Problemen auf. Auch wenn staatliche Leistungen einen Teil des Einkommens ersetzen und somit Lebenschancen beeinflussen, ist der Schritt zu der Feststellung, Lebenschancen würden sich nicht am Markt herstellen, sehr lang. Um welche Arten von Leistungen geht es? Zu den staatlichen Leistungen gehören (vgl. ALBER 1980; FLORA, ALBER und KOHL 1977) öffentliche Güter (Straßen, Schulen, Bibliotheken, kulturelle Einrichtungen), Transferleistungen (Renten, Kinder-

geld), rechtliche Mindestnormen (Kündigungsschutz, Mieterschutz)
und Verbesserungen der Chancenstruktur (Rehabilitation, Umschulung). Die Wirkung dieser unterschiedlichen Formen staatlicher Intervention auf die "Güterversorgung, die äußere Lebensstellung und das innere Lebensschicksal" (WEBER 1964, 223)
ist in keiner Weise evident und sie müßte für jede einzelne
untersucht werden. Zum Teil sichert das System der sozialen
Sicherung (Pensionen, Krankenversicherung, Arbeitslosenversicherung) die Lebenslage von Individuen und Haushalten und
stabilisiert die Verteilung von Lebenschancen. Durch Transferleistungen haben die unteren Einkommensgruppen ihre Lage
verbessern können, während öffentliche Güter wie kulturelle
Einrichtungen in erster Linie den Begüterten und Gebildeten
zugute kommen und somit die ursprüngliche Ungleichheit der
Lebenschancen verstärken.

Der zweite Einwand bezieht sich auf die Beziehung zwischen
ökonomischen Klassen und sozialen Klassen. WEBER hatte die
Bildung sozialer Klassen an dem Wechsel (persönlich oder in
der Generationenfolge) zwischen ökonomischen Klassen festge-
macht. In welchem Verhältnis stehen die "Versorgungsklassen"
(LEPSIUS 1979) zu den sozialen Klassen? Wenn OFFE von Klassenbewußtsein spricht, bezieht er dieses nur auf die Konsumsituation, vernachlässigt also den für WEBER entscheidenden Vermitt-
lungsmechanismus der Intra- und Intergenerationenmobilität.
Das Recht auf staatliche Leistungen kann nur in Ausnahmefällen
vererbt werden. Der Ausbau der sozialen Sicherungssysteme könnte
dadurch eine Schwächung der sozialen Klassenbildung zur Folge
haben. Hier ergibt sich ein weites Feld für Spekulationen.

Der dritte Einwand hängt mit dem zweiten zusammen. OFFE berücksichtigt die Einkommens- und Konsumsituation und vernachlässigt
die Rolle des Eigentums. Die Klassenbildung und der Klassenkonflikt hängt auch von der Eigentumsverteilung ab.

Das letzte Gegenargument richtet sich gegen OFFEs Analyse politischer Konflikte. Sie beschränken sich nicht auf Klassenkonflikte. Ich habe in Abschnitt 4.2 auf die Rolle anderer Konflikt-
dimensionen, vor allem auf die konfessionell begründeten Konflikte hingewiesen. Sollte die These über die abnehmende Bedeutung
des Klassenkonflikts zutreffen - darauf gehe ich in Abschnitt
7.3 ein - bedeutet dies noch lange nicht ein Verschwinden jeglichen systematischen Konflikts. Darüber hinaus erzeugen staatliche Leistungen möglicherweise neue Konflikte. In Dänemark besteht seit Anfang der siebziger Jahre eine politische Partei,
deren Erfolg gerade auf den Konflikt um staatliche Leistungen
beruht. FLORA (1979) bezeichnet den Wohlfahrtsstaat als einen
möglichen Krisenerzeuger und WILENSKY (1975; 1976) glaubt,
durch staatliche Sozialleistungen entstünde eine neue Klasse:
eine aus Facharbeitern und gutbezahlten angelernten Arbeitern
sowie kleinen Selbständigen, kleinen Landwirten und unteren
Angestellten und Beamten bestehende Klasse, die den Wohlfahrtsstaat ablehnt, weil er zu teuer ist und ihr nichts bringt.

Wie es um diese Thesen steht, wird die empirische Analyse
zeigen.

4.6. Ökonomische Klassen, soziale Klassen und Statusgruppen

Ich habe in den vorhergehenden Abschnitten auf Gemeinsamkeiten
und Unterschieden zwischen einzelnen Autoren hingewiesen. Hier
möchte ich diese Gegenüberstellung fortsetzen, sie jedoch auf
das Ziel beschränken, zu einer Definition von Klassen und
Statusgruppen zu gelangen.

In der Einleitung dieses Buches habe ich den Gegenstandsbereich
der Schichtungsforschung mit der Analyse unterschiedlich bewerteter Güter und Positionen umschrieben. Letztlich geht es darum,
welche Faktoren einigen Menschen ermöglichen, ein gutes Leben
zu führen und worauf es zurückzuführen ist, daß andere die gu-

ten Dinge des Lebens nie erreichen. Natürlich sind nicht für
alle Menschen überall und immer die gleichen Dinge auch gute
Dinge. Je nach Gruppe, Epoche und Kultur fällt das Urteil hierüber anders aus. Was als gut und schlecht gilt, ist aus den
dominanten Werten einer Gesellschaft abzuleiten. Werte sind Vorstellungen des Wünschenswerten, die die Wahl von Handlungsarten
und Handlungszielen beeinflussen (KLUCKHOHN 1962, 395). Ich gehe
hier von der in Industriegesellschaften immer noch geltenden
hohen Bewertung von "ökonomischen Gütern" aus. Der Besitz dieser
ökonomischen Güter dient entweder als Ziel an sich oder als
Mittel zur Erlangung anderer Güter. In beiden Fällen machen sie
einen erheblichen Teil des "guten Lebens" aus. Der Begriff "ökonomische Güter" ist nicht scharf umrissen. Gemeint sind sowohl
Güter wie Einkommen und Eigentum als auch Arbeitsbedingungen
und Bildung. Der Charakter dieser Güter wird deutlich, wenn man
sie anderen "Gütern", die ihre Grundlage in interpersonellen
Beziehungen haben, gegenüberstellt: Ansehen, Anerkennung, Liebe,
Zuneigung. Auch sie gehören zum "guten Leben". Klassen- und
Schichtungstheorien müssen ihre Definitionen an beiden Güterbe-
reichen - den sachbezogenen und den interpersonellen - orien-
tieren. Zu diesen Gütern hat man über soziale Positionen Zugang. Worin sich die von mir behandelten Autoren unterscheiden,
ist in der Betonung einerseits des Zugangs zu den Positionen
und Gütern, andererseits des gesellschaftlichen Prozesses, der
zu einer hohen Bewertung spezifischer Güter und Positionen
führt. Die Funktionalisten haben sich mit dem letztgenannten
Prozeß befaßt. MARX und WEBER behandeln dagegen den Zugang zu
Gütern und Positionen. Bei WEBER ist die Klassenlage nicht,
wie bei MARX, auf den Besitz von Produktionsmittel beschränkt.
Die Erörterung in Abschnitt 4.2 hat auch die Probleme gezeigt,
die diese Beschränkung aufwirft. Mit Termini wie Dominanz und
Kontrolle versucht man, aus dem Begriffskorsett zu schlüpfen.
WEBER betrachtet die klassenbildenden Faktoren unter Bezugnahme auf den Begriff der Lebenschancen. Lebenschance, das
ist die Chance der Güterversorgung, der äußeren Lebensstellung
und des inneren Lebensschicksals. Sie hängt entscheidend vom

Besitz von Gütern und Leistungsqualifikationen ab. Aber auch
der Begriff der Lebenschance ist mit Problemen behaftet. Was
unter Güterversorgung zu verstehen ist, ist verhältnismäßig
klar. Dagegen erwecken äußere Lebensstellung und inneres Lebensschicksal diffuse Assoziationen. Schon die Sprache (Chance
der Lebensstellung, Chance des Lebensschicksals) ist unklar.
Wahrscheinlich meint WEBER nicht die von mir oben gemachte
Unterscheidung zwischen ökonomischen Gütern (Güterversorgung
und interpersonellen Beziehungen (äußere Lebensstellung, inneres Lebensschicksal). Andererseits liegt eine solche Differenzierung sehr nahe. Um die aufgeworfenen Probleme zu lösen, erscheint es mir sinnvoll, den Begriff der Klasse für ökonomisch
bedingte soziale Lagen zu reservieren. Die zu einer Klasse ge-
hörenden Haushalte besitzen vergleichbare ökonomische Ressourcen. Damit sind in erster Linie marktfähige Ressourcen gemeint. Produktionsmittel gehören ebenso dazu wie Bildung und
Qualifikation. Es wäre aber falsch, die Definition auf marktfähige Ressourcen zu beschränken. Zu den Gütern, die die ökonomische Lage beeinflussen, gehören auch die vom Staat infolge
der Umverteilung zur Verfügung gestellten Ressourcen, z.B. die
Alterspensionen und die Arbeitslosenunterstützung. Unter Besitz von Gütern und Leistungsqualifikationen sind also nicht
nur die auf den verschiedenen Märkten (Arbeits-, Güter-, Kapitalmarkt; s. WILEY 1967) verwertbaren Ressourcen gemeint. Das
Pendant zu den Klassen bilden die Statusgruppen. Sie setzen
sich aus Personen zusammen, die Gemeinsamkeiten hinsichtlich
Lebensstil, Geschmack, Gewohnheiten und Umgangsformen besitzen. Statusgruppen werden also auf der Grundlage nicht-öko-
nomischer Faktoren gebildet. Die funktionalistische Schichtungstheorie, in deren Folge die Beschäftigung mit Status und Ansehen ins Zentrum der Schichtungsforschung rückte, ist eher
den Statusgruppen als den Klassen verpflichtet. Für PARSONS
haben in den Vereinigten Staaten Klassen aufgehört zu existieren.

Definitionen wie diese haben leicht die Tendenz, abstrakt zu
bleiben. Das liegt in der Natur der Sache. GIDDENS (1973, 104)
spricht von Klassen "as structured forms". Mit dem Begriff der
Strukturierung will er auf den Unterschied zwischen den ökonomisch bedingten sozialen Lagen und Klassen als handelnde Einheiten aufmerksam machen. Keinesfalls entstehen aus den gleichen
Klassenlagen automatisch Gruppierungen, die gemeinsame ökonomische Interessen verfolgen (s. Abschnitt 4.2). Ich würde
diesen Einwand auch für Statusgruppen gelten lassen. Auch sie
können unter bestimmten Bedingungen statusbezogene Interessen
verfolgen. Wie aus ähnlichen ökonomischen und Statuslagen eine
Strukturierung erfolgt, ist ein durchgehendes Thema der folgenden empirischen Analyse. Deshalb soll es hier nicht ausführlich behandelt werden. Mit LEPSIUS (1979, 167 - 168) unter-
scheide ich die Lebenslage als solche, ihre kulturelle Deutung
und ihre politische Organisation. Nur ein Problem soll hier
zur Sprache kommen: die Beziehung zwischen ökonomischen Klassen,
sozialen Klassen und Statusgruppen.

Wie ich in Abschnitt 4.3 dargestellt habe, bildet die Mobilität
die Grundlage der sozialen Klassen. Soziale Klassen setzen sich
aus denjenigen ökonomischen Klassenlagen, zwischen denen ein
Wechsel (persönlich oder in der Generationenfolge) leicht möglich ist und typisch stattzufinden pflegt (WEBER 1964, 223) zusammen. Ich halte sie nicht für Klassen im eigentlichen Sinne.
Es handelt sich nicht um Gruppierungen, sondern um einen Prozeß,
der zur Strukturierung von Klassen und Statusgruppen beitragen
kann. Dies entspricht der Verwendung des Begriffs durch GIDDENS.
GIDEENS nennt drei "Güter", die durch Mobilität von einer zur
nächsten Generation übertragen wird: Eigentum; Bildung um technische Qualifikation; manuelle Fertigkeiten (GIDDENS 1973, 107).
Es ist sicherlich sinnvoll, diese Aufzählung um kulturelle "Güter" zu erweitern. Darunter verstehe ich Werte, Einstellungen
und Verhaltensweisen. Die Intra- und Intergenerationenmobilität
beeinflußt damit sowohl die Klassen- als auch die Statusgruppen-

bildung. Nicht bloß die Statusstruktur ist, wie BENDIX (1974) un-
terstellt, in den familialen Beziehungen verankert, sondern
auch die Klassenstruktur. Klassen und Statusgruppen sind aber
nur unter ganz bestimmten Bedingungen entstehende Gebilde. Unter diesem dynamischen Aspekt muß man auch die Beziehung zwischen beiden sehen. Es wird immer eine Tendenz geben, Status
in ökonomische Vorteile einzutauschen und umgekehrt. Aber es
gibt für solche Prozesse auch Grenzen. Wenn Personen in einer
bestimmten ökonomischen Lage sich zusammenschließen, werden
sie gleichzeitig bestrebt sein, ihre Ressourcen zu monopolisieren. Damit schließen sie andere Personen von dieser Gruppe
aus. Dieser Egoismus verhindert das Wachstum und die Stärkung
der Organisation (BENDIX 1974). Aber auch wenn diese Tendenzen
zur gleichen Zeit in einer Gesellschaft beobachtbar sind, eine
wird unter bestimmten Bedingungen den Vorrang erringen. Eine
solche Bedingung nennt WEBER. Ständische Gliederung wird durch
"eine gewisse (relative) Stabilität der Grundlagen von Güter-
erwerb und Güterverteilung begünstigt, während jede technisch-
ökonomische Erschütterung und Umwälzung sie bedroht und die
'Klassenlage' in den Vordergrund schiebt. Zeitalter und Länder
vorwiegender Bedeutung der nackten Klassenlage sind der Regel
nach technisch-ökonomische Umwälzungszeiten, während jede
Verlangsamung der ökonomischen Umschichtungsprozesse alsbald
zum Aufwachsen 'ständischer' Bildungen führt und die soziale
'Ehre' wieder ihrer Bedeutung restituiert" (WEBER 1964,
688). Bezogen auf moderne Industriegesellschaften heißt dies:
die Klassenlage sollte gegenüber den Tendenzen zur Bildung von
Statusgruppen vorherrschen. Das ganze 20. Jahrhundert und die
Zeit nach dem Zweiten Weltkrieg ist eine Zeit technisch-ökono-
mischer Umwälzungen. Einiges deutet auf eine Beschleunigung
solchen Wandels, vor allem auf dem Arbeitsmarkt, hin. Demgegenüber läßt sich in den meisten industrialisierten Ländern gegenwärtig eine ökonomische Stagnation beobachten. Damit könnten wieder Prozesse der Statusgruppenbildung an Bedeutung gewinnen. Jedenfalls sind diese Prozesse "gleichberechtigt".

Es besteht nicht, wie PARKIN (1978) behauptet, Priorität für
die Bildung von Klassen.

5. Die empirische Analyse von Klassen, Statusgruppen und Mobilität

5.1. Einleitung

Man könnte in Anlehnung an MARX sagen: soziologische Theoretiker haben die soziale Schichtung nur verschieden interpretiert - es kommt aber darauf an, die Theorien zu überprüfen.

Theorien und Hypothesen werden überprüft, indem man sie mit der Wirklichkeit konfrontiert. Ob man diese Wirklichkeit überhaupt beschreiben kann und ob die Beschreibung korrekt ist, hängt u.a. von den Theorien und Hypothesen ab. Ihre Prägnanz, ihre Klarheit und eindeutige Formulierung beeinflußt die Prüfbarkeit. Auf der anderen Seite hängt die Überprüfung auch vom Vorhandensein von Daten ab. Obwohl wir oft durch Zahlen und Informationen überflutet werden, eignen sie sich nicht immer dazu, soziologische Hypothesen mit Inhalt zu füllen. Deshalb wird die Verbindung zwischen dem theoretischen und empirischen Teil lockerer sein als ich es gewünscht hätte.

In allen folgenden Kapiteln wird der Beruf eine große Rolle spielen. Berufe sind die zentralen Einheiten der empirischen Analyse. Daneben werden auch Eigenschaften wie Geschlecht, Bildung und Qualifikation herangezogen. Während die letztgenannten Merkmale keine Probleme der Klassifikation aufwerfen, ist es mit Beruf anders. Daher behandele ich im ersten Abschnitt dieses Teils Probleme der Klassifikation von Berufen.

Die empirische Analyse kommt ohne Zahlen und Statistiken nicht aus. Der Schwierigkeitsgrad ist bis auf wenigen Ausnahmen niedrig. Wo es notwendig war, habe ich methodische Erklärungen hinzugefügt.

5.2. Klassenlagen

5.2.1. Beruf

Die meisten Lebensbereiche sind direkt oder indirekt mit dem Beruf verknüpft. Die Einkommenshöhe und die körperliche und seeli-
sche Anstrengung hängen eng mit der beruflichen Tätigkeit zusammen, ebenso die Freizeit oder die Sozialisation der Kinder.
Machtausübung ist in unserer Gesellschaft auf bestimmte Berufsrollen (der Politiker, der Manager) konzentriert (BLAU und DUNCAN
1967, 7). Im Zeitbudget eines Menschen nimmt die Berufstätigkeit
einen wichtigen Platz ein. PARKIN (1972, 18) formuliert unter
Hinweis auf BLAU und DUNCAN die Rolle der Berufsstruktur präg-
nant, wenn er sagt, sie stelle "the backbone of the class
structure and ... of the entire reward system of modern western
society" dar. Diese zentrale Rolle beschränkt sich nicht auf
die zeitgenössischen Gesellschaften. Arbeit und Produktion sind
für MARX und ENGELS (1953) die entscheidenden Faktoren der Bewußtseinsbildung und der Ausbeutungsverhältnisse in Gegenwart
und Vergangenheit. Berufstätigkeit ist auch ein so fester Be-
standteil unseres Wertesystems, daß jede auch nur scheinbare
Veränderung der Einstellung zur Arbeit, jedes Nachlassen des
auf die protestantische Ethik zurückgehenden Arbeitsethos
(WEBER 1979) heftige Reaktionen auslöst. Als der Wirtschafts-
minister Lambsdorff kürzlich nach einem Besuch Japans den
deutschen Arbeitnehmer zu mehr Fleiß ermahnte, protestierte
der Deutsche Gewerkschaftsbund heftigst. In verschiedenen Veröffentlichungen der jüngsten Zeit wird argumentiert, das Arbeitsethos habe sich ungünstig entwickelt (NOELLE-NEUMANN
1978; RÜTHERS 1981). Ich halte diese Schlußfolgerungen nicht
für stichhaltig (HERZ 1983 a). Was allerdings nicht zu leug-
nen ist, ist die Verringerung des Umfangs beruflicher Tätigkeit im Zeitbudget des Menschen. Die Ausbildungsphase hat sich
seit den fünfziger Jahren verlängert. Ein weitaus größerer Anteil der Jungen und Mädchen besucht weiterführende Schulen

und Universitäten. 1960 kamen 33 Lernende an Schulen und Hochschulen auf 100 Erwerbspersonen, 1980 waren es 48 (MEULEMANN
1982). Der Zeitpunkt des Ruhestandes ist im gleichen Zeitraum
vorverlegt worden und die Lebensarbeitszeit hat sich reduziert. Die Arbeitszeitquote, d.h. die jährlichen Arbeitsstun-
den aller Erwerbstätigen in Prozent der insgesamt wachen Zeit,
lag 1950 bei 17 % und 25 Jahre später bei 13,7 % (BALLERSTEDT
und GLATZER 1979, 46). Die Wochenarbeitszeit hat sich von
48 Stunden im Jahre 1950 auf 41 Stunden im Jahre 1976 verringert (bei Erwerbstätigen im produzierenden Gewerbe;
BALLERSTEDT und GLATZER 1979, 203). Die Urlaubstage z.B. für
einen Beschäftigten in der Metallindustrie haben sich von
21 Tagen 1962 bis auf 36 Tagen im Jahre 1982 ausgedehnt
(PRESSE- UND INFORMATIONSAMT 1979, 141). Lebens-, Jahres-
und Wochenarbeitszeit haben sich signifikant verringert. Dazu
kann man den Umfang der Arbeitslosen zählen. Arbeit spielt
im Leben eines Menschen objektiv gesehen eine immer geringere
Rolle. Inwieweit diese Veränderungen die Berufstätigkeit als
klassenbildende Eigenschaft obsolet macht, kann nur spekula-
tiv beantwortet werden. Vorhandene Umfrageergebnisse lassen
nicht den Schluß zu, der Beruf habe subjektiv an Bedeutung
verloren (HERZ 1983 a). Angesichts der zunehmenden Schwierigkeit,
für alle Arbeitswilligen Arbeit zu finden, ist eher mit einer
steigenden Bedeutung von Berufstätigkeit zu rechnen. Des weiteren bleibt auch bei Verringerung der Arbeitszeit der Zugang
zu wichtigen ökonomischen Gütern vom Beruf abhängig. Beruf
ist immer noch ein entscheidendes Element der Klassenlage.

Wenn von Erwerbstätigkeit und Beruf die Rede ist, kann Unter-
schiedliches gemeint sein. In den amtlichen Statistiken west-
licher Industriegesellschaften werden mehr als 20.000 Berufsbezeichnungen unterschieden (STATISTISCHES BUNDESAMT 1975;
U.S. DEPARTMENT OF LABOR 1965). Dies bedeutet nicht, daß in
irgendeiner Tabelle 20.000 Eintragungen erscheinen, im Gegenteil: für statistische Zwecke müssen die Berufe zusammengefaßt

werden und dabei kann man nach verschiedenen Prinzipien vorgehen. STOOß und SATERDAG (1979, 44) nennen neun Merkmale oder
Dimensionen beruflicher Tätigkeit:

1. Werkstoff, Material, Produkt (Objekt der Tätigkeit),

2. Arbeitsverfahren/ und -techniken (Aktivitätstypus,
    -kombination),

3. Arbeitsgerät, d. h. Maschinen, Werkzeuge u. ä.
    (Instrumentierung),

4. Betrieblicher Einsatzbereich (Funktionsbereich),

5 a). Arbeitsmilieu/ und -ort, -platz (Allokation der
    Arbeitskraft),

5 b). Wirtschaftszweig, Branche (wirtschaftliche Zuordnung),

6. Hierarchische Einordnung in den Betrieb (Stellung
    im Betrieb),

7. Stellung im Beruf (Status),

8. Üblicher Zugang, geforderte Ausbildung (Qualifikation).

Diese neun Dimensionen sind hier in einer Hierarchie gebracht:
je weiter nach oben wir uns bewegen, desto weiter entfernen wir
uns von der "eigentlichen" Tätigkeit und desto mehr nähern wir
uns dem "Umfeld" der Arbeit an. Sie müssen unterteilt werden,
damit man Berufe klassifizieren kann. So ließe sich das Objekt
der Tätigkeit (Kategorie 1) in Sachen, Personen und Symbolen
oder die Branche (Kategorie 5 b)) in primärer, sekundärer und
tertiärer Sektor unterteilen. Ein Facharbeiter in der metall-
verarbeitenden Industrie ist jemand, der mit Sachen zu tun hat
und im sekundären Sektor beschäftigt ist, während ein Ver-
sicherungsmathematiker mit Symbolen befaßt ist und im tertiären
Sektor arbeitet. Um diese Klassifikation vornehmen zu können,
muß man die relevanten Angaben haben und daran hapert es oft.
Bereits 1958 forderte CARLSSON, man müsse Berufstätigkeiten

so erfassen, daß sie je nach Theorie in unterschiedlicher Weise rekombinierbar wären. Eine solche Forderung ist in den beiden Bereichen, die die empirische Soziologie mit Informationen beliefert - die amtliche Statistik und die Umfrageforschung - heute eher zu erfüllen als damals. Trotzdem überwiegt in der deutschen amtlichen Statistik und in der Umfrageforschung eine Aufgliederung, nämlich die nach der Stellung im Beruf (HERZ 1979 a), wobei die Bezeichnung "Status" dieses Gliederungsprinzip nur unzureichend trifft. Mit Stellung im Beruf/Status ist in der amtlichen Statistik die Unterscheidung zwischen Arbeiter, Angestellter, Beamter und Selbständiger (diese letztgenannte Kategorie wird manchmal unterteilt in freier Beruf, Landwirt und sonstiger Selbständiger) gemeint. Das diese Gruppen Trennende ist ihre sozialrechtliche Stellung. Beamte werden besoldet, d.h. sie werden vom Staat ihrer Stellung entsprechend versorgt, wobei von ihnen ein besonderes Treueverhältnis abverlangt wird. In besonderen Lebenslagen (z.B. Krankheit) tritt der Staat ein und gewährleistet die Aufrechterhaltung der Lebensführung durch Beihilfen. Beamte sind unkündbar. Angestellte erhalten ein Gehalt und Arbeiter einen Lohn. Beide können gekündigt werden. Sie müssen für die Hälfte ihrer Sozialversicherung aufkommen. Selbständige können selbstverständlich nicht gekündigt werden, sondern sind der wirtschaftlichen Konjunktur direkt ausgesetzt. Sie müssen in der Regel selbst ihre Kranken- und Alterssicherung besorgen. Der Nachteil der Klassifikation nach Stellung im Beruf ist, daß eine eindeutige Trennung von Tätigkeiten durch sie nicht möglich ist. Es gibt Arbeiter und Beamte, die gleiche oder ähnliche Tätigkeiten ausüben. Angestellte sind oft in bürokratischen Organisationen tätig, die den gleichen Charakter wie eine staatliche Behörde aufweisen. Ein bei der Allgemeinen Ortskrankenkasse beschäftigter Arzt kann die gleichen Tätigkeiten ausüben wie sein frei praktizierender Kollege. Stellung im Beruf, das in der amtlichen Statistik am häufigsten benutzte Gliederungsprinzip von Berufsgruppen, trennt einerseits Per-

sonen, die gemäß ihrer Tätigkeit zusammengehören, führt andererseits Personen zusammen, die besser auseinanderzuhalten wären,
z.B. freie Berufe und Unternehmer (HERZ 1979 a). Ob "Stellung im
Beruf" eine wichtige Dimension beruflicher Tätigkeit erfaßt,
hängt letztlich von der zugrunde liegenden Theorie ab. Die obige Darstellung spricht zwar gegen diese berufliche Klassifikation.
Auf der anderen Seite gibt es drei Gründe, weswegen man die
Stellung im Beruf in empirischen Analysen benutzen kann: Erstens
hat sich im Bewußtsein der Bevölkerung die Unterscheidung zwischen Arbeiter, Angestellter, Beamter und Selbständiger einge-
prägt. In alltäglichen Interaktionen spielt diese Klassifikation
von Berufen eine Rolle. Zweitens besitzen wir viel Material
über die Lebensführung dieser Gruppen. Drittens ist es annähe-
rungsweise möglich, Stellung im Beruf mit den dargestellten
Theorien zu verknüpfen. Eine Aufgliederung nach Stellung im
Beruf ermöglicht uns in der Gegenüberstellung von Selbständigen und Arbeitern die Erfassung von Produktionsmittelbesitzern
und Arbeiterklasse. Die Gegenüberstellung von Arbeitern einerseits und Angestellten und Beamten andererseits erlaubt uns,
innerhalb der abhängig Beschäftigten zwischen manuell und nicht-
manuell Tätigen zu unterscheiden. Stellen wir die Beamten den
anderen Gruppen gegenüber, erfassen wir den unterschiedlichen
Zugang zu den Instrumenten der Herrschaftsausübung. Im Gegensatz zu MÜLLER (1977), der Autorität und Entscheidungsbefugnis als wichtige Kriterien zur Unterscheidung von Arbeitern
auf der einen und Angestellten und Beamten auf der anderen
Seite hervorhebt, halte ich eine Differenzierung zwischen den
beiden letztgenannten Gruppen für angebracht, weil staatliche
Herrschaftsausübung ein Monopol darstellt, während privatwirt-
schaftliche Machtausübung lokal begrenzt ist. Da staatliche
Intervention sich ausweitet, wird dieser Unterschied zunehmend
wichtig. Neben der "Stellung im Beruf" im Sinne von sozial-
rechtlicher Position wird in der Umfrageforschung auch der
Status von Berufen im Sinne von Ansehen oder Prestige erfaßt.
Dies ist kein Element der Klassenlage, und ich widme deshalb

dem Berufsprestige einen eigenen Abschnitt (5.3).

Im weiteren Verlauf dieses Abschnitts soll untersucht werden,
worin sich die genannten Berufsgruppen noch unterscheiden. Nur
solche Merkmale werden herangezogen, die unmittelbar mit der
Ausübung eines Berufes zusammenhängen. Dazu gehört als erstes
Arbeitslosigkeit. Arbeitslosigkeit bedeutet Einschnitte in die
Verfügungsgewalt über Güter und Dienste und damit eine Benachteiligung gegenüber den Erwerbstätigen. Seit 1972 kann man
steigende Arbeitslosenzahlen beobachten. 1950 lag die Zahl im
Jahresdurchschnitt bei 1,869 Mill.; dies entsprach einem Anteil an den unselbständig Erwerbstätigen von 11 %. Absolut und
relativ nahm die Arbeitslosigkeit - mit Ausnahme der Jahre
1966 bis 1969 - bis 1971 stetig ab (PRESSE- UND INFORMATIONS-
AMT 1979, 123). Im Jahre 1981 waren im Durchschnitt 1,27
Millionen Personen, d.h. 5,5 % der abhängigen Erwerbspersonen,
arbeitslos. Für das Jahr 1983 erwartet man rd. 3 Mill. Arbeitslose.

Arbeitslosigkeit trifft die Berufsgruppen in unterschiedlichem
Ausmaß. Die Arbeitslosenquote ist von 1967 bis 1976 in jedem
Jahr unter Arbeitern höher als unter Angestellten (NOLL 1978,
245). Der Anteil der über sechs Monate Arbeitslosen an den insgesamt Arbeitslosen lag bei Arbeitern zwischen 1967 und 1976
immer über dem entsprechenden Anteil bei den Angestellten.
Allerdings muß man zwischen Männern und Frauen unterscheiden,
da Frauen häufiger als Männer in Angestelltenberufen tätig sind
und die "Funktion" von Frauen als Arbeitskräftereservoir die
Statistik beeinflußt. Die Arbeitslosenquote liegt auch seit
1970 bis 1976 bei Frauen deutlich über der bei Männern
(BALLERSTEDT und GLATZER 1979, 344). Die objektiv unterschiedlichen Chancen von Arbeitern und Angestellten, arbeitslos oder
auch langfristig arbeitslos zu werden - wie schlagen sie sich
in den Lebenschancen nieder? Die Auswirkungen von Arbeitslosigkeit haben JAHODA und ihre Mitarbeiter (1978) eindringlich ge-

schildert. Die Untersuchung, die 1931 und 1932 in einem Dorf
außerhalb Wiens durchgeführt wurde, zeigt, wie die sozialen Beziehungen der Arbeitslosen zusammenbrechen, wie sie das Gefühl
für Zeit verloren, wie sie, gerade weil sie keine Arbeit haben,
auch nichts anderes unternehmen etc.. Einen Einfluß auf die Haltung hat das "Einkommen" der Arbeitslosen. Die, deren Haltung
als ungebrochen charakterisiert wird, haben mehr Geld zur Verfügung als diejenigen, die resigniert sind; die Verzweifelten
haben noch weniger und die Apathischen am wenigsten. "Schon
eine Differenz von monatlich 5 Schilling heißt, nur mehr mit
Sacharin kochen können oder doch noch Zucker verwenden; die
Schuhe in Reparatur geben können oder die Kinder von der
Schule zu Hause lassen müssen, weil sie nichts mehr an den
Füßen haben; heißt, sich gelegentlich eine Zigarette zu 3 G
(Groschen, T.H.) leisten können oder immer nur Stummel auf
der Straße aufklauben; 5 Schillinge mehr oder weniger, das bedeutet die Zugehörigkeit zu einer anderen Lebensform" (JAHODA
et al. 1978, 96). Ich bezweifle, daß diese Situation und diese
Auswirkung der Arbeitslosigkeit auf heutige Verhältnisse über-
tragbar ist. Anlaß zu diesem Zweifel bildet die Arbeitslosenversicherung, die heute den Lebensstandard der Mehrzahl der
Angestellten und Arbeiter sichert. Das Arbeitslosengeld und
die Arbeitslosenhilfe schützen vor schweren Einbußen der Lebenschancen. Diese Unterstützung sowie die Krankenversicherung, das erhöhte Sparvolumen, die bessere Wohnung etc. sorgen
dafür, daß es den Arbeitslosen absolut und relativ besser geht
als vor 50 Jahren. Allerdings werden durch diese Sicherungen
die Unterschiede zwischen den Arbeitern und Angestellten nicht
aufgehoben. Die Leistung der Arbeitslosenversicherung hängt
von der Höhe der Beiträge, die wiederum mit der Lohn-/Gehaltshöhe
gekoppelt ist, und von der Stetigkeit der Beiträge ab. War man
schon des öfteren ohne Arbeit und hat man keine Beiträge gezahlt, verliert man das Recht auf Leistung. Zwischen 1975 und
1979 ist der Anteil der Leistungsberechtigten unter allen Arbeitslosen gesunken (ALBER 1982), vermutlich, weil Personen

ohne oder mit unsteter Berufserfahrung (Jugendliche, Frauen)
zunehmend arbeitslos geworden sind. Des weiteren sinkt die
Leistung, wenn die Arbeitslosigkeit ein Jahr übersteigt. Diese
systembedingten Eigenschaften der Arbeitslosenversicherung könnten die Tendenz haben, die bestehenden Einkommensunterschiede
zwischen Arbeitern und Angestellten zu vergrößern.

Die berufsspezifischen Arbeitsplatzrisiken spiegeln sich teilweise im Bewußtsein wider. Um die Sicherheit des Arbeitsplatzes
machte sich 1978 (ein Jahr mit durchschnittlich 993.000 Arbeitslosen und voraufgegangenen noch höheren Arbeitslosenzahlen) ein größerer Anteil der männlichen Arbeiter (30 %) als
der Angestellten (26 %) und der Beamten (10 %) manchmal Sorgen.
Berufstätige Frauen reagieren jedoch anders als Männer auf die
objektiven Bedrohungen der Arbeitsplätze. Gleich viele Arbeiterinnen und Angestellte (20 % und 19 %) machen sich manchmal
Sorgen um den Arbeitsplatz und kaum weniger Beamtinnen (16 %);
PRESSE- UND INFORMATIONSAMT 1979, 133). Obwohl ihr Arbeits-
platzrisiko größer war, machten sie sich weniger Sorgen als
Männer und ihre Reaktion war weniger von der sozialrechtlichen
Stellung abhängig. Die Reaktion ist nicht berufs-, sondern ge-
schlechtsspezifisch. Die berufsspezifische Reaktion läßt sich
auf die Ebene der Organisation weiter verfolgen. Es gibt be-
gründete Vermutungen, die besagen, daß die in den letzten Jahren
verzeichnete höhere Bereitschaft, einer Gewerkschaft beizutreten
bzw. Mitglied zu bleiben, u.a. von der zum Teil richtigen
Beobachtung, Mitglieder würden bei Entlassungen eher als Nicht-
mitglieder verschont, verursacht wird (STREECK 1979). In der
Tat ist der Organisationsgrad der Arbeiter von 1971 bis 1975
um 7,1 Prozentpunkte, der der Angestellten um 3,1 Prozentpunkte gestiegen (STREECK 1979).

Ein anderes Element tätigkeitsbedingter Lebenschancen ist
Leitungs- und Entscheidungsbefugnis. Ob manuelle eher als nicht-
manuelle Tätigkeiten sich für Routinisierung und geringe Ent-

scheidungsfreiheit eignen, ist eine Frage, die im Zusammenhang
mit der Diskussion um Wandlungen moderner Industriegesellschaften zu sogenannten Dienstleistungsgesellschaften aufgeworfen
worden ist (vgl. BERGER und ENGFER 1982), ohne daß eine eindeutige Antwort hätte gegeben werden können. Die Art und Weise, wie
Arbeitsabläufe organisiert sind, kommt in den sogenannten Leistungsgruppen zum Ausdruck. Von den obengenannten Dimensionen beruflicher Tätigkeit wären Nr. 6 (hierarchische Einordnung in den
Betrieb) in Kombination mit Nr. 2 (Arbeitsverfahren, -techni-
ken) relevant. Bei Arbeitern unterscheidet man drei, bei den
Angestellten fünf Leistungsgruppen. Die unterste Leistungsgruppe der Arbeiter (L 3) faßt Tätigkeiten zusammen, für die eine
fachliche Ausbildung, auch nur beschränkter Art, nicht erfor-
derlich ist. Die unterste Leistungsgruppe unter den Angestellten (L V) faßt einfache, schematische und mechanische Tätigkeiten, die keine Berufsausbildung erfordern, zusammen. Der Anteil
der Erwerbstätigen in der untersten Leistungsgruppe liegt, wie
die Tabelle 1 zeigt, unter den Arbeitern wesentlich höher als
unter den Angestellten.

Tabelle 1   Anteil der Industriebeschäftigten in der untersten
            Leistungsgruppe.[1)]
            (in %)

	Arbeiter		Angestellte	
	Männer	Frauen	Männer	Frauen
1950	20,4	37,8	–	–
1957	16,3	46,9	3,7	22,1
1967	10,8	46,7	1,6	13,0
1974	12,4	49,5	0,9	8,7

[1)] Die unterste Leistungsgruppe ist bei Arbeitern die L 3, bei
     Angestellten die L V.

Quelle: Noll 1978, 295

Unter den Letztgenannten hat der Anteil außerdem kontinuierlich

abgenommen, während er unter den männlichen Arbeitern seit
1967/68 konstant geblieben ist; unter den weiblichen Arbeitern
hat er sich in den letzten 20 Jahren nicht geändert. "Beschäftigte in der jeweils untersten Leistungsgruppe finden
nicht nur die objektiv ungünstigsten Arbeitsbedingungen vor,
sie befinden sich auch relativ im Verhältnis zu ihren höher
eingestuften Kollegen in der schlechtesten Position, am Boden
der betrieblichen Hierarchie" (NOLL 1978, 295). Dieses Urteil
trifft also für einen weitaus größeren Anteil der Arbeiter,
vor allem der weiblichen Arbeiter, als für Angestellte zu. Ein
Indikator für Monotonie des Arbeitsablaufs, der unter der oben
genannten Kategorie 2 (Arbeitsverfahren, -techniken) subsumiert
werden könnte, ist Arbeit am Fließband. Tätigkeit am Band läßt
sich sicherlich nicht mit monotoner Arbeit im Büro vergleichen. Neben den vielen negativen Auswirkungen, die man
Bandarbeit zuschreibt, gehört auch die starke Beeinträchtigung
von Kommunikation mit Kollegen (eine eindrückliche Schilderung
dieses Tatbestandes liefert WALLRAFF 1970). 5 % der Arbeiter
sind am Fließband beschäftigt, in der Automobilindustrie beträgt
die Quote um 25 % (NOLL 1978, 298).

Wie beeinflussen diese Faktoren die Einstellung und Beurteilung der abhängig Beschäftigten? Nach einer Untersuchung des
Instituts für Demoskopie (NOELLE-NEUMANN 1974, 374) ist das
Gefühl, im Beruf frei zu sein, d.h. Entscheidungen frei treffen zu können, ähnlich hoch unter Facharbeitern (5,8 Punkte),
nicht-leitenden Angestellten (5,9 Punkte) und Beamten (6,6
Punkte). Sonstige Arbeiter (4,8) fühlen sich unfreier, leitende Angestellte sehr frei (7,8). Wahrscheinlich würde eine
weitere Differenzierung der Beamten ähnliche Unterschiede
wie zwischen nicht-leitenden und leitenden Angestellten zeigen.
Die Differenzierung nach Qualifikation ist mindestens ebenso
stark wie nach Stellung im Beruf.

Die bisher untersuchten Merkmale waren eng mit dem Aktivitätstypus und mittelbar mit der Stellung im Betrieb verknüpft. Wie
wichtig das Arbeitsmilieu (vgl. Kategorie 5 a oben) in Verbindung mit den Kategorien 1, 2 und 3 ist, zeigt eine vom Institut
infas 1973 durchgeführten Untersuchung zum Thema Qualität des
Arbeitslebens. Hiernach beurteilen Arbeiter die betrieblichen
Arbeitsbedingungen (z.B. die Sicherheit des Arbeitsplatzes, das
Arbeitsklima oder die betriebliche Information) meist negativer
als Angestellte und Beamte. Worin sich Arbeiter von Angestellten und Beamten am deutlichsten unterscheiden, ist jedoch in
den Angaben darüber, was an ihrem Arbeitsplatz schlecht und
störend ist. Nicht Hektik und Zeitdruck oder Routine und
Monotonie differenziert, sondern Schmutz, Staub, schlechte Luft,
Hitze, Nässe, Feuchtigkeit, Kälte, Lärm und Unfallgefahr sowie
körperliche Anstrengung. Während diese Vorgaben von Arbeitern
viel häufiger als von den anderen beiden Gruppen genannt werden, bemängeln diese häufiger die nervliche Belastung und die
Verantwortung für andere (PRESSE- UND INFORMATIONSAMT 1977,
128 - 145). Diese Angaben decken sich mit unserer Alltagserfahrung. Darin kommt der Unterschied zwischen Arbeit in der
Fabrik, am Bau oder in der Grube und Arbeit im Büro zum Ausdruck. Die Tatsache, daß die Nennung von Tätigkeitsmerkmalen,
die sowohl in der Fabrik als auch im Büro auftreten können
(Hektik, Zeitdruck, Routine und Monotonie) nicht zwischen Arbeitern, Angestellten und Beamten diskriminiert, bedeutet: Arbeiter machen Erfahrungen, die nicht von den anderen Gruppen geteilt werden und hierin liegt der spezifische Unterschied zwischen den Berufsgruppen. Nachträglich wird auch verständlich,
warum deutliche Diskrepanzen zwischen Arbeitern einerseits
und Angestellten und Beamten andererseits im Hinblick auf den Aktivitätstypus sich in Gefühlen der Entscheidungsfreiheit nur
schwach widerspiegeln. In dieselbe Richtung weist eine Untersuchung von Infratest aus dem Jahre 1978. Aus gesundheitlichen
Gründen würden 28 % der Arbeiter, 12 % der Angestellten und
7 % der Beamten eine andere der derzeitigen Tätigkeit vor-

ziehen. Bei den Frauen lauten die Zahlen 35 %, 12 % und 9 %.
Von den Anforderungen der Arbeit überfordert fühlen sich unter
den Männern 20% der Arbeiter, 13 % der Angestellten und ein eben
solcher Anteil der Beamten. Die weiblichen Arbeitnehmer fühlen
sich in noch höherem Maße überbeansprucht (Arbeiterinnen 31 %; Angestellte 16 %; Beamtinnen 18 %; PRESSE- UND INFORMATIONSAMT
1979, 129 - 130). Weitere Aufgliederung des Materials zeigt
einen vom Beruf und Geschlecht abhängigen Einfluß der Qualifikation auf diese Aussagen. Der Effekt dieser Variablen ist, gemessen an der Rolle des Berufs und Geschlechts, gering. Auch
wenn in den oberen Rängen der Qualifikationshierarchie z.B.
Streß-Situationen vorhanden sind und körperliche Anstrengung,
Lärm, Schmutz etc. mit nervlicher Belastung gleichgesetzt werden, muß man berücksichtigen, daß der Zugang zu anderen Gütern
wie Einkommen, Ansehen und Macht unter den leitenden Angestellten und Beamten einen Ausgleich schafft, der unter un- und angelernten Arbeitern (um die extremen Positionen hervorzuheben)
nicht vorhanden ist.

Während die bisherigen Tätigkeitsmerkmale immer eine Benachteiligung der Arbeiter aufweisen, zeigt die Häufigkeit der Nacht-,
Sonn- und Feiertagsarbeit eine Unterprivilegierung der Beamten.
Von ihnen verrichteten 1972 23 % Nachtarbeit und 28 % Sonn-
und Feiertagsarbeit. Unter den Arbeitern waren es 16 % bzw. 9 %
und unter den Angestellten 7 % bzw. 12 % (NOLL 1978, 263, 267).

Die Analyse hat eine durchgehende Benachteiligung von Arbeitern
aufgedeckt. Einzige Ausnahme bildet die Nacht-, Sonn- und
Feiertagsarbeit. Die objektiven Erwerbschancen und die Bedingungen der Tätigkeit werden auch subjektiv empfunden. Den stärksten klassenbildenden Effekt hat das Arbeitsmilieu in Kombination mit dem Werkstoff, dem Arbeitsverfahren und den Arbeitsge-
räten. Weniger wichtig ist die hierarchische Einordnung in den
Betrieb in Verbindung mit dem Arbeitsverfahren. Dieses Ergebnis
widerspricht der Annahme, daß sowohl die technologisch bedingte

Arbeitsteilung als auch die Autoritätsbeziehungen im Betrieb den
Unterschied zwischen manueller und nicht-manueller Tätigkeit
verstärkt (GIDDENS 1973, 108 - 109). Plausibler erscheint mir
die ausgleichende Wirkung technologischer Innovation. Einerseits schafft sie die "fabriktypischen" Arbeitsbedingungen ab,
andererseits werden Büros - überspitzt formuliert - zu Maschinen-
hallen. Obwohl die Analyse systematische Unterschiede zwischen
Arbeitern auf der einen und Angestellten, Beamten und Selbständigen auf der anderen Seite dokumentiert, sollte ihre Beschränkung nicht verschwiegen werden. Die von STOOß und SATERDAG
(1979) genannten Kriterien sperren sich gegen eine auf Klassenlagen bezogene Analyse beruflicher Tätigkeit. Die Bedeutung von
Qualifikationsunterschieden kommt nur ungenügend in den von mir
präsentierten Daten zum Ausdruck. Schließlich beruhen einige Angaben auf der Auskunft von Befragten, nicht auf einer Analyse der
objektiven Bedingungen der Tätigkeit. Trotzdem sind zwei Schlußfolgerungen möglich. Erstens ist Stellung im Beruf ein sinn-
voller Ausgangspunkt für die Analyse von Klassenlagen und zweitens spiegeln sich solche Klassenlagen auch im Bewußtsein wider.

Läßt man die hier analysierten Variablen noch einmal Revue passie-
ren, erscheinen sie mit einer marxistisch orientierten oder von
Weber ausgehenden Theorie kompatibel. Die funktionalistische
Schichtungstheorie könnte mit ihnen kaum etwas anfangen.

5.2.2 <u>Auf dem Weg zur postindustriellen Gesellschaft?</u>

Im Abschnitt über neue Theorien (4.5) habe ich die Theorie
BELLs (1976) dargestellt. Ihren Kern bilden Aussagen über Veränderungen der Produktions- und Berufsstruktur. Ich möchte hier
nicht die Theorie wiederholen, sondern verweise auf den obengenannten Abschnitt. In diesem Abschnitt möchte ich die Theorie
mit empirischem Material konfrontieren und sie auf ihre Stich-
haltigkeit prüfen. Ich beschränke mich auf diejenigen Teile

der Theorie, die sich auf die Produktions- und Berufsstruktur
beziehen und streife kurz die Aussagen über Werte. Auf politische Konflikte gehe ich erst in Abschnitt 7.3 ein.

Tabelle 2 <u>Tertiärer Sektor: Beitrag zum Bruttoinlandsprodukt in
jeweiligen Preisen</u>

	1950 %	1960 %	1975 %
Insgesamt	40,2	39,8	49,2
davon			
Handel, Verkehr, Nachrichten	50,7	49,2	36,6
Dienstleistungen	25,4	28,6	35,4
Staat	19,4	18,1	24,1

Quelle: Ballerstedt und Glatzer 1979, 112

Leben wir heute schon in einer postindustriellen Gesellschaft;
werden wir es jemals tun? Der Ausgangspunkt der Theorie Bells
ist eine sektorale Analyse der Produktion. Tabelle 2 zeigt, daß
der Anteil des tertiären, d.h. nicht güterproduzierenden Sektors der Wirtschaft (Handel, Verkehr und Nachrichtenübermitt-
lung, Kreditinstitute und Versicherungsgewerbe, Staat, private Haushalte und private Organisationen ohne Erwerbscharakter),
zwischen 1950 und 1975 an Bedeutung zunimmt: von allen im In-
land produzierten Güter und Diensten (Bruttoinlandsprodukt) wurden 1950 40 %, 1975 49 % im tertiären Sektor produziert. Diese
Erhöhung scheint zwischen 1960 und 1975 stattgefunden zu haben.
Innerhalb des tertiären Sektors hat sich eine Verschiebung zugunsten des Staates vollzogen. Die Anteilswerte in Tabelle 2
beruhen auf den Preisen der Güter und Dienste im jeweiligen Jahr.
Während bei Gütern u.a. die Preise der Rohwaren in die Berechnung eingehen, gibt es bei Dienstleistungen keine Waren. Der
Wert der Dienstleistung entspricht den Lohnkosten. Nun sind die

Inflationsraten bei Waren und Löhnen und Gehältern nicht gleich.
Dies wiederum führt zu Problemen des zeitlichen Vergleichs. Wenn
der Preis für Arbeit stärker als der Preis für Waren zunimmt,
dann spiegelt sich das in einer Verlagerung der Beiträge der
Wirtschaftsbereiche ohne daß dafür mehr Dienste produziert worden wären. Man kann sich daher auf den Standpunkt stellen, die
Daten in Tabelle 2 seien verzerrt. Als Alternative bietet sich
eine Darstellung zu konstanten Preisen an. Tabelle 3 enthält entsprechende Angaben.

Tabelle 3 Beiträge der Wirtschaftsbereiche zum Bruttoinlands-
         produkt
         (in Preisen von 1962)

	1950 %	1960 %	1975 %
Primärer Sektor	9,1	5,5	4,1
Sekundärer Sektor	44,5	53,6	55,3
Tertiärer Sektor	46,6	40,9	40,6
davon			
Staat	10,5	7,4	8,0
Dienstleistungen	12,3	11,9	13,1
Handel und Verkehr, Nachrichten	20,7	19,8	18,3
Private Haushalte	3,1	1,8	1,2

Quelle: Ballerstedt und Glatzer 1979, 91

Hiernach ist der Beitrag, den jeder Sektor der Wirtschaft zur
Erzeugung von Gütern und Diensten leistet, von 1950 bis 1975 gekennzeichnet durch eine abnehmende Bedeutung des primären Sektors (Land- und Fortwirtschaft, Tierhaltung und Fischerei) und
eine zunehmende Bedeutung des sekundären Sektors (Energiewirt-
schaft und Wasserversorgung, Bergbau, verarbeitendes Gewerbe,

Baugewerbe) sowie eine abnehmende Bedeutung des tertiären Sektors. Betrachtet man nur den Zeitraum 1960 - 1975, ändert sich der jeweilige Beitrag wenig. Zwar zeigen also Statistiken eine zunehmende Bedeutung des tertiären Sektors, aber in diesen Zahlen spiegeln sich auch unterschiedliche Inflationsraten wider. Betrachtet man die Gesamtheit der produzierten Güter und Dienste in der Bundesrepublik - gleichgültig, ob man die Tabelle 2 oder die Tabelle 3 zugrundelegt - dann lebten wir Mitte der siebziger Jahre wie in den sechziger und fünfziger Jahren in einer Industriegesellschaft. Besonders sichtbar wird dies, wenn man die Bundesrepublik mit anderen Ländern vergleicht.

Tabelle 4 Beiträge der Wirtschaftsbereiche zum Bruttoinlands-
          produkt 1975 in der Bundesrepublik, in den Vereinig-
          ten Staaten und in den Niederlanden

	D %	USA %	NL %
Primärer Sektor	2,9	3,4	4,7
Sekundärer Sektor	48,0	32,4	35,3
Tertiärer Sektor	50,1	64,1	60,0
Korrekturen	-1,0	+0,1	-

Quelle: Ballerstedt und Glatzer 1979, 89

1975 wurde hier die Hälfte der produzierten Güter und Dienste im tertiären Sektor erzeugt, während es in den Vereinigten Staaten fast zwei Drittel waren (Tabelle 4). Die Niederlande ist in Europa dasjenige Land, welches im Hinblick auf die Produktionsstruktur am ehesten dem Modell einer "postindustriellen" Gesellschaft nahe kommt. Aus diesen Zahlen ziehe ich zwei Schlußfolgerungen: Erstens prägt der industrielle Sektor die Gesellschaft der Bundesrepublik immer noch sehr stark, stärker als andere Sektoren und zweitens ist die Bevölkerung immer noch an materiellen Gütern orientiert. Sie mißt dem materiellen Lebens-

standard eine höhere Priorität bei, als Diensten und nicht-ma
teriellenDingen.

Der nächste Schritt führt zu einer Analyse der Berufsstruktur.
Wenn man zunächst die Erwerbspersonen nach den einzelnen Wirtschaftssektoren aufgliedert, gilt für das Ende der siebziger
Jahre: mehr als ein Viertel der Erwerbspersonen waren im
Dienstleistungsbereich und noch einmal ein Fünftel im Bereich
Handel und Verkehr tätig. Demnach waren im tertiären Sektor
fast die Hälfte der Erwerbspersonen beschäftigt. Ein ebenso
hoher Anteil war in produzierendem Gewerbe tätig und nur ein
verschwindend geringer Prozentsatz in der Land- und Forstwirt-
schaft. Im Gegensatz hierzu war 1950 noch fast ein Viertel der
Erwerbspersonen in eben diesem letztgenannten Zweig beschäftigt; im produzierenden Gewerbe waren es fast die Hälfte und für
den tertiären Sektor blieb nur ein Drittel übrig (Tabelle 5).
Für die sektorale Beschäftigungsverteilung ergibt sich also:
Von 1950 bis heute starker Rückgang der Erwerbspersonen im Bereich Landwirtschaft etc., Konstanz des Anteils im produzierenden Gewerbe und starke Zunahme im tertiären Sektor. Gliedert
man jedoch die Erwerbspersonen nach dem Geschlecht auf, zeigt sich,
daß Männer auch heute noch überwiegend im produzierenden Gewerbe tätig sind, während Frauen mehrheitlich im tertiären Sektor arbeiten. Man könnte also sagen: Für den Mann ist Tätigkeit in der Produktion noch typisch, für die Frau ist dagegen
Arbeit im Dienstleistungsbereich die Norm (BALLERSTEDT und
GLATZER 1979, 55; PRESSE- UND INFORMATIONSAMT 1979, 111). Was besagen aber diese Zahlen? Nicht unbedingt viel. Die Tätigkeit in
den Wirtschaftssektoren ist vielfältiger Natur. Diejenigen, die
in der Kantine einer Fabrik arbeiten, werden zum produzierenden
Gewerbe gezählt, während Arbeiter bei der Bundesbahn dem tertiären Sektor zugeordnet   werden. Um Dienstleistungs- von Güterproduktion getrennt zu erfassen muß man Erwerbspersonen nach
der Tätigkeit klassifizieren. Die Aufgliederung nach Stellung im

Tabelle 5 <u>Erwerbspersonen nach Wirtschaftsbereichen und</u> <u>Stellung im Beruf</u>

	Insgesamt (in 1000) Erwerbspersonen N	Land- und Forstwirtschaft %	Produzierendes Gewerbe %	Handel und Verkehr %	Dienstleistungen %	Selbständige %	Mithelfende Familienangehörige %	Beamte und Angestellte %	Arbeiter %
1882	18957	43,4	33,7	8,3	14,5	28,0	10,2	6,1	55,8
1895	22110	37,5	37,5	10,6	14,5	25,2	9,4	8,3	57,2
1907	28092	35,2	40,1	12,4	12,4	19,6	15,3	10,3	54,9
1925	32009	30,5	41,4	16,5	11,7	16,5	17,0	17,3	49,2
1933	32296	28,9	40,4	18,4	12,3	16,4	16,4	17,1	50,1
1939	35732	25,0	40,8	17,0	17,2	13,4	15,6	21,6	49,1
1950	23489	22,1	44,7	15,9	17,2	14,5	13,8	20,6	51,0
1957	26084	15,8	47,6	19,6	17,0	12,7	10,8	25,1	51,4
1960	26653	13,3	48,4	19,9	18,4	12,4	9,8	29,1	49,7
1965	27157	10,9	48,1	17,5	23,5	11,4	8,2	32,5	47,8
1970	26617	8,9	48,6	17,2	25,3	10,4	6,7	36,2	46,6
1975	26878					9,2	5,0	42,9	42,9

Quelle: Ballerstedt und Glatzer 1979, 55

Beruf zeigt eine Verdoppelung (1950 - 1975) des Anteils Angestellter und Beamter, eine Verringerung der Selbständigen und
mithelfenden Familienangehörigen und eine Verringerung des Ar-
beiteranteils, letzteres von 51 % auf 43 % (Tabelle 5). Jedoch
zeigt auch hier eine Aufgliederung nach dem Geschlecht, daß erwerbstätige Frauen vorwiegend als Beamtinnen und Angestellte
(50 %) und nur in zweiter Linie als Arbeiterinnen (33 %) beschäftigt sind. Unter den Männern überwogen 1978 immer noch die Arbeiter (48 %) über die Beamten und Angestellten (39 %; PRESSE-
UND INFORMATIONSAMT 1979, 111). Darüber hinaus hat sich die
Relation der Geschlechter innerhalb der Berufsgruppen von 1961
bis 1977 nicht wesentlich geändert (PRESSE- UND INFORMATIONS-
AMT 1979, 113). Von der Tätigkeit her gesehen kennzeichnet
nicht nur der Industriebetrieb, sondern auch das Bürohaus die
Wirtschafts- und Berufsstruktur. Die Berufsverteilung der
Männer ist jedoch immer noch vom Arbeiter geprägt. Frauen sind
typischerweise in Beamten- und Angestelltenpositionen tätig.
Dies ist aber eine sehr grobe und nicht ausreichende Charakte-
risierung von Arbeit und Produktion, will man die Theorie der
postindustriellen Gesellschaft prüfen. Eine differenzierte Analyse von Dienstleistungsberufen wie Wissenschaftler und Techniker, Verwaltungsberufe, Büroberufe, Verkaufs- und Vermitt-
lungsberufe und sonstige Dienstleistungsberufe (diesen Berufen
ist gemeinsam, daß sie nicht auf unmittelbare Gewinnung, Ver-
arbeitung und Bearbeitung von Sachgütern bezogen sind; vgl.
RASMUSSEN 1977, 46), läßt folgende Schlußfolgerungen über ihre
Entwicklung zwischen 1960/61 und 1970 zu: Die dominierenden Berufe innerhalb des Dienstleistungssektors sind die Bürofach-, -hilfs-
kräfte/EDV-Fachkräfte und die Warenkaufleute (Beispiele: Schreib-
kraft, Bürobote/Programmierer, Locherin, Verkäuferin). Diese
sind also die typischen Berufe des Dienstleistungsbereichs sowohl 1960 als auch 1970. Überdurchschnittliche Expansion verzeichnen jedoch die folgenden Gruppen: geistes- und naturwissen-
schaftliche Berufe, Chemiker, Physiker, Mathematiker, Techniker,
sozialpflegerische Berufe, Lehrer; Gesundheitsberufe (ohne Ärzte

und Apotheker), übrige Dienstleistungskaufleute und technische
Sonderkräfte. M.a.W.: Wissenschaftliche und technische Berufe,
helfende Berufe, Berufe der Ausbildung nehmen, so wie BELL es
prognostiziert hat, zu, und zwar überproportional schnell im
Vergleich zum gesamten Dienstleistungsbereich. Eine einzige, noch
nicht genannte Gruppe, die auch sehr stark expandiert, paßt
nicht in die Prognose: die Bank- und Versicherungskaufleute
(RASMUSSEN 1977, 96 - 103). Aber: diese sind kleine Berufsgruppen. Die Berufe, die die Entwicklung des Dienstleistungssektors insgesamt bestimmen - das sind die großen Gruppen der
Büro- und EDV-Kräfte, die Warenkaufleute und die Bank- und Ver-
sicherungsberufe, also weder wissenschaftliche noch technische
noch helfende oder lehrende Berufe. Des weiteren zeigen andere
Untersuchungen Ergebnisse, die nicht mit der Theorie zu vereinbaren sind. Ein Vergleich der Berufsstruktur 1970 und 1978 zeigt
eine relative Abnahme der Landwirte, der Chemiebetriebswerke,
Kunststoffverarbeiter, Eisen- und Metallerzeuger und Schmelzer,
aber auch der Ingenieure des Maschinen- und Fahrzeugbaues, Architekten und Bauingenieure, Buchhalter und Stenographen, Steno-
typisten und Maschinenschreiber. Zugenommen haben Unternehmer,
Geschäftsführer, Geschäftsbereichsleiter, Datenverarbeitungs-
fachleute und "helfende" Berufe wie Sprechstundenhelfer, Sozialarbeiter und Kindergärtnerinnen (WIRTSCHAFT UND STATISTIK 1979,
740 - 745). Zwar werden diese Veränderungen durch strukturelle
und konjunkturelle Faktoren verursacht, deren relatives Gewicht
nicht zu bestimmen ist. Es steht jedoch außer Zweifel, daß die
Zu- und Abnahme der Größe von Berufsgruppen nicht eindeutig dem
Dienstleistungs- bzw. dem güterproduzierenden Sektor zugeschrie-
ben werden kann. Parallel mit diesen Veränderungen geht eine
Entwicklung, die ebenfalls nicht ohne weiteres mit der Theorie
zu vereinbaren ist. Damit ist die Tendenz zur Gründung neuer
selbständiger Existenzen wie Öko-Bauer, Möbelschreiner, Kneipen-
wirt oder Reiseunternehmer gemeint. Die hier Arbeitenden rekrutieren sich aus der akademisch ausgebildeten Jugend, die also
die potentiellen Inhaber postindustrieller Berufe wären. Die

Tätigkeiten werden häufig eng an die Familie gebunden (Hauswirtschaft) und verknüpft mit Engagement im politischen (Bürgerinitiativen) und sozialen (Drogenhilfe) Bereich. Die Stellung dieser Gruppen im traditionellen Klassenschema ist heterogen (VONDERACH 1980). Nun sind es die Mittelstände, die für die MARXsche Klassenanalyse Probleme aufwerfen (Abschnitt 4.2). Diese Selbständigen bilden keine Ausnahme. Was sie gegenüber dem alten Mittelstand auszeichnet, ist wohl nicht die Einstellung zur staatlichen Hilfe (das war immer für die Selbständigen ein besonderes Problem) und die Abhängigkeit von einer funktionierenden Gesamtökonomie (VONDERACH 1980), sondern ihre sozio-politischen Wertorientierungen und die besonderen Beziehungen zu der sie stützenden Nachfrage, die aus "Gleichgesinnten" besteht (s. auch BORDIEU und BOLTANSKI 1978). Auch wenn es sich häufig bei diesen "neuen Selbständigen" um Dienstleistungsbetriebe handelt, ist die Bedeutung des Wissens gering. Als postindustriell kann man sie nicht bezeichnen.

Die These BELLs läßt sich nicht nur als eine Aussage über die Bedeutung des Wissens, sondern auch als eine Aussage über die Art der Arbeit in der postindustriellen Gesellschaft auffassen. Arbeit wird zu einem Spiel zwischen Menschen. BERGER und ENGFER (1982) haben darauf hingewiesen, daß diejenigen Dienstleistungstätigkeiten, die die Anwesenheit von Kunden erfordern oder sich der Lösung plötzlich auftretender Probleme widmen, sich nicht in gleichem Maße rationalisieren lassen wie Tätigkeiten in der Produktion. Allerdings führt eine Überprüfung dieser Annahme zu einem negativen Ergebnis. Ich kann dieses Ergebnis nur unterstreichen. Ein Vergleich der Verteilung von Tätigkeitsmerkmalen 1973 und 1976 zeigt nämlich, daß Tätigkeiten, die etwas mit "Planen und Konstruieren" und vor allem mit "Leiten" zu tun haben, in diesem Zeitraum prozentual zunahmen (WIRTSCHAFT UND STATISTIK 1978, 354 - 360). Hier spiegelt sich die Verschiebung von Tätigkeiten von kleinen und mittleren zu großen Unternehmen, die sowohl im Produktionssektor wie im Dienstleistungssektor zu beobachten ist sowie die Abnahme des Selbständigenanteils auch

im letztgenannten Sektor wider (BERGER und ENGFER 1982). Die Möglichkeit zu leiten und zu entscheiden bedeutet Autonomie der Tätigkeit. Allerdings müssen andere die Anweisungen ausführen, sind
also in ihrer Autonomie eingeschränkt. Das Spiel ist also ein
Spiel mit klar definierten Regeln der Über- und Unterordnung. Möglicherweise ist die Divergenz zwischen zunehmenden Dominanzbe-
ziehungen auf der einen und Forderungen nach "Demokratisierung"
und "Humanisierung" sowie die höhere Qualifikation derjenigen,
die sich doch unterordnen müssen auf der anderen Seite eine
Quelle von Spannung, die sich in der oben erwähnten "neuen Selb-
ständigkeit" äußert, sich aber auch in Konflikten äußern könnte
(vgl. PARSONS 1964 b und Abschnitt 4.4).

Natürlich muß man von einer solchen strukturellen Betrachtung die
normative Komponente, d.h. die Leitbilder und die Vorstellungen
über "gut und wünschenswert" trennen. Dabei zeigt sich eine große
zeitliche Stabilität des Ansehens von Berufen. Der Arzt war von
jeher einer der am höchsten angesehenen Berufe; zu ihnen zählen auch
der Pfarrer und der Rechtsanwalt (TREIMAN 1977; KLEINING und MOORE
1968; INSTITUT FÜR DEMOSKOPIE 1978). Das sind aber keine typisch
postindustriellen, nicht einmal typisch industriellen Berufe.
Hier zeichnet sich nun für die Bundesrepublik eine Entwicklung
ab, die auch im Widerspruch zu der Theorie steht. Mit der Expansion der Berufsgruppen wie Wissenschaftler, Lehrer und helfende
Berufe geht ein Verlust an Ansehen einher. Das Ansehen des Professors, des Volksschullehrers und des Studienrats geht von 1966
(Professor: 1968) bis 1977 deutlich zurück (INSTITUT FÜR DEMOSKO-
PIE 1978). Es ist noch zu früh zu sagen, ob dieser Trend anhält
und ob er auch in anderen Ländern registriert wird. Jedoch werden Zweifel an den Aussagen BELLS wach, die typischen postindustriellen Berufe würden den Kern einer neuen Gesellschafts-
schicht bilden und würden an Macht und Ansehen gewinnen.

Von den tatsächlichen Verteilungen der Erwerbspersonen auf Berufen und von den normativen Mustern muß man schließlich die individuellen Wünsche unterscheiden. Der Wunschberuf deutscher

Männer war 1977 - Förster (24 %)! Am zweithäufigsten wurde der
Ingenieur, an dritter Stelle der Verkehrspilot genannt (NOELLE-
NEUMANN 1977, 160).

Rückblickend erscheint die These BELLs einer detaillierten Analyse nicht standzuhalten. Wissen als "Produktionsmittel" wird
durch Berufe repräsentiert, die in den letzten 20 Jahren stark
zugenommen haben. Aber diese Berufsgruppen prägen in keiner Weise
den Dienstleistungssektor, geschweige denn die gesamte Produk-
tions- und Berufsstruktur. Die Entwicklung des Dienstleistungssektors insgesamt ist uneinheitlich und das plötzliche Wachstum
alter Tätigkeitsfelder (Selbständige) paßt kaum in das theoretische Schema. Wenn die These als Aussage über die spezifische
Form der Tätigkeit interpretiert wird - "Spiel zwischen Menschen" - zeichnet sich eine Entwicklung zur Hierarchisierung ab.
Zu einer bedeutsamen Statusgruppe, der auch politisches Gewicht
zukäme, haben sich die postindustriellen Berufsgruppen noch
nicht gemausert.

5.2.3. Eigentum und Vermögen

In der MARXschen Theorie sind Bourgeoisie und Proletariat die
Hauptklassen, der Klassenkampf der Motor der gesellschaftlichen
Entwicklung. Auch in Max WEBERs Theorie sind Besitz und Besitzlosigkeit die Grundkategorien aller Klassenlagen, auch wenn
der Besitz nicht auf Produktionsmittel begrenzt wird. In diesem
Abschnitt möchte ich einige Merkmale der Eigentums- und Vermögensverteilung in der Bundesrepublik analysieren. Die Analyse soll Auskunft darüber geben, wie konzentriert der Besitz
in der Bundesrepublik ist und welche Konsequenzen für die
Klassenbildung die hohe Konzentration hat. Vor allem die Veränderungen der Vermögensverteilung in der Bundesrepublik sind
hier von Interesse. In Tabelle 6 sind drei Vermögensarten und

ihre Verteilung auf die Haushalte in der Bundesrepublik 1973
aufgeführt.

Tabelle 6 Verteilung einiger Vermögensarten 1973 auf Haushalte

Das Quintil verfügte über...   % des Produktionsvermögens (der
Wertpapiere, Bausparguthaben)

| | Quintil | | | | |
	1.	2.	3.	4.	5.
Produktivvermögen	0.1	0.9	1.7	9.8	87.5
Wertpapiere	0.5	1.5	6.0	10.5	81.5
Bausparguthaben	2.4	11.1	22.1	28.4	36.0

Quelle: Ballerstedt und Glatzer 1979, 283

Das Produktivvermögen (darunter ist die direkte, in der Form von
Einzelfirmen, offenen Handelsgesellschaften, Kommanditgesellschaf-
ten und Gesellschaften mit beschränkter Haftung organisierte Verfügungsgewalt über Firmen, Maschinenanlagen und Beschäftigte
zu verstehen) ist auf die Haushalte ungleich verteilt. Das oberste
Quintil, d.h. die 20 % aller Haushalte, die die größten Vermögen
besitzen, können über 87,5 % aller privat gehandhabten Produktiv-
vermögenswerte verfügen. Dieses Produktivvermögen wird auf rd.
250 Mrd. DM geschätzt (MIERHEIM und WICKE 1978, 72 - 73, 42). Diese Zahl gibt nur ungenau das Ausmaß der Konzentration an. Nach Berechnungen von MIERHEIM und WICKE (1978, 72) besitzen 1 % der
Haushalte 44,04 % des Produktivvermögens. Ein Teil des Produktivvermögens, das in der obigen Berechnung nicht enthalten ist, ist
in der Form von Kapitalgesellschaften organisiert. Eigentumsrech-
te kann man durch Aktien, festverzinsliche Papiere etc. erwerben.
Auch Wertpapiere (zu den genannten Kategorien kommen hier auch
Geldmarktpapiere hinzu) sind ebenfalls ungleich verteilt. 20 %
der vermögendsten Haushalte (oberstes Quintil) besitzen 81,5 %
aller Wertpapiere. Der Wert aller Wertpapiere betrug 1973 rd.
139 Mrd. DM (MIERHEIM und WICKE 1978, 72 - 73, 47). Zum Vergleich habe ich auch die Bausparguthaben berücksichtigt. Diese

Form des Eigentums ist "gleicher" als andere Vermögensformen
verteilt, denn sogar Sparguthaben weisen eine größere Schiefe
der Verteilung auf. Die Tabelle erlaubt also den Schluß, daß die
Produktionsmittel außerordentlich stark konzentriert sind und
sich in wenigen Händen befinden, sei es in der Form des direkten
(Produktivvermögen) oder indirekten Zugangs (Wertpapiere).

Aufgrund eines Vergleichs der Vermögensschichtung zwischen den
Jahren 1960, 1966, 1969 und 1973 kommen MIERHEIM und WICKE
(1978, 248 - 270) zu dem Schluß, eine Dekonzentration des Ge-
samtvermögens, die auf die Erhöhung der Masseneinkommen, die Auswirkungen des Dritten Vermögensbildungsgesetzes (624,- DM-Ge-
setz) und die durch diese beiden Tatsachen verursachte erhöhte
Sparneigung, vor allem der unteren Schichten, zurückzuführen
sei, habe stattgefunden. Ob speziell das Produktivvermögen
einem analogen Prozeß unterlag - KRELLE und Mitarbeiter hatten
geschätzt, 70 % des Produktivvermögens (einschließlich der Aktien) befinde sich 1960 in den Händen von 1,7 % der Haushalte,
während MIERHEIM und WICKE (1978, 104) für den gleichen Haus-
haltsanteil ein Produktivvermögensbesitz von 51 % errechnen -
sei schwer zu bestimmen (MIERHEIM und WICKE 1978, 262 - 263).
Gegen eine Reduktion der Ungleichheit gerade dieser Vermögensform spricht die Konzentration in der Wirtschaft. Der
Anteil der 50 größten Industrieunternehmen am Gesamtumsatz
betrug 1954 25,4 % und 1967 42,2 % (HUFFSCHMID 1969, 44).
Nach einer in CLAESSENS et al. (1978, 218) abgedruckten Tabelle betrugen die entsprechenden Zahlen 1960 34,6 % und
1972 42,8 %. Diese Zahlen sind nicht direkt vergleichbar,
deuten aber ein bis in die 70er Jahre fortgesetzten Konzen-
trationsprozeß an.

Tabelle 7 Verteilung des Nettovermögens 1973

(Ø-Vermögen in DM pro Haushalt)

	Insgesamt	Produktivvermögen	Wertpapiere
Arbeiter	56.000	358	728
Angestellte	75.000	2.630	3.979
Beamte	70.000	487	2.778
Nichterwerbstätige	60.000	1.251	2.880
Landwirte	305.000	11.111	1.557
Selbständige	479.000	140.000	42.254

Quelle: Mierheim und Wicke 1978, 198 - 199 (z.T. gerundet)

Wer ist es, der diese Vermögenswerte besitzt? MIERHEIM und
WICKE konnten ihr Material nur nach der Stellung im Beruf des
Haushaltsvorstandes aufgliedern. Aus Tabelle 7 geht hervor, daß
die Selbständigen die höchsten Vermögensbestände besitzen. Neben den Selbständigen weisen die Landwirte hohes Vermögen auf,
der als Grund und Boden vorhanden ist. Die vier anderen Berufsgruppen haben ein etwa gleich hohes Vermögen. Der Hauptteil des
Produktivvermögens sowie der Wertpapiere befindet sich in den
Händen der Selbständigen. Der Besitz dieser Eigentumsformen unter den abhängig Beschäftigten ist unerheblich. Diese Kluft
zwischen Selbständigen und abhängig Beschäftigten ist es, die
die Klassenposition in bezug auf Eigentum definiert. Zwar ist
die Vermögensbildung in der Nachkriegszeit durch den Staat sehr
stark gefördert worden. Zwischen 1949 und 1978 sind rd. 125 Mrd.
DM für diesen Zweck ausgegeben worden. Dies und die Steigerung
der Einkommen hat zu einer Zunahme des Vermögens in privater
Hand geführt. Wenn man nur das Vorhandensein von verschiedenen
Formen des Vermögens in Haushalten betrachtet und von der Höhe
absieht, dann kann man feststellen, daß zwischen 1962/63 und
1973 der Anteil der Haushalte mit Sparbüchern bzw. mit einer
Lebensversicherung unter Arbeitern und Nichterwerbstätigen stärker zugenommen hat als unter Landwirten, Selbständigen, Beamten

und Angestellten. Der Besitz von Wertpapieren hat am stärksten
unter Angestellten, Selbständigen und Beamten, der Anteil Haushalte mit Bausparverträgen am stärksten unter Beamten, Landwirten und Angestellten zugenommen (BALLERSTEDT und GLATZER 1979,
284). Unter die noch nicht genannten Eigentumsformen zählt das
Haus- und Wohnungseigentum. Hier zeigt sich eine divergierende
Entwicklung zwischen den Berufsgruppen, die stärker ins Gewicht
fällt als Unterschiede des Aktienbesitzes oder Sparguthabens.

Tabelle 8 Wohnungen nach privaten Bauherren
        (Freifinanzierter und sozialer Wohnungsbau; in %)

	Selbständige	Angestellte/Beamte	Arbeiter	Rentner	Sonstige	
1961	39.1	16.3	24.0	2.3	18.3	= 100 %
1978	26.5	39.6	17.6	1.0	15.3	= 100 %

Quelle: Presse- und Informationsamt 1979, 245

Tabelle 9 Männliche Erwerbspersonen nach der Stelling in Beruf
        (in %)

	Selbständige	Mithelfende	Beamte/Angestellte	Arbeiter	
1961	14.9	2.8	27.3	55.0	= 100 %
1978	12.1	0.9	39.1	47.9	= 100 %

Quelle: Presse- und Informationsamt 1979, 111

Tabelle 8 zeigt die Verteilung der privaten Bauherren auf Berufsgruppen 1961 und 1978, während Tabelle 9 die Verteilung der männlichen Erwerbspersonen auf die gleichen Berufsgruppen enthält.
Unter den Bauherren hat der Anteil der Selbständigen und Arbeiter
abgenommen, der der Angestellten und Beamten zugenommen. Diese
Veränderungen entsprechen im Groben, aber eben nur im Groben,
den Veränderungen der Berufsstruktur. Deutlich zu erkennen ist,
daß die Angestellten und Beamten überproportional häufig Geld
in Grundbesitz investiert haben. Besitz von Grund und Boden
beeinflußt aber die Vermögensverhältnisse stärker als andere

Variablen. Ein Selbständigen-Haushalt ohne Besitz von Grund und Boden hat ein geringeres Gesamtnettovermögen als ein Arbeiterhaushalt mit Grund- und Bodenbesitz (MIERHEIM und WICKE 1978, 198 - 199). Das Vermögensgefälle zwischen den Selbständigen und den abhängig Beschäftigten ist viel größer unter den Haushalten, die kein Grund und Boden besitzen als unter den Grund- und Bodenbesitzern. Darüber hinaus schützt diese Form des Eigentums besser als andere vor Inflation. Schließlich ist diese Form des Besitzes aus zwei Gründen politisch relevant. Haus- und Grundeigentümer sind an niedrigen Zinsen und hohen Mieten interessiert. Selbständige haben von vornherein ähnliche Interessen, aber bei den Angestellten und Beamten (natürlich bei allen, die diese Vermögensform erwerben) treten diese Interessen zu den bereits bestehenden hinzu. Diese beschränkten sich auf dem Arbeits- und Gütermarkt. Auf dem Kapitalmarkt sind nicht Selbständige und abhängig Beschäftigte die Kontrahenten. Der Staat setzt die Konditionen, die dort gelten. Es findet somit eine "Pluralisierung" der Interessen der abhängig Beschäftigten Haus- und Grundeigentümer statt, die in stärkerem Maße die Angestellten und Beamten als die Arbeiter betrifft. Politisch relevant sind auch die Hausbesetzungen, die 1981 und 1982 in der Bundesrepublik stattfanden. Ein Fall von Klassenkonflikt? Ein Phänomen, das mit marxistischen Kategorien zu interpretieren wäre? Ja und nein! Ja, weil Besitz zum Konflikt führt, weil auf der einen Seite Eigentümer, auf der anderen Seite Unterschichtangehörige stehen. Nein, weil das Eigentum nicht Produktivkapital ist und die Ausbeutung sich nicht auf Mehrwert bezieht. Nein, weil die Konflikte auch von privilegierten Gruppen wie Jugendliche und Studenten getragen worden sind. Nein schließlich, weil die Konflikte durch staatliche Politik verursacht und modifiziert worden sind, weil besetzte Häuser z.T. im Besitz der Kommunen (z.B. in Köln) gewesen sind. Wir haben hier ein Beispiel für einen Konflikt um materielle Güter, der sich nicht in das Klassenschema einfügen läßt.

Das Ergebnis der Analyse lautet zusammenfassend: Das Privat-
vermögen ist in der Zeit nach dem Zweiten Weltkrieg stark gewachsen. Im Durchschnitt besitzen alle mehr Geld, Aktien, Häuser
etc. Dies und die staatlichen Programme zur Vermögensbildung
haben zu einer Verringerung der Ungleichverteilung des Gesamt-
nettovermögens zwischen 1960 und 1973 geführt. Vermutlich hat
sich dieser Prozeß verlangsamt oder ist zum Stillstand gekommen;
die wirtschaftliche Entwicklung in den siebziger Jahren legt
diesen Schluß nahe. Im Rahmen dieser Veränderungen hat die
Distanz zwischen Arbeitern auf der einen und den anderen Berufsgruppen auf der anderen Seite zugenommen. Grund hierfür ist
die überproportional starke Investition der Angestellten und
Beamten in Haus- und Wohnungseigentum. Diese Form des Eigentums erzeugt in diesen Gruppen neue Interessen. Es ist außerdem
in den letzten Jahren zu einem Konfliktthema geworden, allerdings nicht eines, das sich mit marxistischen Kategorien fassen
ließe. Es ist zweifelhaft, ob die Verteilung des Produktivvermögens in der Nachkriegszeit weniger ungleich geworden ist.
Das Ausmaß einer möglichen Verringerung ist angesichts der
immer noch sehr hohen Konzentration dieser Eigentumsform nicht
der Rede wert. Das Produktivvermögen ist in den Händen der
Selbständigen konzentriert und bildet die Basis deren Klassenlage.

5.2.4. Einkommen

Mit Geld hat man Zugang zu wichtigen klassenrelevanten Gütern. Das Geld fließt den Personen, Haushalten und Familien in
erster Linie als Einkommen zu. Für die Mehrheit der Bevölkerung
entsteht dieses Einkommen einschließlich solcher Einkommens-
äquivalente wie Kantinenessen, Firmenwagen, freie oder verbilligte Reisen, Dienstwohnungen etc. aus der Berufstätigkeit.
Auch wenn das Einkommen die Verfügungsgewalt über Güter und
damit die Gestaltung der äußeren Lebensstellung und des inneren
Lebensschicksals beeinflußt, ist die Form dieses Einflusses und

sein Ausmaß eine Frage theoretischer Spezifikation und empirischer Analyse. Darum soll es in diesem Abschnitt gehen.

Einkommensangaben sind nicht immer verläßlich. Erstens fließt
das Einkommen aus unterschiedlichen Quellen, wovon einige relativ "unsichtbar" sind. Dividenden, die direkt auf ein laufen-
des Konto gezahlt werden, werden vielleicht nur jedes halbe
Jahr sichtbar. Ein verbilligtes Kantinenessen ist auch eine
Form des Einkommens, ebenso verbilligte Flüge für die Beschäftigten von Fluggesellschaften (sie müssen diese Ver-
billigung als Einkünfte versteuern). Beide Einkunftsarten werden
bei einer Befragung den Befragten nicht immer präsent sein.
Verluste, die das Bruttoeinkommen mindern, dienen manchmal
nur zur Herabsetzung der Steuern, d.h. es sind virtuelle
Verluste. Je höher das Einkommen und je unterschiedlicher ihre
Entstehungsform, desto größer sind die Möglichkeiten der juri-
stisch einwandfreien, aber auch der fragwürdigen Ausnutzung
des Steuerrechts. Die bisher genannten Probleme werden eine
Unterschätzung der wirklichen Einkünfte vom Bezieher hoher Einkommen zur Folge haben. Aber auch die Wahrhaftigkeit der Angaben mag in manchen Fällen problematisch sein. Tendenziell
wird man seine Einkünfte unterschätzen, aber vielleicht ist
diese Tendenz größer, je höher das Einkommen liegt. Hier gibt
es sicherlich auch Unterschiede zwischen Gesellschaften, deren
Steuergesetzgebung Verschwiegenheit (Italien) oder Offenheit
(Schweden) in Fragen des Einkommens nahelegt (vgl. SCHMÖLDERS
1960). Dazu kommt die Quote sogenannter Schwarzarbeit, die
von Land zu Land unterschiedlich hoch sein dürfte. In Italien,
so wird geschätzt, arbeiten 6 Mio. der 20 Mio. Erwerbstätigen
nebenbei "schwarz". Offenbar ist diese Tätigkeit nicht auf
bestimmte Gruppen beschränkt, sondern umfaßt alle Berufsgruppen,
vom Facharbeiter bis zum Staatsdiener (FRANKFURTER RUNDSCHAU
v. 14. 2. 1979). Einkünfte aus solcher Arbeit - es handelt sich
immerhin um zwischen 5 % und 20 % des Bruttosozialprodukts -
wird man im allgemeinen verheimlichen. Diese Probleme beein-

trächtigen jedoch die schichtungsrelevanten Schlußfolgerungen
der folgenden Analyse nicht.

Das wichtigste Merkmal der Einkommensentwicklung in der Nachkriegszeit ist die Erhöhung der Einkommen. Nettolohn und
-gehalt aus unselbständiger Arbeit je Arbeitnehmer betrugen 1960
nominal DM 5.168,- und 1978 DM 19.011,- pro Jahr. Real nahmen
die Verdienste von DM 6.643,- (1960) auf DM 12.768,- (1978)
zu (PRESSE- UND INFORMATIONSAMT 1979, 151). Diese reale Ein-
kommenssteigerung wird aus der Tabelle 10 sichtbar.

Tabelle 10 Die Kaufkraft der Lohnstunde.

So lange mußte ein Industriearbeiter für den Kauf
ausgewählter Waren arbeiten (in Stunde und Minuten)

	1978	1958
Kühlschrank	39^{35}	212
1 kWh Strom	0^{01}	0^{05}
1/2 Pfund Butter	0^{11}	0^{45}
1 l Normalbenzin	0^{04}	0^{16}
1/2 l Bier	0^{04}	0^{16}
1/2 Pfund Kaffee	0^{31}	2^{06}
1 kg Kotelett	0^{55}	2^{29}
Herrenanzug	22^{10}	54^{24}
5 Pfund Kartoffeln	0^{07}	0^{15}
Damenschuhe	7^{29}	13^{51}
1 kg Mischbrot	0^{12}	0^{22}
Tageszeitung für 1 Monat	1^{03}	1^{46}
Damenfriseur (Waschen u.Legen)	0^{56}	1^{29}
Kleid	10^{35}	11^{39}

Quelle: DIE ZEIT v. 15. 6. 1979

Dinge des Alltags, wie Butter, Kaffee, Bier, die Tageszeitung
oder der Kühlschrank - alle diese Dinge sind zwischen 1958 und
1978 relativ billiger geworden. Damit haben auch die Ärmsten ihr

Los verbessern können. Derjenige Personenkreis, den man als
"absolut arm" bezeichnen kann (sowohl nach den Kriterien der
Sozialhilfe als auch nach dem Kriterium: höchstens 40 % des
Durchschnittseinkommens pro Kopf) ist von 1962/63 bis 1969
kleiner geworden. Allerdings hat die "relative Armut" (der Anteil
Personen in den Haushalten, die weniger als 60 % des Durchschnittseinkommens pro Kopf verdienten) im gleichen Zeitraum
nicht abgenommen (GLATZER 1977; vgl. auch KLANBERG 1978). Extrem
unterprivilegierte ökonomische Lagen haben ihre Situation bessern
können, offenbar sowohl aufgrund der wirtschaftlichen Prosperität als auch aufgrund staatlicher Umverteilungsmaßnahmen. Seit
1978 hat sich in der Bundesrepublik das Verhältnis von Preissteigerungen und Lohn- und Gehaltserhöhungen verändert. Reale
Einkommenseinbußen haben fast alle abhängig Beschäftigten zu
spüren bekommen. Die Zunahme der Arbeitslosen und der Sozial-
hilfeempfänger hat vermutlich die Zahl der "absolut" und der
"relativ" Armen erhöht. Genaue Angaben fehlen allerdings. Aber
auch wenn die schlechten wirtschaftlichen Bedingungen anhalten,
ist zu erwarten, daß die Wirkungen der Prosperität der sechziger
und siebziger Jahre wieder zunichte gemacht werden.

Trotz der realen Verbesserung des Lebensniveaus ist die Ein-
kommensverteilung in der Bundesrepublik in der Nachkriegszeit
stabil geblieben. Ein Maß für Einkommensungleichheit ist der
Gini-Koeffizient[1]. Untersuchungen des Deutschen Instituts für
Wirtschaftsforschung (DIW) zeigen anhand des Gini-Koeffizienten
eine Abnahme der Ungleichheit der verfügbaren Einkommen privater
Haushalte von 1950 (0,396) bis 1964 (0,380), dann bis 1970 eine
Zunahme (0,392) und bis 1979 wieder eine Abnahme (0,371)
(BALLERSTEDT und GLATZER 1979, 259). Die Abnahme von 1970 auf
1975 ist sehr abrupt. Sie könnte durch politische Maßnahmen der
sozialliberalen Koalition verursacht worden sein. Während diese
Berechnungsweise eine gewisse Variation der Einkommensverteilung
über Zeit erkennen läßt, zeigt eine Quintildarstellung eine
noch größere Stabilität. Auf dasjenige Fünftel (Quintil) aller

Haushalte, das die geringsten Einkommen verdiente, entfielen
1950 5,4 % und 1970 5,9 % der verfügbaren Einkommen aller privaten Haushalte. Die entsprechenden Zahlen für das oberste
Quintil waren 45,2 % und 45,6 % (BALLERSTEDT und GLATZER 1979,
259). Offenbar sind diejenigen Faktoren, die zur Stabilität
der Einkommensverteilung beitragen, bedeutend stärker als diejenigen, die eine Veränderung verursachen könnten. Eines muß jedoch berücksichtigt werden: innerhalb der oben skizzierten Verteilung können signifikante Veränderungen stattfinden. Diesen
wende ich mich im folgenden zu.

Tabelle 11 Vielfache des durchschnittlichen Haushaltsnetto-
           einkommens nach Stellung im Beruf 1962/63, 1969 und
           1973

	Haushaltsnettoeinkommen		
	62/63	1969 n-fache	1973
Selbständige	1,77	1,82	1,94
Landwirte	1,33	1,30	1,16
Beamte	1,31	1,35	1,35
Angestellte	1,22	1,25	1,21
Arbeiter	0,89	0,95	0,98
Nichterwerbstätige	0,64	0,65	0,64
Insgesamt DM/Monat	896	1385	2040

Quelle: Ballerstedt und Glatzer 1979, 261

Die Verteilung des Haushaltsnettoeinkommens und seine Veränderung geht aus Tabelle 11 hervor. Das durchschnittliche Haus-
haltsnettoeinkommen, das 1962/63 DM 896,- betrug, hat sich 10
Jahre später mehr als verdoppelt. Die Stellung der Berufsgruppen
hat sich in diesem Zeitraum signifikant verändert. Selbständige und Nichterwerbstätige konnten ihre Stellung an der Spitze
bzw. am Ende der Einkommenshierarchie behaupten und die Erstgenannten ihre Position sogar verbessern. Landwirte büßten ihre

Stellung ein und verdienten 1973 weniger als die Angestellten
und Beamten. Die zuletzt genannte Gruppe hat ihr Einkommen
überproportional verbessern können, während die Einkommen der
Angestellten sich mit dem Gesamtdurchschnitt erhöhten. Dadurch
näherten sich die Einkommen der Arbeiter, der Angestellten und
der Landwirte einander an. Diese, aufgrund der Einkommens- und
Verbrauchsstichprobe 1962/63, 1969 und 1973 berechneten Einkommen entsprechen den von GÖSECKE und BEDAU (1974) aufgrund
anderer Angaben ermittelten Einkommen recht genau. Ein Nachteil der Daten in Tabelle 11 ist, daß die unterschiedlichen
Haushaltsgrößen, die nach Stellung im Beruf stark variieren,
nicht berücksichtigt werden. Landwirte haben im Durchschnitt
(SCHÜLER 1982, 83) größere Haushalte (im Jahre 1979: 4,5 Mitglieder) als Nichterwerbstätige (1979: 1,7). Das beeinflußt den
Lebensstandard vor allem der Landwirte- und Nichterwerbstätigen-
haushalte. Das Pro-Kopf-Einkommen der Landwirte betrug 1979
nur etwas mehr als die Hälfte des Durchschnittseinkommens, das
der Nichterwerbstätigen erreichte dagegen fast das mittlere
Einkommen (Tabelle 12).

Tabelle 12 <u>Verfügbares Einkommen der Privathaushalte je Haushaltsmitglied 1972 und 1979</u>[1]

	1972		1979		
	DM	Insgesamt = 100	DM	Insgesamt = 100	1972 = 100
Landwirtehaushalte	6.097	72	8.050	57	135
Übrige Selbstän- digenhaushalte	21.184	251	38.838	275	184
Arbeitnehmer- haushalte	7.115	84	11.899	84	167
Nichterwerbstäti- genhaushalte	8.048	96	13.275	94	164
insgesamt	8.449	100	14.165	100	168

1) Das verfügbare Einkommen je Haushaltsmitglied wurde durch Division des Haushaltseinkommens durch die Zahl der Haushaltsmit-
glieder errechnet.
Quelle: Schüler 1982, 82

Es liegt sogar über dem der abhängig Beschäftigten. Im übrigen
lassen die Zahlen die Schlußfolgerung zu, die ich bereits aufgrund der Tabelle 11 formuliert habe: das Einkommen in Selbständigenhaushalten liegt nicht nur weit über dem Einkommen der
anderen Gruppen (1972 um das 2,5-fache, 1979 um das 2,75-fache
des mittleren Einkommens), es hat sich im Beobachtungszeitraum
überdurchschnittlich erhöht. Zwar muß man berücksichtigen, daß
die Landwirte und die übrigen Selbständigen von ihren in Tabelle 12 wiedergegebenen Einkommen einen Teil ihrer Alterssicherung bestreiten (SCHÜLER 1982, 82). Dies ändert kaum etwas
an der hevorragenden Stellung der übrigen Selbständigen. Dagegen haben die Landwirte ihre Position stark eingebüßt. Schon
aufgrund dieser Zahlen kann man folgern, daß Landwirte auf der
einen, die übrigen Selbständigen auf der anderen Seite jeweils
Einkommensklassen bilden.

Obwohl die Einkommen der Arbeiter und Angestellten in ihrer
durchschnittlichen Höhe sich angeglichen haben, deutet ein genauer Vergleich gewisse Differenzierungen an. Die Entwicklung
der Bruttomonatsverdienste zeigt (mit Ausnahme der weiblichen
Arbeiter) eine Verringerung der Einkommensungleichheit <u>innerhalb</u>
der Berufsgruppen, denn der Variationskoeffizient[2] nimmt von
1962 auf 1972 ab, am stärksten unter den männlichen Angestellten (vgl. Tabelle 13). Im Falle der Arbeiter ist dies z.T. Folge
gewerkschaftlicher Politik. Sie zielt darauf ab, die unteren
Lohngruppen stärker als die oberen anzuheben. So verdiente 1968
die Lohngruppe 2 75 % des Facharbeiter-Ecklohnes und 1976 bereits 82 % (DIE ZEIT v. 15. 2. 1980). Aus Tabelle 13 geht
außerdem hervor, daß die Ungleichverteilung der Einkommen unter
Arbeitern geringer ist als unter Angestellten und unter Frauen
geringer ist als unter Männern. Wie sich die Verteilungen "über-
lappen", geht aus der Tabelle 14 hervor. Während die Verdienste
von männlichen bzw. weiblichen Angestellten und Arbeitern in
einem "unteren" Bereich sich decken, können Angestellte im
"oberen" Bereich viel höhere Durchschnittsgehälter erzielen

Tabelle 13 <u>Variationskoeffizient</u>[1] <u>der Bruttomonatsverdienste</u>
<u>von männlichen und weiblichen Arbeitern</u>[2] <u>und</u>
<u>Angestellten</u>[3]

		1962	1966	1972
Arbeiter	männlich	29	26	25
	weiblich	23	23	23
Angestellte	männlich	44	41	36
	weiblich	36	35	33

[1] Variationskoeffizient = Standardabweichung der berufs- und geschlechtsspezifischen Einkommensverteilung in % des Durchschnittseinkommens (arith. Mittel).

[2] Vollzeitbeschäftigte Arbeiter im produzierenden Gewerbe

[3] Vollzeitbeschäftigte Angestellte im produzierenden Gewerbe, im Handel, bei Kreditinstituten und im Versicherungsgewerbe.

Quelle: Presse- und Informationsamt 1979, 173, 175

Tabelle 14 Bruttomonatsverdienste von männlichen und weiblichen
Arbeitern[1] und Angestellten[2] nach Leistungsgruppen
1978 sowie ihre Verteilung auf Leistungsgruppen

	Bruttomonats-verdienste	Arbeiter	Leistungsgruppen	
	männlich	weiblich	männlich	weiblich
	DM	DM	%	%
L 3	1.934	1.542	11	48
L 2	2.177	1.599	33	47
L 1	2.438	1.721	56	5
Insgesamt	2.294	1.577	100	100

	Bruttomonats-verdienste	Angestellte	Leistungsgruppen	
	männlich	weiblich	männlich	weiblich
	DM	DM	%	%
L V	1.795	1.436	2	9
L IV	2.087	1.653	14	48
L III	2.795	2.208	48	36
L II	3.645	2.867	36	7
Insgesamt	2.986	1.926	100	100

[1] in der Industrie

[2] in der Industrie, im Handel, in Kreditinstituten und im Versicherungsgewerbe

Quelle: Presse- und Informationsamt 1979, 171

als Arbeiter (vgl. den Lohn von Facharbeitern = Leistungsgruppe 1, mit dem Gehalt von Angestellten mit eingeschränkter
Dispositionsbefugnis, selbständiger Leistung und besonderer Erfahrung = Leistungsgruppe II. Auch für Beamte, im Vergleich zu
den Arbeitern, dürften solche qualifikationsbedingten Disparitäten gelten. Schließlich gibt es markante Einkommensunterschiede zwischen Männern und Frauen (Tabelle 14). Männliche Arbeiter verdienen brutto 45 % mehr als weibliche Arbeiter, männliche Angestellte sogar 55 % mehr. Ein Grund ist die geringe
Qualifikation von Frauen. Das führt dazu, daß fast die Hälfte
aller weiblichen gegenüber einem Zehntel aller männlichen Arbeiter 1978 in der untersten Leistungsgruppe zu finden sind.
Ähnliche Diskrepanzen beobachten wir unter den Angestellten
der Leistungsgruppen V und IV. Aber auch innerhalb der Leistungsgruppen unterscheiden sich die Verdienste. Eine Ursache
liegt in der geringen Arbeitszeit von Frauen. Darüber hinaus
findet innerhalb der Leistungsgruppen eine Differenzierung in
"männliche" und "weibliche" Arbeit statt. Ob sie unterschiedliche Verdienste legitimieren, geht aus den Zahlen nicht hervor.
Wir wissen jedoch, daß sie es in vielen Fällen nicht tun (vgl.
auch MÜLLER 1977, 65). Solche diskriminierende Praktiken sind
nicht einfach abzuschaffen. Die Relationen der Verdienste zwischen Männern und Frauen haben sich nämlich nur unwesentlich
zwischen 1966 und 1977 verändert (BALLERSTEDT und GLATZER 1979,
343; PRESSE- UND INFORMATIONSAMT 1979, 173, 175).

Die Ergebnisse können wie folgt zusammengefaßt werden: In dem
beobachteten Zeitraum, der sich in etwa von 1950 bis 1975 er-
streckt, findet ein starker realer Einkommensanstieg statt. Dabei bleibt die Einkommensverteilung relativ stabil. Es gibt
keinen Hinweis auf eine systematische und allgemeine Abnahme
der Einkommensungleichheit. Das Ausmaß der Ungleichheit zwischen
den Geschlechtern bleibt bestehen. Zwischen den Berufsgruppen
kann man größere Disparitäten heute als vor 25 Jahren beobachten. Selbständige und Beamte - vor allem die Erstgenannten -

können ihre Positionen im Vergleich zum Durchschnitt verbessern, während innerhalb und zwischen der Angestellten- und
Arbeiterschaft die Unterschiede sich verringern. Die Einkünfte
der Landwirte nehmen unterproportional zu.

Die zeitliche Stabilität der Einkommensverteilung läßt sich nicht
nur in der Bundesrepublik, sondern auch in anderen Industriegesellschaften beobachten. In Österreich hat sich die Einkommensverteilung in der Nachkriegszeit nicht wesentlich verändert
(WAGNER 1980). Sie ist nicht "flacher" geworden - im Gegenteil:
Die Politik der Gewerkschaften, die in der Mitte der fünfziger
Jahre dazu übergingen, proportionale Lohnzuwächse zu verlangen,
hat zu einer Vergrößerung der Unterschiede geführt (WAGNER 1978).
Auch in der Relation zwischen den Berufsgruppen läßt sich zwischen 1960 und 1975 keine systematische Angleichung beobachten
(WAGNER 1980). Zu ähnlichen Ergebnissen kommen WESTERGAARD und
RESLER (1976). Zwischen 1938 und 1949 ist in Großbritannien die
relative Position der Besserverdienenden zurückgegangen (auch
wenn berichtigte Einkommensangaben eine weitaus geringere Änderung zeigen als zunächst vermutet), während die Ärmsten ihr Los
nicht haben verbessern können. Zwischen 1954 und 1967 hat die
Einkommensverteilung sich nicht spürbar geändert (WESTERGAARD
und RESLER 1976, 40 - 42). An anderer Stelle (WESTERGAARD und
RESLER 1976, 44 - 48) behaupten die Autoren, die Einkommensverteilung sei in Großbritannien in den sechziger Jahren, vor
allem wegen überproportionaler Einkommenszuwächse unter den
Reichsten ungleicher geworden. Obwohl die Autoren zu einer
selektiven Interpretation von Ergebnissen neigen, wird das Ergebnis durch die Untersuchung von FIEGEHEN et al. (1977) gestützt. Die absolute und reale Höhe der Einkommen habe sich
in Großbritannien zwischen 1953/54 und 1973 stark erhöht, die
relative Position der Haushalte mit den niedrigsten Nettohaus-
haltseinkommen habe sich jedoch über die letzten 20 Jahre nicht
verändert (FIEGEHEN et al. 1977, 34 - 44). Auch in den Vereinigten Staaten beobachteten MILLER und ROBY (1970) eine über 20

während Stabilität der Einkommensverteilung. Eine Analyse der
Einkommensverteilung und der Armut in den Mitgliedsländern der
Europäischen Gemeinschaft deutet in dieselbe Richtung (LAWSON
und GEORGE 1980). Nicht nur die Stabilität der Einkommensverteilung ist den Industriegesellschaften gemeinsam. Auch die Rangordnung der Berufe nach der Höhe des Einkommens stimmt weitgehend
überein, wie die Zahlen in Tabelle 15 belegen.Sie sind Ergebnis
einer Befragung von repräsentativ ausgewählten Personen in
sechs Ländern zwischen 1974 und 1976. Trotz gewisser Probleme,
die mit dieser Art der Erhebung von Einkommensangaben verbunden sind[3] ,lassen die Ergebnisse einen groben Vergleich zu. An
der Spitze der "Einkommenspyramide" stehen selbständige Unternehmer, Manager und Geschäftsführer, hohe (d.h. akademisch aus-
gebildete) Beamte und Angestellte sowie "Professionals", d.h.
Ärzte, Rechtsanwälte, Architekten, Pfarrer, Lehrer, Techniker
usw. Drei Dinge zeichnen diese Berufsgruppen aus: spezielle
Kenntnisse, die durch akademische Bildung erworben wurde, Berufsethos und weitgehende Entscheidungsbefugnis. In vier der
sechs Industriegesellschaften (Ausnahme: die Schweiz und die
Bundesrepublik) verdienen hochqualifizierte Facharbeiter mehr
als Büro- und Verkaufspersonal aller Art einschließlich nicht-
leitende Beamte. Diese Gruppen rangieren wiederum etwas über
den angelernten Arbeitern. Auf sie folgen die Dienstleistungsberufe und ungelernten Arbeiter. Landwirte haben die
niedrigsten Einkommen (eine genaue Beschreibung dieser Be-
runfsklassifikation findet sich in Abschnitt 6.5.1). Für die
Industriegesellschaften können wir also zweierlei feststellen: eine zeitlich stabile Einkommensverteilung und eine
recht hohe Übereinstimmung in der Rangordnung der Berufe nach
ihrem Durchschnittseinkommen. Worin sich die Industriegesellschaften unterscheiden, ist im Ausmaß der Ungleichheit. Schon
ein Blick auf die Angaben in Tabelle 15 macht dies deutlich.
Vergleicht man die Verteilung des Einkommens z.B. anhand des
Gini-Koeffizienten oder einer Quintil-Darstellung - soweit

Tabelle 15 Einkommen und Beruf in sechs Ländern 1974 - 76[1]

(Persönliches Nettoeinkommen pro Monat in DM)

	D 1974	NL 1974	A 1974	USA[2] 1974	.CH 1976	SF 1975
Akademische, Semi-Akademische Berufe, "Professionals"	1.777	1.734	1.307	3.268	2.659	1.331
Selbständige Unternehmer	1.935	2.058	1.127	4.341	2.601	1.109
Manager, nichtselbständige Geschäftsleute	1.733	1.994	1.615	3.636	3.466	1.837
Büro- und Verkaufspersonal einschließlich Beamte	1.244	1.942	947	2.172	2.297	981
Handwerker, hochqualifizierte Facharbeiter	1.621	1.586	1.152	2.762	2.462	1.208
Facharbeiter	1.245	1.331	977	2.894	2.099	1.066
Angelernte Arbeiter	1.107	-	890	2.157	1.805	1.102
Ungelernte Arbeiter	934	1.019	662	1.591	1.521	787
Dienstleistungsarbeiter	1.052	1.279	721	1.641	1.895	867
Landwirte	884	1.370	643	(4.817)	1.447	611
eta^2	.21	.19	.25	.18	.21	.24

[1] siehe Fußnote 3

[2] Bruttoeinkommen

Quelle: Zentralarchiv-Studie 0765

vergleichbare Angaben aus den sechziger und siebziger Jahren
überhaupt existieren - dann ergibt sich folgende Rangordnung:
Am größten ist die Ungleichheit in Italien und Frankreich. Eine
mittlere Position nehmen die Bundesrepublik, die Vereinigten
Staaten und Belgien ein, während Großbritannien, die Niederlande,
Schweden, Dänemark und Norwegen zu den Ländern zählen, die eine
relativ ausgeglichene Einkommensverteilung aufweisen (BALLERSTEDT
und GLATZER 1979, 257; LAWSON und GEORGE 1980).

Die Analyse führt unmittelbar zu der Frage nach den Ursachen und
Wirkungen. Sie kann sich einmal auf die Form der Einkommensverteilung (unter Form ist hier gemeint: das Ausmaß der Ungleichverteilung und die Verteilung auf soziale Gruppen), auf ihre
Veränderung sowie auf die Folgen der Veränderung für die Bildung von Klassen und Statusgruppen beziehen. Ich wende mich zunächst den Ursachen zu.

Warum die Einkommensverteilung so ist wie sie ist, wird man
kaum beantworten können. Mit Hilfe von soziologischen und ökonomischen Theorien kann man auf eine Anzahl von Faktoren hinweisen, die Einkommensunterschiede erklären; das genaue Ausmaß der Ungleichverteilung ist "irrational" und das Ergebnis
"historischer" Faktoren sowie der gegenwärtigen Macht der
beteiligten Personen und Gruppen (GOLDTHORPE 1974). Für eine
mit der Zeit abnehmende Einkommensungleichheit sprechen zwar
mehrere Faktoren, z.B. die Erhöhung des Bildungsstandes der
Bevölkerung und der Abbau der Bildungsbarrieren (vgl. Abschnitt
5.2.6), die berufliche Umschichtung, die in der (starken) Abnahme des Selbständigenanteils (hauptsächlich Landwirte mit
niedrigem Einkommen) und der (schwachen) Abnahme des Arbeiter-
anteils, und der gleichzeitigen Zunahme des Beamten-und Ange-
stelltenanteils zum Ausdruck kommt und die Forderungen der
politischen Parteien und Gewerkschaften (vgl. GLATZER 1977)
nach Verringerung der Ungleichheit. Auf der anderen Seite
werden die Einkommen aufgrund von Verhandlungen zwischen den

Tarifparteien gebildet. Sowohl die Gewerkschaften als auch die
Arbeitgeber haben sich in der Vergangenheit gegen Veränderungen der Einkommensrelation zwischen Berufs- oder Leistungsgruppen gesträubt. Des weiteren wird das Lohnniveau durch eine
Reihe von Maßnahmen stabil gehalten. Staatliche Hilfen für Betriebe garantieren das nominale Einkommen. So wurde z.B. die
im Spätsommer 1980 angekündigte Kurzarbeit bei den Ford-Werken
in Köln bis ins Jahr 1981 über die Bundesanstalt für Arbeit
finanziell unterstützt. Die Arbeiter erhielten einen vollen
Lohnausgleich, nämlich 60 % von der Bundesanstalt und den
Rest vom Unternehmen. Auch der frühzeitige Abgang älterer Arbeitnehmer vom Betrieb wird z.T. durch die Rentenversicherung
gedeckt. Sie erhalten bis zur Pensionierung den vollen Lohn.
Die Unternehmen lassen sich in Zeiten schlechter wirtschaftlicher Lage nicht auf eine Lohnkonkurrenz ein (WAGNER 1980).
Schließlich wird das Einkommen der Mehrheit der abhängig Beschäftigten in Großorganisationen erzielt. Diese wiederum sind
in ihrer Organisationsstruktur stabil (WAGNER 1980). Allen sozialen Veränderungen zum Trotz überwiegen offensichtlich diejenigen Interessen, die die "irrationale" Stabilität der Einkommensverteilung zur Folge haben. Wenn die Stabilität der Einkommensverteilung eine Folge historischer Entwicklungen ist,
die institutionelle Regelungen und Machtfaktoren umfassen,
dann muß man die Entwicklung des Einkommens von Berufsgruppen,
die unveränderte Benachteiligung von Frauen und die Rolle der
Qualifikation auch in diesen Faktoren suchen. Die überproportionale Zunahme der Selbständigeneinkommen ist zum Teil durch die
starke Stellung der sie vertretenden Verbände zu erklären.
Diese Stärke gewinnen einige von ihnen durch Zwangsmitglied-
schaft. Die Standesvertretungen der Ärzte und Rechtsanwälte
gehören hierzu. Darüber hinaus liefern diese Verbände oft
spezifische, nur diese Berufsgruppe interessierende Dienstleistungen. Die politische und ökonomische Macht ist ein Ne-
benprodukt der professionsspezifischen Leistungen (OLSON
1965, 137 -141).

Anstatt einer an den Interessengruppen und ihrer machtorien-
tierten Erklärung der Einkommensverteilung läge es nahe, die
funktionalistische Schichtungstheorie zur Interpretation heran-
zuziehen. In diesem Falle müßte die Einkommenshöhe von der funk-
tionalen Bedeutung der Position sowie von der geforderten Qualifikation abhängen. Funktionale Bedeutung wäre durch die Einzig-
artigkeit und/oder die Anzahl von einer Position abhängiger Positionen zu messen. Die Theorie impliziert u.a. ein "freies
Spiel der Kräfte": die Einkommenshöhe müßte das simple Resultat
von Angebot und Nachfrage sein. Wie bereits erwähnt, werden jedoch in den wenigsten Fällen die Einkommen individuell ausge-
handelt. Zwischen die Individuen und die Betriebe und Verwaltungen treten Verbände und Organisationen,die die Lohn- und Gehalts-
höhe in Verhandlungen festlegen. Der Staat setzt Mindestlöhne
und -gehälter fest. Diese Festlegungen beziehen sich auf Positionen und nicht auf Personen. Dadurch wird auch definiert,
welche individuellen Eigenschaften bei der Lohnhöhe zählen
sollen. Die individuellen Qualifikationen einer Person können
extra belohnt werden, während das völlige Fehlen von Kenntnissen
und Fertigkeiten zu einem niedrigeren als dem üblichen Lohn
führen kann. Die bisherige Analyse hat nun die Rigidität der
Einkommensverteilung gezeigt: die im großen und ganzen unver-
ändert gebliebene Gesamtverteilung der Einkommen und die Ähnlichkeit der Verteilung in verschiedenen Ländern. Gehen wir davon aus, daß diese Verteilung gegeben ist und fragen wir nicht
nach ihrem Ursprung. Wir können jetzt untersuchen, wie Ressourcen
bzw. das Fehlen von Ressourcen innerhalb des gegebenen Rahmens
zur Erzielung von Einkommen eingesetzt werden können. Auf seiten
des Arbeitnehmers sind Ressourcen Bildung und Qualifikation.
Diese erworbenen Eigenschaften werden als Zeichen individueller
Leistung interpretiert und Leistungen im Bildungssystem bzw. im
Beruf (= Qualifikation) werden u.a. durch die Einkommenshöhe belohnt. Auch Geschlecht ist eine individuelle Eigenschaft, jedoch
keine erworbene, sondern eine zugeschriebene. Wenn gerechte

Wettbewerbsbedingungen herrschen (PARSONS 1964 b und Abschnitt
4.4),sollte Geschlecht bei der Einkommensbestimmung keine
Rolle spielen. Bei gleichen Voraussetzungen sollten Männer und
Frauen ein gleich hohes Einkommen erzielen. Aus den verschiedensten Gründen werden Frauen nicht in gleichem Umfang wie
Männer bestimmte Voraussetzungen erfüllen. Dies soll nicht
Gegenstand der Analyse sein. Mein Interesse richtet sich hier
auf die Frage, ob bei gleichen Voraussetzungen das gleiche Resultat beobachtet werden kann. Anders ausgedrückt: hängt der
Ertrag der Ressourcen Bildung und Qualifikation von der erworbenen Eigenschaft Geschlecht ab? Zur Beantwortung der Frage
werde ich den Prozeß der Einkommenserzielung getrennt für
Männer und Frauen analysieren. Eine individuelle Ressource ist
auch die Herkunft. Ob sie einen Einfluß auf die Einkommenserzielung haben sollte, der über die bereits genannten Eigenschaften hinausgeht, ist eine normative Frage, die nicht ein
für allemal entschieden werden kann. Ich tendiere dazu, den
Einfluß der Herkunft, der sich nicht in der Bildung oder der
Qualifikation erschöpft, als "illegitim" zu bezeichnen. In
leistungsorientierten Industriegesellschaften sollten erworbene
und nicht zugeschriebene Eigenschaften - um eine solche handelt
es sich bei der Herkunft - zählen. Inwieweit sie über die genannten Variablen hinaus relevant ist, wird die Analyse zeigen.
Damit habe ich die Faktoren, die als individuelle Ressourcen
auf seiten der Arbeitnehmer in die Einkommensbestimmung eingehen,
dargestellt. Auf der Seite der Arbeitgeber besteht die Ressource
darin, einer Person eine Berufsposition zuweisen zu können.
Ressourcen der Arbeitgeber lassen sich nur indirekt messen,
nämlich vom Resultat dieses Zuweisungsprozesses her. Die Berufsstruktur ist das Resultat dieser Verteilung von Ressourcen
auf Berufspositionen. Aus ihr leite ich zwei Variablen ab, die
Aufschluß geben über die Ressourcen der Arbeitgeber. Die erste
ist der innerbetriebliche Status, die zweite das Berufsprestige. (Zum Berufsprestige vgl. Abschnitt 5.3.) Beide stellen wichtige Eigenschaften von Berufen dar, deren Ausprägung unter-

schiedliches Einkommen legitimieren. Der letzte Faktor in dieser
Analyse ist Klassenlage. Ihre Relevanz in bezug auf die dargestellten Ressourcen ist nicht eindeutig. Wenn unter Klassenlage
die Unterscheidung zwischen Selbständigen und abhängig Beschäftigten verstanden wird, dann ist diese Unterscheidung bereits in der obigen Argumentation durch die Begriffe Arbeitnehmer und Arbeitgeber vorweggenommen worden. Wenn, wie in
diesem Falle, das Einkommen zur Diskussion steht, dann könnte
man auch die Klassenlage als ein Indikator für die Stärke, mit
dem die Interessen einer Klasse vertreten werden, interpretieren.
Das geschieht hier. Darüber hinaus haben WRIGHT und PERRONE
(1977) für die Vereinigten Staaten festgestellt, daß Selbständige auch dann, wenn sie abhängig Beschäftigten in den Merkmalen Bildung, Berufsstatus, Alter und Qualifikation gleichge-
stellt sind, ein höheres Einkommen als diese erzielen. Es ist
deshalb notwendig, diesen Faktor in die Analyse einzubeziehen.

Nun zu den Indikatoren, die in die folgende Analyse eingehen.
Der Faktor Bildung braucht keine weitere Erläuterung. Ich werde
ihn anhand des Schulbesuches messen. Da mir keine spezifischen
Informationen zur Verfügung standen, habe ich das Alter als
ein Indikator für Qualifikation benutzt. Geschlecht bedarf
keines weiteren Kommentars.Die Herkunft einer Person wird hier
durch das Berufsprestige und die Bildung des Vaters gemessen.
Den innerbetrieblichen Status erfasse ich durch die Angabe,
ob der Befragte Untergebene hat oder nicht. Berufsprestige ist
ein Maß für das Ansehen, das ein Beruf in der Bevölkerung ge-
nießt. Seine genaue Messung wird in Abschnitt 5.3 dargestellt.
Unter Klassenlage verstehe ich schließlich die Gruppierungen
Selbständige, Angestellte und Beamte, Arbeiter und Landwirte.

Die Zahlen der folgenden Analyse beruhen auf Umfragen, die in
sechs Ländern in dem Zeitraum 1974 bis 1976 durchgeführt wurden. Sie lagen bereits der Tabelle 15 zugrunde. Eine Übersicht
über die Verhältnisse in der Bundesrepublik liefert Tabelle 16.

Tabelle 16 Persönliches monatliches Nettoeinkommen in der Bundesrepublik 1974 nach Geschlecht, Erwerbsstatus, Bildung und Funktion (arithmetisches Mittel in DM; in Klammern Fallzahl)

Männer (583) — 1457

Ganztagserwerbstätige (578) — 1462

Pflichtschule (389) 1304		Mittelschule (140) 1679		Höhere Schule (49) 2091	
Untergebene (102)	Keine Untergebene (287)	Untergebene (78)	Keine Untergebene (62)	Untergebene (30)	Keine Untergebene (19)
1504	1233	1860	1451	2229	1875

Halbtagserwerbstätige (4) — 812

Frauen (310) — 901

Ganztagserwerbstätige (197) — 1095

Pflichtschule (109) 933		Mittelschule (68) 1202		Höhere Schule (20) 1612	
Keine Untergebene (95)	Untergebene (14)	Keine Untergebene (47)	Untergebene (21)	Keine Untergebene (17)	Untergebene (3)
912	1142	1122	1380	1551	1978

Halbtagserwerbstätige (113) — 561

Pflichtschule (86) 545		Mittelschule (22) 630		Höhere Schule (5) 550	
Keine Untergebene (81)	Untergebene (4)	Keine Untergebene (21)	Untergebene (1)	Keine Untergebene (5)	Untergebene
527	906	619	875	550	–

Quelle: Zentralarchiv-Untersuchung 765

Dort wurden die Befragten nach einigen der genannten Merkmale aufgegliedert und das Durchschnittseinkommen (arithmetisches Mittel
des monatlichen Nettoeinkommens) berechnet. Das mittlere Einkommen der Männer betrug 1974 DM 1.457, das der Frauen DM 901. Die
Differenz von DM 556 hat verschiedene Ursachen, wovon die wichtigste der Umfang der Erwerbstätigkeit ist. Ein erheblicher
Teil der Frauen arbeitet nur halbtags (36 %) und verdient entsprechend weniger als Ganztagsbeschäftigte. Vergleicht man nur
die Ganztagserwerbstätigen, verringert sich die Einkommensdifferenz auf DM 367. Berücksichtigt man weiter das Bildungsniveau zeigt sich ein unerwartetes Ergebnis. Das Bildungsniveau
der vollerwerbstätigen Frauen ist höher als das der Männer.
45 % der Frauen in dieser Kategorie hatten einen Mittelschul-
oder einen höheren Schulabschluß gegenüber 33 % der Männer.
Trotzdem verdienen ganztags berufstätige Frauen weniger als
Männer. Des weiteren wächst die Einkommensdifferenz zwischen
Männern und Frauen dieses "Astes" des "Einkommensbaumes" mit
der Zunahme der Bildung. Auf den ersten Blick nährt diese Beziehung die Vermutung, Frauen würden pro überwundene Bildungs-
stufe einen geringeren Zusatzeinkommensbetrag erhalten als
Männer und somit diskriminiert. Es kann jedoch sein, daß die
besser ausgebildeten Frauen jünger sind als Männer. Sie stehen
deshalb am Anfang ihrer Karriere und verdienen dementsprechend
weniger als ihre gleich gut ausgebildeten, aber älteren Kollegen. Wie ich in Abschnitt 5.2.6 zeigen werde, haben gerade
Mädchen das erweiterte Bildungsangebot seit Ende der sechziger Jahre genutzt. Eine andere Ursache für die beobachtete
Beziehung könnte die grobe Klassifikation der Bildungsangaben
sein. Frauen mit einer höheren Bildung (Ingenieurschule, Universität, pädagogische Hochschule) sind wahrscheinlich doch nicht
so weit vorgedrungen wie Männer. Unter den halbtagserwerbstäti-
gen Frauen beeinflußt die Bildung die Einkommenshöhe nur geringfügig. Der innerbetriebliche Status beeinflußt auch das
Einkommen, vermag jedoch die Verdienstunterschiede zwischen
Männern und Frauen nicht auszugleichen. Die Differenzen sind

größer unter denen, die Untergebene haben als unter den anderen. Nur wenn ein Hochschulstudium absolviert wurde, ist die
Differenz in jener Gruppe geringer als in dieser. Frauen, die
ganztags berufstätig sind, eine Hochschule absolviert haben
und in leitender Stellung stehen, verdienen DM 271 weniger
als ihre männlichen Kollegen. Dies ist die geringste Differenz in der Tabelle. Eine weitere Untergliederung erlaubt die
Fallzahl nicht. Folgende Schlußfolgerung kann gezogen werden:
Einkommensdifferenzen zwischen erwerbstätigen Männern und
Frauen können von DM 556 auf DM 271 reduziert werden, wenn
man Erwerbsstatus, Schulbildung und innerbetrieblichen Status
berücksichtigt. Der Erwerbsstatus hat dabei den stärksten
Einfluß, während der zweitstärkste von der Funktion im Betrieb
ausgeht. Bildung reduziert nicht Einkommensunterschiede. Worauf die größeren Differenzen unter den Bessergebildeten bzw.
in leitender Funktion Tätigen zurückzuführen ist, kann nicht
mit letzter Sicherheit ausgemacht werden. Sie können daran
liegen, daß Frauen nicht so hoch wie Männer in Bildungs- und
Funktionshierarchien gelangen, dies sich jedoch nicht in der
groben Klassifikation spiegeln kann. Inwieweit der hier beobachtete Unterschied zwischen Männern und Frauen, der auf jeder
Analysestufe bestehen bleibt, eine Folge von Diskriminierung
ist, kann durch diese Analyse nicht direkt beantwortet werden.

Mit Hilfe verfeinerter statistischer Verfahren (multiple Regression) habe ich die Bildung von Einkommen in der Bundesrepublik mit fünf anderen Ländern (die Niederlande, Österreich, die Vereinigten Staaten, die Schweiz, Finnland) verglichen. Ich habe dabei alle die oben dargestellten Ressourcen-
variablen berücksichtigt. Die Einzelheiten sollen hier nicht
ausgebreitet werden. In allen Ländern können die Beziehungen
der Tabelle 16 beobachtet werden. Die Lücke zwischen Einkommen
der Männer und Frauen schließt sich nicht, weil auch unter
vollerwerbstätigen Frauen der zusätzliche Einkommensbetrag pro
"Einheit" betrieblicher Status, Berufsprestige, Bildung und

Alter geringer ist als bei den Männern. Die einzige Ausnahme
von dieser Regel ist in Österreich und in Finnland die Variable
Bildung. Ein Blick auf die Ressourcen-Variablen zeigt folgendes: Sieht man bei Frauen vom Erwerbsstatus, der den größten
Einfluß auf die Bildung von Einkommen hat, ab, dann ist tendenziell in allen Ländern das Gewicht (der standardisierte Re-
gressionskoeffizient oder direkte Effekt der jeweiligen Variablen auf das Einkommen) des innerbetrieblichen Status und des
Berufsprestiges beim Zustandekommen von Einkommen größer als
das Gewicht von Bildung und Alter. In etwa trifft dies auch
für die Männer zu. In Österreich und Finnland ist die Bedeutung
der individuellen Ressourcen geringer, in den Vereinigten
Staaten größer als in den anderen Ländern. Finnland und Österreich sind von den sechs die Länder mit dem niedrigsten Bildungsniveau und deshalb ist diese Ressource dort weniger be-
deutsam. In den Vereinigten Staaten verleiht Bildung und Qualifikation dagegen eine in Relation zu den anderen Ländern stärkere "bargaining power". Die Klassenlage hat, mit Ausnahme Finn-
lands, einen eher bescheidenen, von den bereits genannten Faktoren unabhängigen Einfluß auf das Einkommen. Er ist am stärksten in Finnland, schwächer in der Bundesrepublik, in Österreich und in der Schweiz, während er in den Vereinigten Staaten
und in den Niederlanden nicht signifikant ist. In den Ländern,
in denen dieser Faktor überhaupt relevant ist, bilden die Einkommen der in der Landwirtschaft Tätigen und die der Angestellten und Beamten den stärksten Gegensatz (das Einkommen
jener ist niedrig, das dieser ist hoch). Nur in der Bundesrepublik weicht das Einkommen der Selbständigen statt das der
Angestellten und Beamten von den Landwirte-Einkommen nach
oben ab. Schließlich die Herkunft. Sie spielt bei der Einkommensbestimmung praktisch keine direkte Rolle. Wie diese Herkunft wirkt, wird Thema des Abschnittes 6.5.2 sein. Bildung
und Qualifikation, die beiden als individuell bezeichneten Ressourcen, beeinflussen grosso modo in gleichem Umfang die Höhe
des Einkommens wie die Ressourcen der Arbeitgeber, die sich

aus der Berufsstruktur ergeben. Allerdings erhalten Frauen nicht
denselben Gegenwert wie Männer für die gleichen Ressourcen.
Sollte dieses Ergebnis nicht bloß auf die groben Messungen zurückzuführen sein, sondern tatsächlich einen Ausdruck von Diskriminierung sein, dann wird mit dem steigenden Bildungsstatus
von Frauen der Druck zunehmen, solche Verhältnisse zu ändern.
Schließlich sollte erwähnt werden, daß diese Analyse nur einen
Versuch darstellt, Variablen wie Bildung oder innerbetrieblicher
Status unter einer alternativen theoretischen Perspektive zu
interpretieren.

Nicht beantwortet ist die Frage nach den Auswirkungen von Ein-
kommensunterschieden und deren Veränderung auf die Klassen-
und Schichtenbildung. Die Höhe der Einkommen in Abhängigkeit
von Stellung im Beruf hat eine Verstärkung der schon in Abschnitt 5.2.3 beobachteten Tendenzen. Die Selbständigen (ohne
Landwirte) haben nicht nur einen umfangreicheren Besitz, sie erzielen auch ein hohes Einkommen. In ökonomischer Hinsicht bilden sie ohne Zweifel eine Klasse. Die Landwirte dagegen erzielen die niedrigsten Einkommen, besitzen aber ein beträcht-
liches Vermögen. Wenn man bedenkt, daß sie durch Marktordnun-
gen der Europäischen Gemeinschaft praktisch vom Wettbewerb aus-
geschlossen sind, sprechen alle drei betrachteten Faktoren für
eine getrennte Landwirte-Klasse. Zwischen diesen beiden selbständigen Klassen befindet sich die Mehrheit der Erwerbstätigen.
Ich glaube, es wäre willkürlich, hier Schnitte vornehmen und
Einkommensklassen definieren zu wollen. Man könnte allenfalls
behaupten, daß die Einkommensdifferenzierung die Isolierung
einer "oberen", einer "mittleren" und einer "unteren" Gruppierung erlaubt. Zu der ersten würden die hohen Verwaltungsbeam-
ten, die Geschäftsführer und Manager zählen, nicht nur wegen
der Höhe der Einkünfte, sondern auch wegen der Nähe zu den
politischen und ökonomischen Machtzentren. Zu der zweiten
Gruppierung würden das Gros der Beamten und Angestellten sowie
die gutverdienenden Arbeiter gerechnet werden. Die dritte

Gruppierung setzte sich aus ungelernten und angelernten Arbeitern mit geringem Einkommen sowie aus den niedrigsten Rängen
der Angestellten und Beamten zusammen. Willkürlich bliebe eine
solche Einteilung solange man nicht nachweisen könnte, daß die
gemeinsame ökonomische Lage Konsequenzen im Verhalten und in
Einstellungen hätte. Diese weiteren Gemeinsamkeiten könnten sowohl die Klassen- als auch die Statusgruppenbildung beeinflussen,
denn Einkommen ermöglicht den Zugang zu lebenswichtigen Gütern
und einen bestimmten Lebensstil.

Die Erhöhung des Lebensstandards in der Nachkriegszeit hat zu
einer spezifischen Fassung des hier anstehenden Problems in der
These vom Embourgeoisement des Arbeiters geführt. Durch zunehmenden Wohlstand, so die These, würden die Arbeiter sich mehr
und mehr der Mittelschicht, der Bourgeoisie, angleichen. Dies
hätte Folgen u.a. für die Arbeiterparteien in Westeuropa, deren Wählerpotential dahinschwinden würde (s. GOLDTHORPE et al.
1969, Kap. 1). Auch SCHELSKY (1979 a) mit seiner These über
die nivellierte Mittelstandsgesellschaft trug zu diesem Glauben
bei. SCHELSKY begründet sie mit dem Hinweis auf die nivellieren-
de Wirkung des Konsums. NOELLE-NEUMANN (1978) vertritt im Grunde eine Variante dieser These. Hiernach nähern sich die Angestellten und Beamten in ihren Wertvorstellungen den Arbeitern
an. GOLDTHORPE und seine Mitarbeiter haben auf drei Bedingungen dieser These hingewiesen: Erstens muß eine ökonomische
Angleichung zwischen Arbeitern und Angestellten und Beamten
stattfinden; zweitens müssen sich Normen und Einstellungen angleichen; drittens muß eine Gruppe die andere sozial akzeptieren.
Die erste Bedingung wird durch die Analyse des Einkommens nur
teilweise bestätigt, denn Beamte können überproportionale Ein-
kommensverbesserung erzielen. Die zweite habe ich nicht im
einzelnen behandelt. Die von NOELLE-NEUMANN (1978) präsentierten empirischen Ergebnisse überzeugen nicht. Auch die Arbeit
von DOES (1970/71), deren Anlage jedoch problematisch ist,
führt zu der Schlußfolgerung, eine Verbürgerlichung im Sinne

der zweiten und dritten Bedingung habe nicht stattgefunden. Diese Schlußfolgerungen werde ich nur um einige allgemeine Beobachtungen ergänzen. Das Wachstum der Realeinkommen macht das Einkommen als differenzierendes Kriterium des Lebensstils zunehmend obsolet. Unterschiede zwischen Menschen drücken sich nicht mehr in Gegensätzen aus wie: Auto versus kein Auto, Urlaub versus keinen Urlaub, sondern: BMW versus VW, Malindi versus Mallorca. Wenn es für viele möglich wird, den Lebensstil der "oberen Zehntausend" zu pflegen, dann drückt sich das für diese als "Vermassung" aus. Ihr Status ist bedroht und wird durch verschiedene Strategien verteidigt: ausgefallene Urlaubsorte, unauffälliger Konsum (kleine Autos, Kunst, welche nur für die Freundesgruppe sichtbar wird; Kulturkonsum) und Abschließung von anderen Gruppen. Die Schichten, die neue Verhaltensweise entwickeln, werden die Berechtigung mit besonderer Vehemenz verteidigen, da ihr Wohlstand als Produkt eigener Leistung gedeutet wird. Dies gilt vor allem für die "Mittelschicht", in der Wohlstand mit Mobilität in der Generationenfolge verbunden ist. Inwieweit neue Statusbeziehungen in der "unteren" und "oberen" Mittelschicht sich entwickeln, ist eine offene Frage. Hier öffnet sich ein weites Feld für empirische Forschung.

5.2.5. Versorgungsklassen

Eine Analyse des Einkommens und der Einkommensverteilung kann man nicht vornehmen, ohne die sozialpolitischen Maßnahmen, die Umverteilung durch Steuern etc. zu berücksichtigen. Wie die Sozialpolitik und die Umverteilung auf die Klassenbildung wirkt, ist das Thema dieses Kapitels. Die von OFFE (Abschnitt 4.5) entwickelte Theorie bezieht den Staat und staatliche Intervention in den Entstehungsprozeß von Klassen ein. Folgt man Marx und Weber, dann bilden sich Klassenlagen am Markt und damit politisch unbeeinflußt. Im Wohlfahrtsstaat hat jedoch der Staat Risiken (z.B.

Arbeitslosigkeit und Krankheit) abgesichert, die früher von den
Individuen und Haushalten direkt getragen werden mußten. Wenn
die "innere Lebensführung" und das "äußere Lebensschicksal" nicht
mehr von Markt bestimmtem Besitz an Gütern und Leistungsqualifikationen abhängt, dann gleichen sich ökonomische Lagen an und
die Grundlage für die Entstehung spezifischer Interessen und
Klassenbewußtsein schwindet. Diese Theorie kann indirekt auf
ihre Plausibilität geprüft werden, indem man Umfang und Form
der Verteilung sozialer Leistungen analysiert. Mein Interesse
richtet sich auf den Ausgleich zwischen Klassenlagen, die staatliche Intervention zur Folge hat. Ich habe in Abschnitt 4.5 die
verschiedenen Formen staatlicher Intervention genannt. Ich befasse
mich im folgenden nur mit den wichtigsten sozialpolitischen Umverteilungsmaßnahmen. Was ich darunter verstehe, geht aus Abbildung 1 hervor. Der wichtigste nicht-enthaltene Posten in
der Abbildung ist die Ausgabe für Bildung. Die Höhe der sozialen Ausgaben und ihr Anteil am Bruttosozialprodukt geht aus
Tabelle 17 hervor.

Tabelle 17 Ausgaben für soziale Sicherung (Sozialbudget), Anteil
des Sozialbudgets am Bruttosozialprodukt (Soziallei-
stungsquote), Sozialbudget pro Haushalt, Verbrauchsaus-
gaben und Anteil des Sozialbudgets pro Haushalt an den
"gesamten Konsumausgaben".

	1960	1965	1970	1975	1978
1. Sozialbudget Mrd. DM	62,8	112,7	174,7	330,2	402,8
2. Sozialleistungs- quote	20,7 %	24,5 %	25,5 %	32,0 %	31,5 %
3. Sozialbudget pro Haushalt in DM/ Jahr	3227	.	.	.	16630
4. Verbrauchsaus-[1]) gaben DM/Jahr	7278	.	.	.	25804
5. 3 in % von 3. u.4.	31 %	.	.	.	39 %

[1]) 4-Personen-Haushalt mit mittlerem Einkommen.

Quelle: Presse- und Informationsamt 1979; eigene Berechnungen

Abbildung 1

Institutionen des Sozialbudgets

Soziale Sicherung

Allgemeine Systeme	Rentenversicherung, Krankenversicherung Unfallversicherung, Arbeitsförderung, Kindergeld
Sondersysteme	Altershilfe für Landwirte, Versorgungszwecke
Beamtenrechtliches System	Pensionen, Familienzuschläge, Beihilfen
Ergänzungssysteme	Zusatzversicherungen im öffentlichen Dienst und für einzelne Berufe

Arbeitgeberleistungen

Entgeltfortzahlung,
vertragliche und frei-
willige Leistungen

Entschädigungen

Soziale Entschädigung
(Kriegsopferversorgung),
Lastenausgleich, Wieder-
gutmachung, Sonstige Ent-
schädigungen

Soziale Hilfen und Dienste

Sozialhilfe, Jugendhilfe
Ausbildungsförderung, Wohn-
geld, öffentlicher Gesund-
heitsdienst, Vermögensbildung

Indirekte Leistungen

Steuerermäßigungen,
Vergünstigungen im
Wohnungswesen

Quelle: Bundesrat 1980, 67

Die Sozialausgaben entsprachen 1960 20,7 % des Bruttosozialprodukts und 1978 31,5 %. Ein beträchtlicher Teil der von der
Bevölkerung erarbeiteten Werte wird also über den Staat umge-
lenkt und über die verschiedenen Systeme der sozialen Sicherung
redistribuiert. Sie werden mit den direkten und indirekten
Steuern (Lohn- und Einkommensteuer, Mehrwertsteuer) und den
Sozialabgaben finanziert. Wir können die globalen Zahlen 20,7 %
und 31,5 % konkretisieren, wenn wir sie auf die Haushalte, die
ja letztlich diese Leistungen konsumieren, beziehen. 1960 betrugen die durchschnittlichen Sozialausgaben pro Haushalt
DM 3.272 und im Jahre 1978 DM 16.630. Die Erhöhung ist auf
Inflation, auf Erweiterung der Zahl der Anspruchsberechtigten
und auf Leistungsverbesserungen zurückzuführen. Nun ist auch
der Betrag DM 16.630 eine fiktive Zahl, denn die Haushalte erhalten nur einen Teil dieses Geldes als direkten Transfer, z.B.
in der Form von Kindergeld oder Krankengeld oder Rente. Ein
Teil fließt bestimmten Institutionen, z.B. den Krankenhäusern
oder den Arbeitsämtern zu. Nach einer jüngst erschienenen Be-
rechnung(SCHÜLER 1982, 85) betrugen die monetären sozialen
Transferleistungen an die privaten Haushalte in der Bundesrepublik 1979 DM 9.448. Die Bedeutung der Sozialausgaben für
die Haushalte kann man am ehesten erfassen, wenn man sie in
Beziehung zu den Konsumausgaben setzt. Der private Verbrauch
wird in der amtlichen Statistik für typische Haushalte aus-
gewiesen. Ich habe der folgenden Berechnung einen Vier-
Personen-Arbeitnehmerhaushalt mit mittlerem Einkommen zu-
grundegelegt. Der private Verbrauch eines solchen Haushalts betrug 1960 DM 7.278 und 18 Jahre später DM 25.804. Dieser Verbrauch, der Nahrungsmittel, Bekleidung, Miete, Güter für Bildung und Unterhaltung und anderes mehr umfaßt, wird z.T. mit
Hilfe des staatlichen monetären Transfers finanziert. Es ist
also nicht ganz korrekt, die gesamten Sozialausgaben pro Haushalt und die Ausgaben für den privaten Verbrauch zusammenzu-
fassen, wie dies in Tabelle 17 geschieht. Die 31 % für 1960 und
39 % für 1978 sollen nur einen ungefähren Eindruck von der

relativen Höhe der gesamten Sozialausgaben vermitteln. Der
tatsächliche Anteil muß höher liegen. Aus der bereits zitierten Analyse von SCHÜLER (1982) geht die Höhe der an die Privathaushalte gezahlten sozialen Ausgaben und das verfügbare Einkommen 1972 und 1979 hervor. Die monetären Transfers an die
Haushalte betrugen im erstgenannten Jahr 22 %, im letztgenannten Jahr 27 % des verfügbaren Einkommens. Das verfügbare Einkommen nahm von 1972 bis 1979 um 56 %, die Transferzahlungen
um 89 % zu (SCHÜLER 1982, 85).

Soweit scheint die Theorie Offes auf einer plausiblen Grundlage
zu beruhen, denn die staatlichen Sozialleistungen machen einen
beträchtlichen Teil unseres täglichen Konsums aus. Läßt sich
jedoch die Theorie auf die Wirkungen der Umverteilungsmaßnahmen, auf die ungleiche Verteilung von Lasten und Vergünstigungen, überprüfen? Selbstverständlich nicht! Vergleiche der Verteilung von Brutto- und Nettoeinkommen, also von Einkommen vor
und nach dem Abzug von Steuern, Sozialabgaben und dem Erhalt
von Transferzahlungen, wie Renten, Kindergeld etc., zeigen
einen deutlichen Umverteilungseffekt. Die Bruttoeinkommen sind
ungleicher verteilt als die Nettoeinkommen (BALLERSTEDT und
GLATZER 1979, 449; die Angaben beziehen sich auf die Jahre
1962/63 und 1969). In der Hauptsache findet eine Umverteilung
zwischen den Erwerbstätigen- und den Retnerhaushalten statt.
Dies wird deutlich, wenn wir die Zusammensetzung der verfügbaren Einkommen betrachten. In den Landwirtehaushalten machen
die monetären sozialen Leistungen 1979 17 % des verfügbaren
Einkommens aus, in den übrigen Selbständigenhaushalten 3 %,
in Arbeitnehmerhaushalten 9 %, aber in den Nicht-Erwerbstäti-
genhaushalten 84 %. Wie ich bereits gezeigt habe, umfassen
die gesamten Sozialausgaben mehr als nur die direkten Transfers. Das ändert jedoch kaum etwas an dem Tatbestand: soziale
Leistungen wirken sich in erster Linie zugunsten der Rentner
aus. Bei der Umverteilung werden die Lasten sehr ungleich
verteilt. In Prozent des Einkommens ausgedrückt, mußten Ar-

beiter und Angestellte einen größeren Teil ihres Bruttoein-
kommens (34 %) abgeben als Selbständige und Beamte (25 % - 26 %)
und diese wiederum mehr als Landwirte (15 %) (vgl. Tabelle 18).

Tabelle 18 Nettoentzugsquote (=Subventionen - direkte Steuern -
          indirekte Steuern - Sozialversicherungsbeiträge -
          laufende Übertragungen)

Selbständige	- 26,34
Landwirte	- 14,46
Beamte	- 24,96
Angestellte	- 34,39
Arbeiter	- 34,84
Rentner	+ 79,50

Quelle: Ballerstedt und Glatzer 1979, 495

Tabelle 19 Nettotransfer (= direkte monetäre Sozialleistungen -
          soziale Leistungsfinanzierung) nach Haushaltsnetto-
          einkommensklassen(1975) in DM pro Monat

unter 500	+ 301	
500 - unter 1000	+ 585	
1000 - unter 1500	+ 401)	
1500 - unter 2000	+ 86)	"Wohlfahrtsfalle"
2000 - unter 2500	- 334)	
2500 - unter 3000	- 86	
3000 - unter 4000	- 359	
4000 - unter 5000	- 374	
5000 +	- 596	

Quelle: Ballerstedt und Glatzer 1979, 498

Es kommt noch hinzu, daß bei den Arbeitern und Angestellten
die unteren Einkommensgruppen einen größeren Anteil als die
oberen Einkommensgruppen abgeben mußten, während es bei den
Selbständigen und Landwirten umgekehrt war. Nur bei den Beamten waren die Lasten gleich verteilt (alle Angaben beziehen
sich auf das Jahr 1969). Eine andere Berechnung bringt einen
weiteren wichtigen Umstand zum Vorschein. In Tabelle 19 ist
der Nettotransfer nach Haushaltseinkommen aufgegliedert. Der
Nettotransfer ergibt sich, wenn man die monetären Leistungen,
die die Haushalte erhalten, gegen die Kosten, die sie für
diese Leistungen tragen, aufrechnet. Der Nettotransfer ist
in den unteren Einkommensgruppen positiv, in den oberen negativ. Dies entspricht unserer Vorstellung von gerechter Verteilung von Lasten. Jedoch gibt es erstens idiosynkratische
Sprünge, z.B. zwischen der untersten und nächstuntersten
Einkommensgruppe. Zweitens sind die Unterschiede zwischen
den mittleren Einkommensgruppen gravierend. Wenn ein Haushalt
von der Einkommensgruppe DM 1.000/1.500 in die Klasse
DM 1.500/2.000 aufsteigt, dann wird die Lohn- bzw. Einkommenserhöhung zu einem beträchtlichen Teil durch den Wegfall von
sozialen Leistungen und die Erhöhung der Abgaben verringert.
Man spricht hier von "Wohlfahrtsfalle". Vermutlich sind
Arbeiter und Angestellte, da sie Sozialversicherungsbeiträge
zahlen, eher durch die Wohlfahrtsfalle gefährdet als andere
Berufsgruppen.

Gegen die These OFFES, wonach staatliche Intervention die Beziehung zwischen Marktlage und Lebenschance lockere, habe ich
in Abschnitt 4.5 vier Einwände vorgebracht: Die ökonomische
Wirkung staatlicher Intervention sei nicht eindeutig; staatliche Leistungen hätten vermutlich keinen Einfluß auf die
soziale Klassenbildung; die Theorie vernachlässige die Rolle
des Eigentums; schließlich verursache möglicherweise staatliche Intervention neue Konflikte und neue Klassen. Auf den

dritten Einwand gehe ich hier nicht ein, sondern verweise auf
Abschnitt 5.2.3. Ich wende mich zuerst den ökonomischen und
sozialen und dann den politischen Konsequenzen zu. Die relative Höhe der direkten sozialen Leistungen - relativ zum verfügbaren Einkommen oder zu den Konsumausgaben - ist, gliedert
man sie nach dem Erwerbsstatus der Haushalte, in den Arbeit-
nehmer- und Selbständigenhaushalten (ohne Landwirte) niedrig.
Signifikant höher liegt sie in den Landwirtehaushalten, aber
entscheidend ist sie erst in den Nicht-Erwerbstätigenhaushal-
ten. WeitereAufgliederungen des Materials würde sicherlich
weitere, von den sozialen Leistungen mehr oder weniger abhängige Haushaltstypen, offenbaren - z.B. kinderreiche Familien.
In der Hauptsache sind es die Nichterwerbstätigen, die von
den sozialen Leistungen abhängen. Unter den Nichterwerbstätigen stellen die Rentner und Pensionäre und unter diesen
wiederum die Frauen den größten Anteil. Der Wohlfahrtsstaat
hat eine recht homogene Gruppe "erzeugt": ihre Mitglieder sind aus
dem Arbeitsleben ausgeschieden, sind etwa gleichaltrig und in
der Mehrheit weiblich. Die Bezeichnung "Versorgungsklasse"
(LEPSIUS 1979) ist für diese Gruppe angebracht. Die nicht-ökonomi-
schen Gemeinsamkeiten fördern die Klassenbildung. Dagegen könnte
man einwenden, gerade die staatlichen Transfers, die das
Erwerbseinkommen ersetzen, halten aufgrund ihrer Konstruktion (Beiträge und Leistung richten sich nach dem Einkommen
während der aktiven Phase der Erwerbstätigkeit) die bestehenden Ungleichheiten aufrecht (ALBER 1982). Welche Behauptung korrekt ist, wird die Analyse in Abschnitt 7.3. erweisen. Anders sieht es aus, wenn wir die anderen, von den
sozialen Leistungen abhängigen Gruppen betrachten. Kinderreiche Familien habe ich bereits genannt. Arbeitslose gehören ebenso dazu wie Kranke, Behinderte, BAföG-Studenten
und Empfänger von Sozialhilfe. Schon diese Aufzählung zeigt
die Heterogenität der Herkunft, der Gründe für die Abhängigkeit und den temporären Charakter der Unterprivilegierung.
Ihre ökonomische Situation verdanken sie - wie die Pensionäre -

dem Staat, aber eine weitergehende Gemeinsamkeit besteht nicht.
Für diese Gruppen stellt die Theorie OFFEs eine korrekte Be-
schreibung der Wirklichkeit dar, während sie die Bildung einer
"Versorgungsklasse" aus Pensionären außer acht läßt.

Auch aus der Perspektive der Umverteilung wird die Theorie in
Frage gestellt. Unter Arbeitern und Angestellten ist die prozen-
tuale Belastung unter den Beziehern kleiner Einkommen größer als
unter den Besserverdienenden. Die Belastung der Beamten ist über
die ganze Einkommenskala prozentual gleich. Das heißt: die
Idee der Progression der Lasten - wer mehr verdient, kann nicht
nur einen absoluten, sondern auch einen relativ höheren Anteil
der Kosten übernehmen - wird, nimmt man auf alle Kosten und
Leistungen Rücksicht, in sein Gegenteil verkehrt. Das bedeutet,
daß die vor der Umverteilung bestehenden Ungleichheiten nachher
nicht geringer sind (vgl. ALBER 1982).

Außer den ökonomischen Konsequenzen haben die Sozialausgaben möglicherweise andere politische Konsequenzen als sie Offe vermutet.
Ich habe bereits in Abschnitt 4.5 auf Veröffentlichungen hingewiesen, die den Wohlfahrtsstaat als möglicher "Krisenerzeuger"
identifizieren (FLORA 1979; WILENSKY 1975, 1976). HIBBS und
MADSEN (1981) weisen auf die politische Bedeutung, die die
Form, wie Leistungen verteilt und Kosten aufgebracht werden,
hat, hin. Wenn Sozialabgaben, wie in der Bundesrepublik, getrennt von Steuern erhoben werden, kann der Bürger auf Kosten-
erhöhungen eher reagieren als im Falle eines nicht getrennten
Nachweises von Sozialabgaben und Steuern (wie in Schweden).
Sach- und Dienstleistungen, die der Staat zur Verfügung stellt,
weisen tendenziell höhere Inflationsraten auf als die monetären
Leistungen. Aus solchen Unterschieden der Systeme der sozialen
Sicherung versuchen die Autoren, die Proteste gegen den Wohlfahrtsstaat in Dänemark und das Ausbleiben solcher Proteste
in anderen Ländern zu erklären (vgl. auch WILENSKY 1976).
Diese Proteste sind wiederum als Ausdruck einer Veränderung der

Klassenstruktur, als die Reaktion einer aus gutverdienenden
Arbeitern, unteren Angestellten und Beamten und kleinen Ge-
werbetreibenden bestehenden "middle mass", die die Kosten des
Wohlfahrtsstaates tragen müssen ohne davon zu profitieren, gedeutet worden (WILENSKY 1975; 1976). Ob diese Deutung tatsächlich stimmt, wird in Abschnitt 7.3 untersucht.

Die Theorie Offes kann nur für einen Teilbereich Gültigkeit
beanspruchen. Indem staatliche Intervention Abhängigkeiten der
verschiedensten Gruppen, die sonst nichts gemeinsam haben,
schafft, produziert er "Disparität der Lebensbereiche". Eine
effektive politische Vertretung dieser Gruppen findet nicht
statt. Aber die Mehrheit der von staatlichen Leistungen Abhängigen haben mehr als nur dieses gemeinsam. In bezug auf diese
Gruppe ist die Theorie offensichtlich falsch. Ob staatliche
Intervention eine "neue Klasse" erzeugt, bedarf jedoch noch ein-
gehenderer Analyse.

5.2.6. Bildung und soziale Schichtung

Lebenschancen im Sinne von Max WEBER hängen eng mit Bildung und
Qualifikation zusammen. SCHELSKY brachte es auf die knappe Formel,
die Schule sei die "primäre, entscheidende und nahezu einzige
soziale Dirigierungsstelle für Rang, Stellung und Lebenschancen
des einzelnen in unserer Gesellschaft" (SCHELSKY 1979 b, 155).
Bildung beeinflußt die Berufswahl in entscheidendem Maße und
damit indirekt das Einkommen, das jemand bezieht. Dies ist die
praktische, alltäglich sichtbare Bedeutung von Bildung im
Schichtungssystem. Bildung ist auch deshalb wichtig, weil durch
sie Werte und Einstellungen vermittelt werden. Viele Handlungs-
weisen und Einstellungen sind abhängig von Art und Ausmaß der
Bildung. Diese Einstellungen haben wiederum praktische Konsequenzen. Sie legen eine bestimmte Haltung zum Schichtungssystem
nahe. Sie wirken auch auf informelle Beziehungen der verschie-

densten Art, z.B. auf die Wahl von Freunden. Schließlich spielt
Bildung theoretisch-methodisch eine Rolle, denn sie wird häufig
zur Bestimmung des sozialen Status einer Person benutzt (zusammen mit anderen Merkmalen). Diese letztgenannte Bedeutung
ist abgeleitet aus den anderen Funktionen der Bildung. Diese
Beispiele lassen erkennen, daß man dem Bildungswesen drei Funktionen zuweisen kann (FEND 1974):

- Qualifikation, d.h. Vermittlung von spezifischen Fähigkeiten
  zur Ausübung funktionaler Rollen (z.B. die Berufsrolle),

- Allokation, d.h. die Zuweisung eines gesellschaftlichen
  Status und

- Integration, d.h. Vermittlung von zentralen Werten der
  Gesellschaft.

Der folgende Abschnitt behandelt die Allokation von Personen im
Schichtungsgefüge. Dieser Prozeß soll hier nicht in seiner ganzen Breite untersucht werden. Ich werde mich vielmehr mit der
Ausweitung des Bildungswesens in der Bundesrepublik im Zeitraum 1950 bis 1980 befassen und diese Ausweitung auf zwei schichtungsrelevante Merkmale beziehen: Klassen- bzw. Berufsgruppen-
zugehörigkeit und Geschlecht. Auf die Rolle der Bildung komme ich
im Kapitel über soziale Mobilität zurück.

Charakteristisch für das Bildungswesen in der Bundesrepublik ist
seine Ausweitung. Die Ausgaben für Schulen und Hochschulen sowie sonstiges Bildungswesen haben zwischen 1961 und 1974 (vgl.
Abbildung 2) außerordentlich stark zugenommen. Das Wachstum war
bis 1968 überproportional und wurde nur überflügelt von den
Sozialausgaben. Zwischen 1968 und 1974 sind die Bildungsaus-
gaben sogar stärker gewachsen als irgendein anderer Budget-
posten. Auffallend ist die starke Zunahme der Ausgaben im Jahre
1968, die zusammenfällt mit den politischen Umwälzungen und
mit der Aufbruchstimmung, die in den Jahren 1966 bis 1968
herrschte und die schließlich zur Bildung der Koalition zwischen

Abbildung 2 Öffentliche Ausgaben nach Aufgabenbereichen in Mrd. DM
(jeweilige Preise), 1961 bis 1974

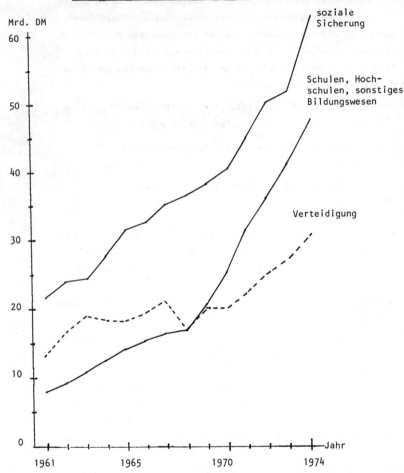

Quelle: Naumann 1980, 51

zwischen der SPD und der FDP 1969 führte. Diese Ausgabener-
höhung hat eine "Verschulung" zur Konsequenz gehabt. 1960 kamen
33 Lernende an Schulen und Hochschulen auf 100 Erwerbspersonen,
1980 waren es 48 (MEULEMANN 1982, 4). Die Zunahme der Bildungs-
ausgaben und die Zunahmen des Schüler- und Studentenanteils relativ zu den Erwerbspersonen steht in enger Beziehung zueinander.
Das Bildungssystem der 50'er und frühen 60'er Jahre war noch
stark geprägt von traditionellen Auffassungen von Bildung und
Gesellschaft. Das dreigliedrige Schulsystem entsprach noch in
etwa den drei Schichten: Unter-, Mittel- und Oberschicht. Entsprechend unterschied sich auch das in den Schulformen ver-
mittelte Wissen und die Erwartungen derjenigen, die die verschiedenen Schulformen besuchten (vgl. STRZELEWICZ et al. 1973,
1 - 37). Anfang und Mitte der 60er Jahre kann man eine Änderung
der Einstellung zum und eine kritische Analyse des Bildungs-
systems in der Bundesrepublik beobachten. Georg PICHT veröffentlicht 1974 sein Buch "Die deutsche Bildungskatastrophe",
ein Jahr später erscheint DAHRENDORFs Buch "Bildung ist Bürgerrecht". Diese Bücher, die hier nur für viele andere
Äußerungen beispielhaft stehen, machen auf zweierlei aufmerksam:
die im Bildungssystem herrschende Ungleichheit und die Folgen
für Wirtschaftswachstum und Wettbewerbsfähigkeit, die eine traditionelle Auffassung von Bildung mit sich führt. Auch wenn das
deutsche Bildungssystem zu jener Zeit als besonders rückstän-
dig gilt: die Diskussion in der Bundesrepublik wiederholt sich
in ähnlicher Weise in allen westlichen Industriegesellschaften.
Der "Sputnik-Schock" und die Reaktion auf den vermuteten westlichen Rückstand gegenüber der Sowjetunion nach dem ersten
sowjetischen Satellitenschuß 1958, löst in vielen Ländern ver-
stärkte Investitionen auf dem Wissenschaftssektor aus, die sich
auch auf das Bildungssystem auswirkten. BOUDON (1974, 42) dokumentiert die Zunahme der Bildungsbeteiligung, vor allem auf
dem College-Niveau, in allen westlichen Industriegesellschaften. Den zweiten Impetus für Veränderungen im Bildungswesen
liefern Überlegungen zu bestehenden Ungleichheiten im Bildungs-

system. Auch diese Motive finden wir nicht nur in der Bundesrepublik, sondern auch in anderen Ländern. Bildung als die zentrale Dirigierungsstelle für Rang etc. soll und muß jedermann in
gleicher Weise zur Verfügung stehen. Der Begriff der Chancengleichheit wird populär. Die beiden Stränge der Argumentation
werden verknüpft durch ein verändertes sozio-politisches Bewußtsein. NAUMANN (1980) weist darauf hin, daß die Bildungsdiskus-
sion der 60'er Jahre durch den Glauben an Beeinflußbarkeit,
Planung und Staatsintervention charakterisiert war.

Traditionellerweise wird die Frage nach Chancengleichheit anhand von Angaben über die Bildungsbeteiligung von Arbeiterkindern beantwortet. Die lange währende Distanz der Arbeiter
zu den Bildungsinstitutionen läßt dies auch als sinnvoll erscheinen. Allerdings hat sich unsere Vorstellung von Benachteiligung gewandelt. Deshalb möchte ich die Frage nach der
Chancengleichheit anhand zweier Kriterien messen und beurteilen:
an dem Bildungsverhalten von Berufsgruppen bzw. Klassenlagen und
an der Bildungsbeteiligung von Jungen und Mädchen.

An der Verteilung von Schülern auf das dreigliedrige Schulsystem hat sich in den letzten 25 Jahren einiges verändert
(Tabelle 20). 1950/51 sind von 1000 Einwohnern Deutschlands

Tabelle 20 Primar-, Sekundar- und Hochschüler pro 1000
Einwohner

	1950/51	1975
Primarschule	134	105
Sekundarschule	21,5	54,9
Hochschüler	2,7	12,7

Quelle: Ballerstedt und Glatzer 1979, 160

----

134 Primarschüler; 1970 liegt diese Zahl bei 105. Während diese
Zahl leicht zurückgegangen ist, hat sich die Zahl der Sekun-
darschüler dagegen von 21,5 pro 1000 im erstgenannten Zeitpunkt

bis auf 54,9 im Jahre 1975 entwickelt; der Anteil hat sich mehr
als verdreifacht. Hochschüler pro Tausend gab es 1975 12,7, zum
früheren Zeitpunkt 2,7. Diese Veränderung wird auch an den beiden
Abbildungen deutlich, die den relativen Schulbesuch von Jahrgängen
darstellen (Abbildung 3a und 3 b). Der Besuch der Grund- und Hauptschule ist zwischen 1952 und 1975 in allen Jahrgängen zurückgegangen – in den jüngeren Jahrgängen 10 und 11 um 20 Prozentpunkten, in den Jahrgängen 12, 13 und 14 um 30 Prozentpunkten.
Bei den Mädchen ist die Veränderung noch größer als bei den Jungen. Sie haben in etwas stärkerem Maße als die Jungen die Möglichkeit der besseren Ausbildung in Anspruch genommen. Die Zunahme des Besuchs von Realschulen und Gymnasien ist das Pendant
zu der Abnahme des Grund- und Hauptschulbesuchs. Während 1952
relativ mehr Mädchen als Jungen die Realschule besuchten, war es
genau umgekehrt in den Gymnasien. In einer Hinsicht hat sich dieses Bild 1975 gewandelt: ein gleich großer Anteil der Mädchen
und der Jungen besucht heute das Gymnasium. Der Mädchen-An-
teil liegt sogar bis zum Alter von 14 Jahren geringfügig höher.
In den Realschulen ist das Übergewicht der Mädchen nicht nur
geblieben, sondern hat sich noch verstärkt. Der genaue Verlauf
der Kurven, vor allem die Abflachung nach dem 13., 14. und 15.
Lebensjahr ist nicht allein als "Versagereffekt" zu deuten. Die
älteren Kinder mußten zu einem Zeitpunkt (1966/1969) von der
Grundschule abgehen, als die Bildungsreform noch nicht voll zum
Durchbruch gekommen war (NAUMANN 1980, 63). Im Primar- und Sekundarbereich hat ein weitgehender Ausgleich der Chancen von
Jungen und Mädchen stattgefunden. Läßt sich eine analoge Veränderung unter den Angehörigen verschiedener Schichten beobachten? Um diese Frage zu beantworten, benötigen wir Angaben über
die Bildungsbeteiligung von Kindern unterschiedlicher Herkunft.
MEULEMANN (1983) hat jüngst anhand von Umfragedaten (differenzierte amtliche Angaben gibt es nicht) die Wahl der weiterführenden Schule nach der Klassenlage der Eltern aufgegliedert.
Er unterscheidet sechs Klassenlagen. Sie sind gebildet durch
die Verknüpfung zweier Merkmale: die Art der Tätigkeit (manuelle versus nicht-manuelle Berufe) und die Qualifikation bzw.

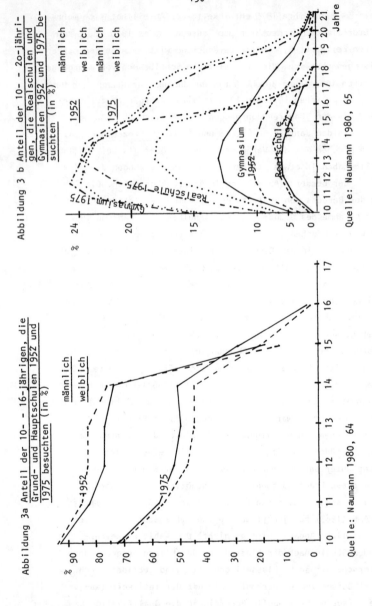

Abbildung 3 b Anteil der 10- - 2o-jähri-
gen, die Realschulen und
Gymnasien 1952 und 1975 besuchten (in %)

männlich
weiblich
männlich
weiblich

1952
1975

Gymnasium 1952
Realschule 1952

Gymnasium 1975
Realschule 1975

Quelle: Naumann 1980, 65

Abbildung 3a Anteil der 10- - 16-jährigen, die
Grund- und Hauptschulen 1952 und
1975 besuchten (in %)

männlich
weiblich

1952
1975

Quelle: Naumann 1980, 64

Anweisungsbefugnis der Tätigkeit. Diese sechs Klassenlagen sind definiert aufgrund theoretischer Annahmen über die Wirkung von Tätigkeitsmerkmalen auf die Lebenschancen. Ob die Unterscheidung sinnvoll ist, läßt sich am Bildungsverhalten ablesen. Abbildung 4 zeigt den Anteil der Hauptschüler (in Hessen: Förder-

---

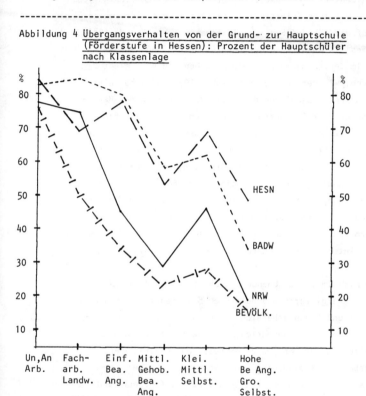

Abbildung 4 Übergangsverhalten von der Grund- zur Hauptschule (Förderstufe in Hessen): Prozent der Hauptschüler nach Klassenlage

Quelle: Meulemann 1983

---

stufenschüler) um 1970 in drei Länderstichproben und um 1980 in einer bundesweiten Umfrage. In den Länderstichproben wurden Eltern mit einem Kind vor dem Übergang ins fünfte Schuljahr befragt. Die Angaben über die Bundesrepublik beziehen sich auf Eltern mit Kindern im Alter zwischen 11 und 21. Der Schulbesuch des jüngsten Kindes repräsentiert die Übergangsent-

scheidung von der vierten zur fünften Klasse (MEULEMANN 1983).
Alle Kurven zeigen eine von links oben (un- und angelernte Arbeiter) nach rechts unten (hohe Beamte und Angestellte, große
Selbständige) reichende Abnahme des Anteils Haupt- und För-
derstufenschüler. Eine Abweichung gibt es in allen vier Kurven:
kleine und mittlere Selbständige schicken ihre Kinder weniger
häufig auf die höheren Schulen als erwartet. MEULEMANN (1983)
deutet dies als Auswirkung der berufsspezifischen Lebensplanung. Im Besitz haben die Selbständigen ein Äquivalent
für Bildung. Wie der Vergleich zwischen 1960 und 1980 zeigt,
sinkt in allen Klassenlagen der Prozentsatz der in der Hauptschule und auf der Förderstufe verbleibenden Schüler. Ein
verändertes Verhalten ist vor allem in den mittleren Klassenlagen zu beobachten. Dagegen haben Angehörige der extremen
Klassenlagen - un- und angelernte Arbeiter, hohe Beamte und
Angestellte sowie große Selbständige - die Form ihrer Bildungsbeteiligung kaum geändert. In der letztgenannten Klasse
gab es kaum Reserven auszuschöpfen, während es den Bildungs-
politikern nicht gelungen ist, unter den un- und angelernten
Arbeitern Interesse für höhere Bildung zu mobilisieren.

Ich habe mich im vorhergehenden Abschnitt auf die Bildungschancen im dreigliedrigen Schulsystem beschränkt. Nicht nur
der Primar- und Sekundarbereich, auch das tertiäre Bildungswesen hat sich in der Nachkriegszeit gewandelt. Genau wie
die Erweiterung der Chancen einer besseren Schulbildung
durch Ausbau von Realschulen und Gymnasien und einer ver-
mehrten Anzahl von Lehrern realisiert wurde, fand auch auf
dem Hochschulsektor ein starker Ausbau statt. Neue Universitäten wurden gegründet, eine große Zahl von wissenschaft-
lichem Personal eingestellt. Während 1950 etwa 120.000 Studenten (Deutsche und Ausländer) die Hochschulen besuchten,
waren es im Wintersemester 1980 986.000 deutsche Studenten.
Der Anteil der Studenten an den 16- - 29-jährigen betrug 1960
4,3 %, 1980 16,2 % (Bundesminister für Bildung und Wissenschaft

1981, 105). Wie haben Angehörige einzelner Schichten und Klassen die Chancen genutzt? Die Datenlage, um diese Frage zu beantworten, ist ebenso unbefriedigend wie im Falle der Grund- und weiterführenden Schule. Es wird häufig auf das in den letzten 30 Jahren veränderte Studentenprofil hingewiesen. In der Tat hat sich die Zusammensetzung der Studentenschaft bzw. der Studienanfänger nach der beruflichen Stellung des Vaters deutlich gewandelt, wie die Tabelle 21 zeigt. Beide Tabellen-Hälften

---

Tabelle 21 Verteilung der Studenten nach dem Beruf des Vaters bzw. Haushaltsvorstandes

Vater bzw. Haushalts- vorstand	Studenten im WS		Studienanfänger WS	
	1951/52 %	1967/68 %	1967/68 %	1975/76 %
Arbeiter	4,1	6,9	9,2	14,9
Angestellter	23,0	31,9	32,5	36,6
Beamter	38,0	30,4	27,5	22,6
Selbständiger	34,9	30,8	30,5	22,5
Insgesamt in 1000	109,7	215,9	44,5	41,3

Quelle: Ballerstedt und Glatzer 1979, 298

---

zeigen denselben Trend: eine Zunahme des Anteils der Studenten, deren Väter Arbeiter waren. Gleichzeitig nimmt der Anteil der Angestellten-Kinder unter den Studenten zu, während Kinder, die aus Beamten- und Selbständigenfamilien kommen, prozentual abnehmen. Diese Aufgliederung der Studenten nach dem Beruf des Vaters sagt wenig oder gar nichts über die differentielle Wahrnehmung von Chancen, denn: die Größe der Berufsgruppe ändert sich auch im beobachteten Zeitraum. Außerdem ändert sich die Größe der relevanten Altersklassen, aus denen sich Studenten rekrutieren. Die obigen Zahlen müssen also in Relation zu der Größe schichtenspezifischer Altersgruppen gesetzt werden. Diese wiederum können nur geschätzt werden. Solche Schätzungen liegen für die Jahre 1969 und

und 1975 vor. Wie die Tabelle 22 zeigt, hat die Bildungsbeteili-

----

Tabelle 22 <u>Anteil der Studienanfänger am schichtenspezifischen</u>
           <u>Jahrgang</u>

Beruf des Vaters	1969 %	1975 %	Absolute Differenz	1969 = 100
Arbeiter	2,6	8,1	5,5	312
Angestellter	14,5	23,5	9,0	162
Beamter	26,6	38,6	12,0	145
Selbständiger	10,9	19,9	9,0	183
Insgesamt	9,8	17,9	8,1	183

Quelle: Ballerstedt und Glatzer 1979, 299

----

gung in allen vier Berufsgruppen zugenommen. Wenn man die Zunahme als ein Vielfaches des Standes 1969 ausdrückt, dann ist
die Zunahme unter den Arbeitern am stärksten, denn der Anteil
der Arbeiterkinder am schichtenspezifischen Jahrgang nimmt um
mehr als das Dreifache zu - im Vergleich mit der 1,8-fachen
Zunahme insgesamt. Aber ist dies die korrekte Betrachtungsweise? Nein! Das Vielfache sagt nichts über den sozialen Prozeß aus, der die Nutzung der erhöhten Chancen zugrundeliegt.
Eine Verdoppelung der Beteiligung kann heißen: Zunahme von
2 % auf 4 % oder von 33 % auf 66 %. Hinter diesen Zahlen stehen
jedoch ganz unterschiedliche Prozesse der Mobilisierung. Der
soziale Prozeß kommt besser zum Ausdruck in der Prozentpunkt-
differenz. Weitere 5,5 % der Arbeiterkinder haben von der Möglichkeit des Studiums Gebrauch gemacht; es sind 9 % unter den
Angestelltenkindern und sogar 12 % unter den Beamtenkindern.
Auch Selbständige haben in größerem Maße als die Arbeiter
profitiert. Eine für Jungen und Mädchen getrennte Aufgliederung von schichten- und altersspezifischer Beteiligung am Studium existiert nicht. Sie ist auch kaum notwendig, denn die
Geschlechter sind etwa gleich stark in den Altersgruppen ver-

treten. Es genügt, die Zunahme der Beteiligung von Mädchen an
der tertiären Bildung zu analysieren. 1950 waren von 100 Studenten auf Universitäten 26 weiblich. Bis 1975 hat sich das Verhältnis fast ausgeglichen, denn es waren von 100 Studenten 46
Mädchen (BALLERSTEDT und GLATZER 1979, 336). An den Technischen
Hochschulen und Fachhochschulen ist die weibliche Beteiligung
niedriger, an den Pädagogischen Hochschulen höher. Der Mädchen-
bzw. Frauenanteil an den Diplom- und Staatsprüfungen ist von
15,8 % im Jahre 1950 auf 42,7 % im Jahre 1975 gestiegen. Dies
ist erstens auf die höhere Anfängerquote, zweitens auf eine andere Einstellung zum Studium zurückzuführen. Die Absolventen-
quote - der Anteil der Studenten, der ein begonnenes Studium
beendet - hat sich unter den Mädchen zwischen 1963 und 1974
drastisch erhöht: von 39 % auf 89 % (BALLERSTEDT und GLATZER
1979, 165). Das Studium ist für ein Mädchen nicht mehr, wie
früher oft, ein Mittel zum Erwerb von Bildung. Die Universität hat für sie nicht mehr nur die Funktion des Heiratsmark-
tes. Das Studium ist zum Erwerb von Kenntnissen für den Beruf
da. Bildung ist für Mädchen instrumentalisiert worden. In dem
Maße, in dem das Studium unter Nützlichkeitsgesichtspunkten
beurteilt wird, muß die Folge sein, daß man das Studium mit
Erfolg beendet. Mädchen und Frauen haben sich jedoch nicht auf
allen Gebieten emanzipiert. Der Anteil der Frauen unter den
Doktoranden ist von 1950 bis 1975 fast konstant: 16,8 % bzw.
14,8 % (BALLERSTEDT und GLATZER 1979, 301). Bedenkt man, daß
Mädchen vorwiegend ein Lehramtsstudium ergriffen haben, ein
Studiengang, welcher nicht die Promotion als Ziel hat, dann
wird dieses Ergebnis verständlich. Auch dieses Verhalten kann
als Ausdruck einer veränderten Lebensplanung interpretiert
werden. Das Studium soll zu einem praktischen Beruf führen;
davon lenkt eine Promotion nur ab. Möglicherweise wollen
außerdem Mädchen bzw. Frauen den Männern (ihren Männern) keine
Konkurrenz machen.

Die Bemühungen um Gleichheit und Gerechtigkeit im Bildungswesen sind nur zum Teil mit Erfolg gekrönt worden. Analoge
Ergebnisse lassen sich in anderen Ländern beobachten. BOUDON (1974,
40 - 64) untersuchte die Bildungsbeteiligung von Kindern unterschiedlicher Herkunft Anfang der sechziger Jahre. Am College-
Besuch gemessen war die Benachteiligung der Unterschicht gegenüber der Oberschicht in Norwegen, Schweden, Belgien und den
Vereinigten Staaten geringer als in der Bundesrepublik, Österreich, Spanien, Frankreich, Italien, Niederlande und Portugal.
Auch in den osteuropäischen Ländern Polen, Tschechoslowakei,
Jugoslawien, Deutsche Demokratische Republik und Ungarn war
sie relativ niedrig. In den letztgenannten Ländern sowie in
Norwegen und Schweden kann man die geringere Ungleichheit auf
bewußte politische Planung, in den Vereinigten Staaten auf
ein traditionell offenes Bildungssystem zurückführen.

Die Erweiterung der Bildungschancen - BOUDON gibt Untersuchungsergebnisse aus Großbritannien, Frankreich, Niederlande und Norwegen wieder - hat jedoch immer der Mittelschicht stärker als
der Unterschicht genutzt (BOUDON 1974, 40 - 64). Die Angaben
BOUDONs können jedoch nur als grobe Annäherungen dienen. Wie
ich oben hervorgehoben habe, ist es nicht leicht, Daten zu
finden, die Bildungsbeteiligung in Relation zu der schichtenspezifischen Größe von Altersgruppen messen. BOUDON vermeidet
es auch, Mittelschicht und Unterschicht genau zu definieren.

Welche spezifische Erklärung gibt es für die beobachteten
Veränderungen? Wie kommt es, daß die Benachteiligung der Mädchen weitgehend aufgehoben, daß aber die Unterschicht nur
unterproportional von der Erweiterung der Bildungschancen
profitiert hat? Welche Konsequenzen für die Schichten- und
Klassenbildung hat die Bildungsreform? Ich gehe zuerst auf
mögliche Ursachen der veränderten Einstellung zur Bildung,
dann auf die Wirkungen ein. Es ist sinnvoll, Veränderungen im
Bildungssystem, im Berufsbereich und in der Familie zu unter-

scheiden. Um den institutionellen Wandel im Bildungssystem zu
charakterisieren, lassen sich die von TURNER (1960) geprägten
Begriffe "sponsored and contest mobility" gut verwenden. Nach
TURNER ist das englische Bildungssystem dadurch gekennzeichnet,
daß es auf die Auswahl der "richtigen" im Gegensatz zu den
besten Personen Wert lege. Es diene dazu, die Standesunterschie-
de aufrechtzuerhalten und dies könne man nicht durch Leistungs-
messung, sondern nur durch Kooptation erreichen. Im Bildungssystem werde man "gesponsored". Dagegen sei das amerikanische
Bildungssystem durch Wettbewerb ("contest") und Leistung gekennzeichnet. Hoher Status und Erfolg sei der Preis. Empirisch
erweist sich die Unterscheidung als problematisch, denn der
Einfluß, den die Bildung auf den später erreichten Beruf ausübt, ist in beiden Gesellschaften gleich stark (TREIMAN und
TERRELL 1975). Das bedeutet nicht, daß man generell auf die
beiden Begriffe verzichten muß. Es ist sicher nicht falsch,
das heutige deutsche Bildungssystem als durch "contest"
charakterisiert zu bezeichnen. Leistung und Wettbewerb gilt
als der Maßstab für Fortkommen. Diese Veränderung geht Hand
in Hand mit Veränderungen in der Familie. Die Benachteiligung
der Mädchen im Bildungssystem hatte u.a. ihre Ursache in der
ungleichen Behandlung von Jungen und Mädchen in der Familie.
"Das Mädchen heiratet sowieso, braucht also keine weitergehende Bildung". Mädchen und Jungen wurden also nach zuge-
schriebenen Kriterien und nicht nach Leistung bewertet
(PARSONS 1951). TURNERs "sponsored and contest mobility"
meint denselben Sachverhalt. In bezug auf die Schulwahl und
die Schullaufbahn werden heute Kinder nicht nach dem zuge-
schriebenen Merkmal Geschlecht, sondern nach ihrer potentiellen und tatsächlichen Leistung bewertet. Hierzu hat auch
die Berufstätigkeit der Mutter beigetragen. Erwerbstätigkeit
unter verheirateten Frauen ist in den letzten 15 Jahren stark
gestiegen. Die Erweiterung der Bildungschancen - dies ist
der dritte Faktor - geht mit der Erweiterung bestimmter
professioneller Karrieren einher, welche eine der Ursachen

für das Wachstum des tertiären Bildungssektors ist (BEN-DAVID
1967). Zu diesen Karrieren gehört die der Lehrerin, die besonders für Frauen "geeignet" erscheint: kurze Tages- und
Jahresarbeitszeit. Die Tätigkeit läßt sich gut mit der Haus-
frauenrolle verknüpfen. Dieses typische Karrierenmuster erlaubt es also Familien, im Falle der Mädchen, eine relativ
genaue Kalkulation des Ertrages einer höheren Bildung vorzunehmen.

Die obige Interpretation entspricht einer der beiden Ansätze
zur Erklärung von Bildungsverhalten, auf die ich kurz eingehen werde. Der erste Ansatz geht von den Beobachtungen HYMANs
(1967) aus. HYMAN analysierte die Werthaltungen verschiedener
Klassen und kam zu dem Ergebnis, daß zwischen Unter- und
Mittelschicht grundsätzlich verschiedene Werte in bezug auf
Bildung herrschten. Das würde nur marginale Veränderungen des
Verhaltens der Unterschicht bedeuten und die unterschiedliche
Wahrnehmung von Bildungschancen von Unter- und Mittelschicht
erklären. BOUDON (1974, 27 - 28) und ROBERTS et al. (1977,
78 - 79) verwerfen diese Theorie zugunsten einer Erklärung,
wonach Bildungsaspirationen von der Ausgangsposition abhängen.
Wenn jemand vom untersten sozialen Rang aufwärts strebt, wird
er nicht die oberste Sprosse erreichen wollen, während dies
für eine Familie der Mittelschicht durchaus realisitisch ist.
Der Kern dieser Theorie bildet ein Kalkül, dem die Entscheidung über die Schullaufbahn zugrundeliegen soll. Die Form
dieses Kalküls, die in ihm enthaltenen Komponenten,lassen sich
wie folgt beschreiben (BOUDON 1974, 29 - 31; MEULEMANN 1979).
Der Nutzen einer höheren Schulbildung muß irgendwie berechnet werden; man kann allgemein davon ausgehen, daß mit steigender Schicht auch der Nutzen der Bildung zunimmt. Die
Kosten müssen ebenso geschätzt werden. Im allgemeinen ist
von höheren Kosten bei sinkender Schichtzugehörigkeit aus-
zugehen, wobei Kosten nicht nur mit Geld gleichzusetzen sind.
Eine Abwägung von Kosten und Nutzen ergibt den Ertrag, der um

so höher ist, je höher die Schicht. Um die Bildungsbeteiligung der Mädchen zu erklären, scheint diese Theorie plausibel. Die geschilderten Veränderungen im Bildungswesen, im Berufsbereich und in der Familie haben in bezug auf Mädchen die
Grundlage des Kalküls in positiver Weise verändert. Eine ähnliche Feststellung können wir in bezug auf die Unterschicht (un-
und angelernte Arbeiter) nicht treffen. Die Erhöhung der Realeinkommen, die finanzielle Entlastung der Kinder durch das Bun-
desausbildungsförderungsgesetz und durch die Lernmittelfreiheit,
haben nicht zu einer signifikanten Änderung des Bildungsver-
haltens der Unterschicht geführt. Möglicherweise haben sich
die Kosten und der Nutzen verringert. Damit ist der Ertrag konstant geblieben. Dafür spräche eine andere Berufsorientierung von Kindern von un- und angelernten Arbeitern als
von Mädchen. Diese sind in die gesicherten Beamtenpositionen
geschlüpft, die von jenen nicht angestrebt werden. Sie, die
Kinder der Unterschicht, würden nicht nur in der Schule,
sondern auch im Berufsleben unter dauerndem Konkurrenzdruck
stehen. Ich halte jedoch die Theorie zweier verschiedener
Wertsysteme für in diesem Falle plausibler, einfach weil die
veränderte Chancenstruktur nichts bewirkt hat. Das Kalkül
bricht hier zusammen, weil die Distanz zu Bildung, zur "Hoch-
kultur" und zur "Symbolwelt" zu groß ist.

Die Erweiterung der Bildungschancen und die tatsächlich ge-
nutzten Möglichkeiten des Erwerbs einer höheren Bildung könnten zu einer Aufweichung von Schichtgrenzen führen. Eine
solche Prognose ist problematisch, denn erst allmählich drin-
gen diejenigen, die von der Erweiterung der Bildungschancen
profitiert haben, auf dem Arbeitsmarkt ein. Wie sie sich im
Klassengefüge einordnen, hängt von den Veränderungen der Berufsstruktur ab. Ich habe bereits auf die Akademikerarbeits-
losigkeit hingewiesen, die u.a. zu neuen selbständigen Existenzen geführt hat (Abschnitt 5.2.2). Die Akademikerarbeitslosig-
keit ist nur das besonders sichtbare Resultat einer geringen

Anpassung zwischen Bildungs- und Berufsstruktur. Auch in den
unteren Bereichen der Bildungs- und Berufsstruktur existieren Anpassungsprobleme. Was aus denen wird, die hier "in die
Klemme" geraten, ist aus verständlichen Gründen kaum untersucht worden. Obwohl eine Prognose, wo in der Klassenstruktur die besser Ausgebildeten sich schließlich wiederfinden
werden, schwierig ist, kann man sicherlich eines sagen: Erwartungen werden nicht verwirklicht werden und dies führt zu
Enttäuschungen. MEULEMANN (1982) kann zeigen, daß zwischen
1958/63 und 1979, also während einer Zeit objektiver Erhöhung
der Chancen im Bildungswesen, eine drastische Verringerung
der wahrgenommenen Realisierung der Chancengleichheit zu verzeichnen ist. Diese subjektiv empfundene Verschlechterung ist
einerseits auf Erfahrungen mit der institutionellen Veränderung der Bildung, andererseits mit einem erhöhten Problembewußtsein verbunden. Jüngere Personen haben zwar von der Erweiterung der Bildungschancen profitiert, haben aber gleichzeitig den verringerten Wert der Bildungspatente auf dem
Arbeitsmarkt erfahren. Personen mit einer höheren Bildung
haben ein stärkeres Problembewußtsein und haben auch die
kritischen Urteile über die Bildungsexpansion registriert.
Es sind eben die besser ausgebildeten jüngeren Altersgruppen,
die für den drastischen Rückgang der positiven Urteile über
die Realisierung der Chancengleichheit verantwortlich sind.
Eines der Gründe für die Enttäuschung ist nach MEULEMANN
(1982) die Entkoppelung von Bildungsabschlüsse und Statusansprüche. Daß eine solche Entkoppelung an der "Schnitt-
stelle" zwischen Bildungs- und Berufssystem stattfindet, ist
evident. Weniger eindeutig ist das Ausmaß, besonders wenn man
die Aufrechterhaltung des Status in der Generationenfolge berücksichtigt. Wenn höhere Bildungsabschlüsse häufiger werden
ohne daß genügend "passende" Berufspositionen vorhanden sind,
dann entscheidet nicht nur die formale Bildung, sondern andere Faktoren über die Rekrutierung. So wird berichtet, daß
eine große Kaufhauskette den Lehramtsstudenten, die nun plötz-

lich umsatteln müssen und eine Beschäftigung im Handel suchen,
die Empfehlung gibt, zuerst zur Konkurrenz zu gehen und sich
dort umzusehen. Erst wenn sie zurückkommen und zum Ausdruck
bringen, sie möchten lieber bei der X-Kette als bei der Y-Kette
arbeiten, werden sie in die engere Wahl gezogen. In ähnlicher
Weise könnten Faktoren, die aus der Herkunft der Person herrühren,
für die Rekrutierung von Bedeutung sein und damit die Klassen-
schranken wieder festigen.

5.3. Prestige und Ansehen: Im Grenzgebiet zwischen Klassen und Statusgruppen

In einer Untersuchung von infas aus dem Jahre 1973 gab ein
deutlich höherer Anteil der Angestellten und Beamten im Vergleich zu den Arbeitern an, mit dem Ansehen der Arbeit und
dem Arbeitsinhalt besonders zufrieden zu sein (PRESSE- UND
INFORMATIONSAMT 1977, 137). Dieses Ergebnis entspricht unserer Alltagserfahrung und den Versuchen, das Ansehen von Berufen (die Begriffe Ansehen und Prestige werden synonym behandelt) objektiv zu messen. Was wird denn da gemessen? Um
die Frage zu beantworten, werde ich zuerst die beiden theoretischen Annahmen, die dem Prestigebegriff und seiner Messung
zugrundeliegen, behandeln. Ich gehe dann auf die empirische
Messung von Berufsprestige ein und stelle eines der Ergebnisse
ausführlich dar. Der dritte Schritt besteht in der Kritik
der bisherigen Prestigemessung. Zum Verständnis der weiteren Diskussion ist folgender Hinweis notwendig. Die wissenschaftliche Auseinandersetzung um Prestige hat sich in erster Linie unter Soziologen, die Mobilitätsstudien durch-
führen, abgespielt. Wenn man Mobilität zwischen den Generationen (Vater - Sohn) oder Karrieremobilität mißt, ist die
Einheit der Analyse meist der Beruf, und es besteht ein Bedürfnis nach einer Rangordnung von Berufen. Dann kann man auch
von Auf- und Abstieg sprechen. Prestigeskalen erlauben nun,
Berufe in eine Rangordnung zu bringen.

Es gibt zwei theoretisch unterschiedliche Interpretationen von
Prestige. Im ersten Falle ist es eine Eigenschaft, die Standesbeziehungen reguliert, im zweiten ein Gut wie Einkommen.
Im ersten Sinne ist Prestige eine Eigenschaft einer Beziehung,
denn es kommt in Interaktionen zum Ausdruck. Ansehen wird einer
Person entgegengebracht und manifestiert sich durch Ehrerbietung. Typisch ist z.B. die Ehrerbietung, die manche Studenten den Professoren entgegenbringen. Dieses Ansehen ist auch
eine Ressource, denn es kann zum Zwecke der Entscheidungs-
beeinflussung eingesetzt werden. Ein Beispiel aus dem Alltag
ist die Nennung eines Titels (Doktor, Professor), der häufig
zu einer Modifizierung von Verhalten beim Interaktionspartner
führt. Ansehen als ein Teil von Interaktion zwischen Menschen
zu verstehen, entspricht genau Max WEBERs Verständnis von Statusgruppen, deren Mitglieder sich gegenseitig als gleichrangig betrachten (vgl. Abschnitt 4.3). Sie tun es nach WEBER aufgrund
der Lebensführung oder der Abstammung oder der Erziehung oder
des Berufsprestiges.

GOLDTHORPE und HOPE (1972), die auf den Unterschied zwischen
Prestige und sozio-ökonomischen Status aufmerksam machen, sind
der Meinung, in Industriegesellschaften fehle der Konsens über
ein Wertesystem, welches Voraussetzung für eine gesellschafts-
weite Geltung von Ansehen wäre. Ansehen im Sinne der Ehrerbietung stellt sich nur akzidentiell und lokal her. Die Eigenschaften, die Über- und Unterordnung in Interaktionen beeinflussen, lassen sich sozusagen nicht "exportieren". Daher
könne man nicht diesen Ansatz zur Messung von Berufsprestige
verfolgen. Die Autoren glauben, daß, wenn man Menschen fragt,
wie sie Berufe einstufen, z.B. auf einer Skala von 1 - 5,
man "the overall desirability" der Berufe mißt. Damit ist
die zweite Interpretation von Prestige angesprochen: Ansehen
als eine Eigenschaft von Berufsrollen. Innerhalb dieser "In-
terpretationsschule" gibt es zwei Richtungen. Die erste wird
von TREIMAN (1977; vgl. auch TREIMAN 1979) repräsentiert,

dessen Theorie wie folgt zusammengefaßt werden kann: Spezialisierung und erhöhte Effizienz sind Vorteile, die die Arbeitsteilung bietet. Gesellschaften haben alle die gleichen Probleme zu lösen: sogenannte funktionale Imperative. Um zu funktionieren, müssen sie notwendigerweise gelöst werden und daher
gleichen sich die Differenzierungsprozesse an. Differenzierung
und Spezialisierung zusammen mit der Organisation von Arbeits-
prozessen führt zu in allen Gesellschaften ähnlichen Über-
und Unterordnungsverhältnissen. Gestützt werden diese durch
den unterschiedlichen Zugang zu Ressourcen, nämlich a. Kenntnisse und Fertigkeiten, b. ökonomische Mittel und c. Autorität.
Der Zugang zu den Ressourcen ist eng an Berufsrollen geknüpft. Diese Verfügung über Ressourcen wird in Belohnungen
wie Einkommen oder andere materielle Güter umgesetzt. Mit den
Unterschieden in Belohnungshöhe variiert auch das Prestige,
das als Synonym gilt mit Ehre, Schätzung, Respekt, Status
und Bewunderung ("honor, regard, respect, standing, esteem";
TREIMAN 1977, 20). Prestige ist Ehrerbietung. Da in allen
Gesellschaften Macht und Privileg hoch bewertet werden, kova-
riieren Prestige, Macht und Privileg. Die Theorie kommt deutlich im folgenden kurzen Zitat zum Ausdruck: "Da die Arbeitsteilung charakteristische Unterschiede der Macht erzeugt, und Macht zu Privileg führt, und Macht und Privileg zu Prestige führt, sollte es eine einzige weltweite Be-
rufsprestigehierarchie geben" (TREIMAN 1977, 5 - 6). TREIMAN
hat denn auch eine Prestigeskala von Berufen entwickelt, die
er für weltweit anwendbar hält. Wie man sieht, ist die Theorie
TREIMANs stark an der funktionalistischen Schichtungstheorie
angelehnt, auch wenn die spezifischen Annahmen von PARSONS
oder DAVIS und MOORE (vgl. Abschnitt 4.4) nicht ausdrücklich
erwähnt werden. Es ist deshalb nicht korrekt, wenn HALLER und
BILLS (1979) behaupten, die Messung von Prestige habe nichts
mit der genannten Theorie zu tun.

Eine etwas andere, dennoch verwandte Auffassung, vertreten
FEATHERMAN et al. (1975). Berufsstatus, so sagen sie, hat verschiedene Dimensionen, u.a. Prestige (gegenseitige Anerkennung)
und sozio-ökonomischen Status (Verfügungsgewalt über Güter). Der
Mobilitätsprozeß (um den es den zitierten Autoren geht) ist ein
sozio-ökonomischer Prozeß, in dem ökonomische und politische
Institutionen wirksam sind (z.B. durch Nachfrage nach Arbeitskraft, Organisation der Arbeit etc.) und deren Reflex u.a.
sozio-ökonomischer Status ist. Prestige ist nach ihrer Meinung
nur ein unvollkommener Indikator für sozio-ökonomischen Status.
Es könne in anderen als im Mobilitätsbereich von Bedeutung sein.
Was aber heißt genau sozio-ökonomischer Prozeß und sozio-ökonomischer Status? Unter der sozio-ökonomischen Dimension von
Berufen verstehen die Autoren den Zugang zu Gütern wie Einkommen, Bildung, Qualifikation und Lebensstandard, aber auch
Macht und Einfluß über andere. In derselben Tradition steht die
Interpretation von RIDGE (1974), wonach das Ansehen von Berufen eine tendenziell korrekte Erfassung der Belohnungen, die
den Berufsgruppen zukommen und die institutionalisiert sind,
ist. Die subjektive Beurteilung spiegelt also die objektive
Situation wider. Wie im Falle TREIMANs ist auch dieser Er-
klärungsversuch an die funktionalistische Schichtungstheorie
angelehnt - diesmal jedoch an PARSONS. PARSONS hatte die Auffassung vertreten, Berufsprestige sei das Ergebnis eines
"zusammenfassenden" Urteils über verschiedene, nicht unmittelbar vergleichbare Dimensionen der sozialen Schichtung. Genau
diese Interpretation macht sich auch, ohne sich auf PARSONS
zu beziehen, DUNCAN, dessen Prestigeskala ich unten darstellen werde, zu eigen.

Ressourcen, die Berufspositionen zukommen einerseits, Eigen-
schaften von Interaktionsbeziehungen andererseits - für beide
Interpretationen spricht einiges. Vielleicht liefert uns die
Messung von Prestige Hinweise zu einer Beantwortung der
Frage, welche Interpretation die sinnvollere ist. DUNCAN (1961)

benutzte zur Ermittlung des sozio-ökonomischen Status von Berufen eine repräsentative Umfrage von US-Bürgern, in der die
Befragten gebeten wurden, den "general standing" von 90 Berufen
von " "poor" bis "excellent" auf einer fünfstufigen Skala zu
schätzen (REISS et al. 1961, 18 - 19). Aus der amtlichen Statistik ermittelte DUNCAN für 45 Berufe den Anteil mit einem
"high - school" oder einem höherem Abschluß und den Anteil
mit einem Einkommen von $ 3.500 oder mehr pro Jahr (DUNCAN
1961, 120). Die subjektive Schätzung (Anteil der Befragten,
die die Berufe jeweils als "excellent" oder "good" eingestuft hatten) und die objektiven Einkommens- und Bildungsangaben standen in einer eindeutigen statistischen Beziehung zueinander, die sich formulieren ließ: wenn der
Anteil mit dem obengenannten Einkommen sich um einen Prozentpunkt erhöht, erhöht sich der sozio-ökonomische Index
um 0,59 Prozentpunkte; wenn sich der Anteil mit einer wie
oben definierten Bildung um einen Prozentpunkt erhöht, steigt
der Index um 0,55 Prozentpunkte (DUNCAN 1961, 124).[5] Dadurch
wurde es auch möglich, den sozio-ökonomischen Status beliebiger
Berufe zu schätzen, wenn man Angaben zum Einkommen und zur
Schulbildung wie oben definiert, besaß.

Was wird gemessen? DUNCAN läßt die Frage unbeantwortet, denn
er sagt, man könne die Werte entweder als eine Schätzung des
Berufsprestiges oder des sozio-ökonomischen Status von Berufen
interpretieren (BLAU und DUNCAN 1967, 120; DUNCAN 1961).
GOLDTHORPE und HOPE (1972) kritisieren die Vorgehensweise,
indem sie darauf verweisen, daß, wenn Prestige eine "Summe"
aus Einkommen (= Belohnung) und Bildung (= Ressourcen) sei,
dann solle man in Analysen diese beiden Variablen und nicht
eine Ersatzvariable benutzen. Sie berücksichtigen jedoch mit
diesem Einwand nicht, daß Prestige eine eigenständige Variable und das Ergebnis eines sozialen Prozesses ist - ebenso,
wie PARSONS es angedeutet hat. Sie denken auch nicht an die
Schwierigkeiten, die mit der verläßlichen Erhebung von Ein-

kommensangaben der Eltern verbunden wären.

TREIMAN (1977) ging anders als DUNCAN vor. Er klassifizierte
anhand von 55 bis 1971 in der ganzen Welt durchgeführten Be-
rufsprestigeuntersuchungen - Befragungen, in denen die Befragten gebeten worden waren, den "Status" von Berufen zu beurteilen - zunächst die Berufe nach einem einheitlichen Code. Er
benutzte dazu die von der Internationalen Arbeitsorganisation
(ILO) ausgearbeitete Berufsklassifikation, die sich an der
Tätigkeit orientiert (vgl. die Kategorien 1 - 3 auf S. 65) und
in der von TREIMAN benutzten Fassung 509 Berufsbezeichnungen enthält. Die Angaben aus den verschiedenen Untersuchungen über den
Status von vergleichbaren, d.h. in eine der 509 Kategorien
fallenden Berufen, wurden dann (vereinfacht gesprochen) ge-
mittelt. Eine Voraussetzung für diese Vorgehensweise ist, daß
man die Entstehungsbedingungen für Berufsprestige als überall
gleich erachtet. Diese theoretische Annahme versucht TREIMAN
auch, wie wir oben gesehen haben, zu begründen. Das Ergebnis - die Berufsprestigeskala, die vom niedrigsten Wert null
bis zum höchsten Wert hundert reicht- soll kurz dargestellt
werden, wobei ich mich auf die Berufshauptgruppen beschränke.
Die folgenden Punktzahlen sind arithmetische Mittel des
Prestiges,der unter den Berufshauptgruppen klassifizierten
Berufe. Berufe, die unter der Rubrik "leitende Tätigkeiten
im öffentlichen Dienst und in der Wirtschaft" subsumiert
werden, haben den höchsten Status (64 Punkte), gefolgt von
der Hauptgruppe "Wissenschaftler und verwandte Berufe" (58).
"Bürokräfte und verwandte Berufe" (41) haben das gleiche Ansehen wie "Handelsberufe" (40), welches größer ist als
das von "Dienstleistungsberufen" (27) und "Berufen des Pflan-
zenbaus, der Tier-, Forst- und Fischwirtschaft sowie der
Jagd" (34). Etwa gleich eingestuft werden "gütererzeugende
und verwandte Berufstätigkeiten, Bedienung von Transport-
mitteln und Handlangertätigkeiten" (32). (TREIMAN 1979). Innerhalb der Gruppe gibt es große Schwankungen. Ärzte und Richter

erreichen auf dieser Skala einen Punktwert von 78, während Zirkusartisten und Unterhalter 33 Punkte verzeichnen. Diese Berufe werden der Hauptgruppe "Wissenschaftler und verwandte Berufe" zugerechnet (die englische Bezeichnung "professional, technical and related workers" gibt wohl besser den Inhalt der Hauptgruppe wieder). Innerhalb der "Büroberufe" rangiert der mittlere Angestellte mit 66 Punkten weit über dem Geräteableser, der nur 21 Punkte erreicht. Der Schmuggler erhält nur 9 Punkte, während der Eigentümer eines großen Geschäfts 58 Punkte erreicht. Beide gehören der Hauptgruppe "Handelsberufe" an. Diese Prestigeskala habe ich bereits in Abschnitt 5.2.4 benutzt und werde sie wieder in Abschnitt 6 verwenden.

Auch bei dieser Messung von Prestige bleibt die Frage nach dem, was gemessen wird, unbeantwortet. In TREIMANs Theorie ist Prestige Ausdruck von Ehrerbietung, das wiederum das Ergebnis des Besitzes von Macht und Privilegien ist. Sowohl bei DUNCAN als auch bei TREIMAN wird aber der duale Aspekt des Prestiges - Prestige als Ausdruck der Beziehung zwischen Personen - nicht direkt erfaßt. Klarheit über den Sachverhalt können nur empirische Untersuchungen schaffen. LAUMANN und PAPPI (LAUMANN 1966; 1973; PAPPI 1973 a; LAUMANN und PAPPI 1976) haben nachzuweisen versucht, daß eine empirische Beziehung zwischen den beiden hier diskutierten Interpretationen von Prestige besteht. Sie untersuchen informelle Interaktionsgruppen. Menschen, die sich häufig informell sehen, sind Statusgruppen im Sinne von Max WEBER. Faktoren, die die Bildung solcher Gruppen wahrscheinlich machen, sind u.a. die gleiche Konfession, ähnlicher Beruf, derselbe Wohnort und übereinstimmende Parteipräferenz. LAUMANN und PAPPI behaupten nun, Berufsprestige sei die entscheidende Variable. Die Ähnlichkeit des Berufsprestiges sei für das Zustandekommen solcher Standesgruppen verantwortlich. Eine genaue Durchsicht ihrer Ergebnisse erweckt jedoch Zweifel an ihrer Schlußfolgerung. Zwar ist die Wahrscheinlichkeit groß, daß Personen, die enge freundschaftliche Beziehungen

pflegen, Berufe mit ähnlichem Status besitzen. Ebenso wahrscheinlich ist aber der Besitz ähnlich hoher Bildung. Für die
Bedeutung des Berufs sprechen Alltagserfahrungen. In informellen
Situationen - Begegnungen im Zug oder auf einer Party - erkun-
digt man sich oft als erstes nach dem Beruf des Interaktions-
partners und die Auskunft bestimmt dann die Form der Interaktion. Für Bildung spricht die Tatsache, daß solche Begegnungen
meist nicht zu engen Freundschaften führen. Wenn sie es tun,
wird Bildung - neben Persönlichkeitseigenschaften und Interessen (die wiederum bildungsbedingt sind) - die größte Rolle
spielen. Vermutlich variiert das Gewicht einzelner Faktoren
nach der Schichtzugehörigkeit der interagierenden Personen.
Leider gibt es zu diesem Sachverhalt kaum empirische Untersuchungen. MÜLLER (1975, 45) schätzt, der Einfluß der Bildung
auf das Zustandekommen von informellen Interaktionsgruppen sei
höher als der Einfluß finanzieller Verhältnisse. REUBAND (1974)
untersuchte ausführlich wie Freundschaftsbeziehungen zustandekommen, beschränkt sich bei den Statusvariablen jedoch auf das
Berufsprestige. Dessen Bedeutung wird auch nur indirekt gemessen. Die von REUBAND analysierten Befragten sollten angeben, wie eng sie mit Angehörigen von 18 Berufsgruppen ver-
kehren möchten: von der Bereitschaft, einen Angehörigen als Schwie-
gersohn zu begrüßen bis zu der Bereitschaft, ihn als Nachbarn
zu dulden. Diese gewünschte Nähe wird mit dem Status der 18
Berufen korreliert, wobei der Status durch Mitarbeiter des
Soziologischen Instituts der Universität Köln beurteilt worden war. Schlußfolgerungen aus dieser Analyse auf die Rolle
des Berufsprestiges bei der tatsächlichen Wahl von Freunden
sind naturgemäß problematisch.

Kritik gegen die bisherige Prestigeforschung richtet sich einmal gegen methodische Mängel der Vorgehensweise (hinter solcher
Kritik steht immer ein inhaltliches Argument), zum anderen gegen die Interpretation von Berufsprestige. Ich beginne mit der
Methodenkritik. Schwierigkeiten ergeben sich aus der Tatsache,

daß der kognitive und evaluative Prozeß, der den Urteilen von Befragten über Berufe zugrundeliegt, nicht zu Ende gedacht und in die Untersuchungen eingebaut wurde. Erstens ist die Perzeption und Beurteilung von Berufen mehrdimensional (COXON und JONES 1978). Befragte besitzen im allgemeinen nicht nur eine Rangordnung von Berufen in ihren Köpfen. Zweitens trennt die bisherige Forschung nicht deutlich genug zwischen dem, was Befragte über Berufe wissen (kognitiver Aspekt) und dem, was sie von ihnen halten (evaluativer Aspekt). Drittens sind 45 oder 60 oder 90 Berufsbezeichnungen - mehr Berufe werden im allgemeinen nicht beurteilt - nur eine kleine und zudem "schiefe" Auswahl aus allen möglichen Berufsbezeichnungen (COXON und JONES 1974). Die Auswahl hat aber Einfluß auf die Urteile.

FEATHERMAN und seine Kollegen (1975) haben ja, wie ich oben dargestellt habe, zwischen Prestige und sozio-ökonomischem Status unterschieden und behaupten, die von DUNCAN entwickelte Skala würde besser den sozio-ökonomischen Charakter der Mobilität reflektieren als Prestigeskalen, wie sie TREIMAN konstruiert hat. Nun zeigt die obige Aufzählung, daß sie unter sozio-ökonomischem Aspekt des Berufs auch Macht und Einfluß über andere verstehen. Dies aber ist ein Merkmal einer Beziehung zwischen Menschen und kommt dem Prestigeaspekt nahe. Dadurch werden die Begriffe sozio-ökonomischer Status und Prestige wieder durcheinandergeworfen. Im Gegensatz zu FEATHERMAN et al. (1975; vgl. auch FEATHERMAN und HAUSER 1976) halte ich einen Nachweis der Richtigkeit ihrer Behauptung durch Analysen der Mobilität nicht für möglich. Es ist dagegen notwendig, unabhängige Informationen zu erheben, z.B. über die Umstände der Berufswahl und der Berufsrekrutierung (welche sozio-ökonomische Faktoren spielen hierbei eine Rolle?). Vorhandene Ergebnisse sind spärlich und stützen, das geben die Autoren selber zu, ihre These nur bedingt.

Eine methodisch-inhaltliche Kritik richten HALLER und BILLS
(1979) gegen die Annahme TREIMANs, wonach Berufsprestige in
allen Gesellschaften die gleiche Struktur aufweise und (mit
signifikanten Ausnahmen) zeitlich stabil sei. Sie unterziehen
seine Daten einer erneuten Analyse, deren Ergebnis lautet:
Zwischen westlichen und sozialistischen Gesellschaften sowie
zwischen den Beurteilungen urbaner und ländlicher Befragten-
gruppen gibt es signifikante Unterschiede in den Prestige-
hierarchien. Zweifel an der zeitlichen Stabilität werfen die
im Abschnitt 5.2.2 zitierten Ergebnisse von Erhebungen des
Instituts für Demoskopie in Allensbach auf. Innerhalb von
neun Jahren hat das Ansehen des Professors, des Volksschullehrers und des Studienrats deutlich abgenommen (INSTITUT
FÜR DEMOSKOPIE 1978). Es ist leicht zu erklären, wie ein solcher Prestigeverlust zustande kommen könnte, vergegenwärtigt
man sich das Bild des Professors in der Öffentlichkeit heute
(jung, Bart, Rollkragenpullover) und in der Vergangenheit
(alt, schütteres Haar, Hemd und Krawatte). Die Diskrepanz
zwischen der Rolle der Wissenschaft und der Universität in
der Gesellschaft und den genannten Verlust an Ansehen habe
ich in dem genannten Abschnitt kommentiert. Der Sachverhalt
widerspricht der "funktionalistischen Prestigetheorie" funda-
mental, es sei denn, es handelt sich bei den Resultaten um
eine Ausnahme.

Die inhaltliche Kritik führt zu den Ausgangsfragen zurück: in
welchem Ausmaß ist Prestige eine Ressource? Wann und unter
welchen Umständen kann sie eingesetzt werden? Es gilt, eine
zweifache Unterscheidung zu machen: zwischen Prestige und
"esteem" und zwischen gesellschaftsweitem und lokalem Ansehen.
Ein Handwerker hat von der gesellschaftsweiten Anerkennung
seines Berufsstandes, wenn er ein schlechter Handwerker und/
oder ein unmoralischer Mensch ist, wenig (ROSSI 1980). Meine
Vermutung ist, daß er stärker von diesen Urteilen, die man
mit "esteem" umschreiben kann, abhängig ist, weil es kaum ein

gesellschaftsweites Prestige für ihn gibt. Dagegen gibt es das
z.B. für Professoren oder Klaviervirtuosen (HOMANS 1980). Es
gab die Sängerin Maria Callas, die zu den besten ihres Genres
gehörte, aber es gibt, zumindest nach den Plakaten zu urteilen,
auch "de Callas vun Neehl" (Niehl ist ein Ortsteil von Köln),
die in Düsseldorf kaum etwas zählt. Mein Schuhmacher repariert
Schuhe zu meiner Zufriedenheit, aber es gibt keine "Maria
Callas" unter den Schuhmachern. Je nach Beruf sind es andere
Gruppen, die über Leistungen urteilen. Diese Unterschiede hat
man in den sozialistischen Gesellschaften erkannt. Als Ausgleich
kürt man "Helden der Arbeit" und versucht damit, lokal be-
grenztes Ansehen gesellschaftsweit zu institutionalisieren. In
Andrej Wajdas Film "Der Mann aus Marmor" wird ein solcher Fall
dargestellt. Diese lokale Gebundenheit des Prestiges bedeutet,
daß eine gesellschaftsweit geltende Ordnung sich dort umkehren
kann. Mag ein Professor ein noch so hohes Ansehen im Vergleich
zu einem Universitätskanzler genießen, in der Universität wird
sich die Relation oft umkehren.

Alles in allem neige ich den Vorstellungen von GOLDTHORPE und
HOPE (1972) bzw. von RIDGE (1974) zu, wonach die dargestellten
sozio-ökonomischen und Prestigeskalen das Erstrebenswerte an
Berufen messen und die Urteile der Befragten eine in etwa richtige Schätzung der verschiedenen, den Berufen zur Verfügung
stehenden Ressourcen und den in ihnen verlangten Kenntnissen
und Leistungen entsprechen. Insofern ist der theoretisch sinn-
volle Begriff sozio-ökonomischer Status und nicht Prestige.

6. Soziale Mobilität

6.1. Einleitung

Unsere Gesellschaft wird häufig eine mobile Gesellschaft genannt. Gerade für die Bundesrepublik scheint diese Bezeichnung zuzutreffen, denn nach dem Krieg hat die Bundesrepublik rd. 12 Mill. Vertriebene und Flüchtlinge und später ca. 3 Mill. Flüchtlinge aus der Deutschen Demokratischen Republik sowie Spätaussiedler (SCHÄFERS 1979, 105) und Gastarbeiter aufgenommen, die alle einen Platz in der Gesellschaft gefunden haben. In ähnlicher Weise hat man das klassische Einwanderungsland - die Vereinigten Staaten - als eine mobile Gesellschaft bezeichnet.

Die praktische Aktualität der Mobilität wird am Begriff Gleichheit offenkundig. Gleiche Chancen in der Schule oder gleiche Chancen des beruflichen Fortkommens lassen sich nur durch Änderung der Mobilitätsprozesse realisieren. Besonders in den sechziger und siebziger Jahren hat man sich in der Öffentlichkeit, haben sich die politischen Parteien und Interessenorganisationen mit der Realisierung von Chancengleichheit beschäftigt. Im Abschnitt 5.2.6 wurde dieses Problem thematisiert. Ein Beispiel für die politisch-wissenschaftliche Bedeutung der Mobilität läßt sich der Sozialgeschichte entnehmen. Von verschiedenen Wissenschaftlern ist die soziale Mobilität - als Mittel zur Umstrukturierung des Schichtungsgefüges - als ein Element der nationalsozialistischen Praxis hervorgehoben worden (SCHÖNBAUM 1968; JANNEN 1976). Die "NS-Revolution" hätte u.a. zum Ziele gehabt, Angehörigen benachteiligter Schichten Wege des Aufstieges zu eröffnen. Die Autoren können jedoch keinen systematischen und überzeugenden Beweis für ihre Behauptung liefern. Darüber hinaus haben die NS-Bildungsinstitutionen wie die nationalpolitischen Anstalten (Napola) keinen signifikanten Einfluß auf das Klassengefüge gehabt. Auch in

der Auseinandersetzung um die Wählerbasis der NSDAP (GEIGER
1967; LIPSET 1962; FALTER 1979) geht es u.a. um die Frage, ob
der Aufstieg der Arbeiterschaft und die dadurch verursachte
Bedrohung des Status des alten (kleine Selbständige) und des
neuen Mittelstandes (Angestellte und Beamte) zu einer Hinwendung der letztgenannten Gruppen zur NSDAP führt. In der Literatur und im Film wird das Thema beruflich-sozialer Mobilität
häufig abgehandelt. Z.B. schildert Orson WELLES' berühmter
Film "Citizen Kane" das Schicksal eines Mannes, der zum Inhaber
eines Presseimperiums aufsteigt (als Vorbild diente Randolph
Hearst), um am Sterbebett den Namen "Rosebud" auszusprechen:
Eine Rosenknospe zierte den Schlitten, mit dem er als Kind in
einfachen Verhältnissen spielte. Stendahls Roman "Rot und Schwarz"
ist die Geschichte des Jungen Julien Sorel, der ebenfalls aus
einfachen Verhältnissen zum Sekretär eines Marquis aufsteigt.
Diese und andere Schilderungen haben natürlich nicht nur den
Prozeß des beruflichen Werdeganges, sondern auch die Veränderung
der Person im Laufe dieser Entwicklung zum Thema. Die Beispiele
genügen, um zu zeigen, daß Probleme beruflich-sozialer Mobilität über die Grenzen der Klassen- und Statusgruppentheorie
hinaus relevant sind.

Unter Mobilität wird in diesem Abschnitt die Bewegung zwischen
sozial definierten Positionen in der Generationenfolge verstanden. Die wichtigste solcher Positionen ist der Beruf und deshalb konzentriert sich die Analyse der Mobilität auf Bewegungen zwischen Berufspositionen. Geographische Mobilität, die oft
mit der beruflichen Mobilität einhergeht, werde ich nicht behandeln. Dagegen spielen Faktoren, die ich bereits oben behandelt
habe - Einkommen, Bildung - in der Mobilitätsanalyse eine wichtige Rolle, sei es als Ursache oder als Wirkung der Bewegung
zwischen Positionen. Drei Fragen stehen im Mittelpunkt der
Analyse sozialer Mobilität: welches Ausmaß hat die Mobilität;
welche Form hat sie; welche sind ihre Folgen? Zur Beantwortung dieser Fragen werden zwei Methoden benutzt, die im näch-

sten Abschnitt dargestellt werden sollen.

6.2. Theorien und Methoden in der Mobilitätsforschung

Zwei Ansätze, die sich in der Fragestellung etwas voneinander
unterscheiden, beherrschen die Mobilitätsforschung (vgl.
MAYER 1975a).Folgt man dem ersten Ansatz, muß zuerst der Beruf
einer Auswahl von gegenwärtig Berufstätigen und entweder ihr erster
Beruf oder der Beruf des Vaters erhoben werden. Dadurch wird es
möglich, die Häufigkeit des Wechsels zwischen dem väterlichen
bzw. dem ersten und den gegenwärtigen Beruf festzustellen sowie die Chancen des Auf- und Abstiegs und den Umfang der Mobilität zu messen. Die Zahl der Befragten kann stark variieren.
Sie kann zwischen einigen Hunderten bis zu 450.000 (zu den
letztgenannten zählt HANDL et al. 1977) liegen. Meist liegt
sie unter 10.000. Da es in der deutschen amtlichen Statistik
an die 20.000 Berufsbezeichnungen gibt (Abschnitt 5.2.1),
müssen die Berufsangaben zu Gruppen zusammengefaßt werden,
damit man überhaupt in die Lage versetzt wird, 2.000 oder
10.000 Befragte einer Analyse zu unterziehen. Die einfach-
ste und gröbste Klassifikation stellt die Dichotomie Ar-
beiter/Nichtarbeiter dar. Oft wird aus der zweiten Kategorie die Gruppe der Landwirte ausgegliedert und getrennt aufgeführt. Man erhält eine symmetrische Tabelle, die man mittels
verschiedener statistischer Maßzahlen analysieren kann. Obwohl Berufe sich in vielen qualitativen Eigenschaften unterscheiden, kann man unter Zuhilfenahme verschiedener Annahmen
Berufe auch in eine Rangordnung des Prestiges oder des sozio-
ökonomischen Status bringen (Abschnitt 5.3), um dann, wenn man
den heutigen mit dem ersten Beruf oder dem Beruf des Vaters
vergleicht, von Aufstieg oder Abstieg zu sprechen (BLAU und
DUNCAN 1967; MÜLLER 1975). Was kann uns eine Tabellenanalyse
der oben beschriebenen Art für Erkenntnisse vermitteln? Aus
ihr können wir Informationen über das Ausmaß der Mobilität in
einer Gesellschaft gewinnen, die allerdings erst durch einen

temporalen oder interkulturellen Vergleich an Aussagekraft gewinnt. Zudem lassen sie Aussagen über die Offenheit der Gesellschaft zu. Wir können etwas über Grenzen zwischen Schichten und damit auch etwas über das Zustandekommen von sozialen
Klassen im Sinne Max WEBERs und das System sozialer Ungleichheit
erfahren. Wir können schließlich unser Augenmerk auf spezifische
Berufskategorien oder Klassen,z.B. die "Dienstklasse" (leitende Angestellte und Beamte) im Sinne DAHRENDORFs (1968, 106 - 108)
oder die Landwirte, richten. Im Vordergrund des Interesses
stehen also Struktur und Ausmaß der Mobilität, oder, allgemeiner
ausgedrückt, Probleme der Klassenanalyse.

Der zweite Ansatz stellt auf den jetzigen Berufsstatus von Befragten ab. Es wird gefragt, welche Faktoren für die Erreichung
eines bestimmten Berufsstatus verantwortlich sind. Der familiäre
und soziale Hintergrund, u.a. der Beruf des Vaters und der erste
Beruf, sind von Bedeutung, jedoch daneben auch andere Ursachen
von Erfolg und Mißerfolg, wie Schulbildung, Mobilitätsstreben,
Intelligenz etc.. Zu diesem Zweck werden Berufe anhand der in
Abschnitt 5.3 beschriebenen sozio-ökonomischen oder Prestigeskalen klassifiziert. Während die Tabellenanalyse unsere Aufmerksamkeit auf die strukturellen Ursachen der Mobilität richtet, erscheint die Mobilität in dem hier diskutierten Ansatz
als das Ergebnis eines von individuellen Faktoren bestimmten
Prozesses zu sein. Intelligenz, Motivation und Schulbildung
sind individuelle "Leistungen", die sich auf die Höhe des erreichten Status auswirken. Zum Ausdruck kommt diese Interpretation in der englischen Bezeichnung "status achievement". Dagegen geht man mit dem Begriff Statuszuweisungsprozeß, der im
deutschsprachigen Raum benutzt wird, von dieser voluntaristi-
schen Interpretation der Mobilität auf Distanz. Durch ihn wird
der "systemische" Charakter der Mobilität hervorgehoben. Welche Erkenntnisse liefert uns die Analyse des Statuszuweisungsprozesses? Erstens läßt sie uns das Gewicht oder die Bedeutung,
die einzelne Faktoren zur Erklärung des jetzigen Status be-

sitzen, berechnen. Ist der familiäre Hintergrund oder die Schulbildung die wichtigste Ursache des jetzigen Status? Erschöpft
sich der Einfluß des familialen Hintergrunds darin, daß er die
Schulbildung determiniert oder hat er darüber hinaus eine Bedeutung? Beide Fragen sind für die Ungleichheitsdiskussion relevant, denn familialer Hintergrund ist keine Leistung. Ob sie hono-
riert werden sollte oder nicht, darüber gehen die Meinungen auseinander. Zweitens kann dieser Ansatz zeigen, wie stark verschiedene Formen der Ungleichheit - des Einkommens, des Status,
der Bildung - kumuliert sind und damit,wie offen eine Gesellschaft im Hinblick auf Mobilitätsprozesse ist.

Trotz Unterschieden in der Fragestellung handelt es sich bei
beiden Ansätzen um die gleiche Mobilität. Die verschiedenen
Formen der Analyse werden auch oft mit dem gleichen Unter-
suchungsmaterial durchgeführt.

Nicht ohne Grund habe ich diesen Abschnitt mit der Schilderung
zweier methodischer Ansätze begonnen. Die Mobilitätsforschung
ist - etwas zugespitzt formuliert - eine Methode auf der Suche
nach einem Inhalt (COSER 1975). Keiner der im theoretischen Teil
behandelten Soziologen hat sich ausführlich mit dem Thema Mobilität befaßt. Das heißt nun nicht, daß die Theorien für die
Mobilitätsforschung irrelevant wären. Wie in Abschnitt 4.2 dargestellt wurde, besteht eines der Probleme der marxistischen
Klassentheorie darin, die Entwicklung der Mittelschichten
richtig zu deuten. Die Ausdifferenzierung neuer Berufsgruppen
geht mit Mobilität einher, denn die Ränge der Angestellten
und Beamten müssen sich aus anderen Berufskreisen rekrutieren.
Das wiederum hat Folgen für die Homogenität und das Selbst-
verständnis dieser Gruppen und führt zu der Frage nach ihrer Be-
wußtseinslage und ihrer "wahren" Klassenposition. Entsprechende
Differenzierungsprozesse in der Arbeiterschaft lassen sich auch
unter einer Mobilitätsperspektive analysieren. Die Relevanz
der Mobilität in der WEBER'schen Theorie wird an der Definition

von sozialen Klassen deutlich. Zu einer sozialen Klasse gehören all diejenigen ökonomischen Klassen, zwischen denen ein Wechsel leicht möglich und typisch stattzufinden pflegt (WEBER 1964, 223). Außerdem führt die Erweiterung der Basis für die Klassenbildung dazu, die Leistungsqualifikation Bildung einer genauen Analyse zu unterziehen. Die Mobilität nimmt einen prominenten Platz in dem von GIDDENS (1973) unternommenen Versuch, die Theorien von MARX und WEBER weiterzuentwickeln. GIDDENS versteht Inter- und Intragenerationenmobilität als ein klassenbildendes Phänomen. In der Theorie der postindustriellen Gesellschaft spielt Mobilität eine marginale, in der Theorie der Staatsintervention überhaupt keine Rolle. Am ehesten finden sich in der funktionalistischen Schichtungstheorie Anknüpfungspunkte. Folgt man DAVIS und MOORE (vgl. Abschnitt 4.4), dann streben Menschen solche Positionen an, die ihnen Belohnungen gewährleisten, die in etwa den "Kosten", die sie zur Erreichung der Position aufbrachten, entsprechen. Die Theorie legt es nahe, den Mobilitätsprozeß als Resultat eines Wettbewerbs um knappe Güter (Einkommen, Ansehen, Macht), in welchem Talent entscheidet, zu betrachten. Keine der hier erwähnten Theorien enthält jedoch irgendwelche spezifischen Aussagen über Mobilität. Damit meine ich Aussagen, die sich anhand von empirischen Untersuchungen überprüfen ließen. Das gilt auch für diejenigen Soziologen, die sich speziell mit Mobilität befaßt haben. PARETO war an sozialer Stabilität, SOROKIN an der effizienten Allokation von Arbeitskraft und GLASS an Ungleichheit interessiert (HEATH 1981, 34), mehr nicht. Weder GLASS' (1954) Untersuchung der Mobilität in Großbritannien noch BLAU und DUNCANs (1967) Analyse der Mobilität in den Vereinigten Staaten, die beide insofern Klassiker der Mobilitätsforschung sind als sie eine Vielzahl von Nachfolgeuntersuchungen entfachten, enthalten viel Theoretisches. Implizit gehen natürlich theoretische Annahmen in diese Untersuchungen ein (HORAN 1978; MAYER 1975a).Eine der wenigen Ausnahmen bildet die Studie von LIPSET und BENDIX (1959), deren erstes Kapital eine Analyse der Mobilität in

neun Industriegesellschaften enthält. Das Kapitel wurde von
LIPSET und ZETTERBERG verfaßt, die 1956 eine Theorie sozialer
Mobilität formuliert hatten (LIPSET und ZETTERBERG 1967). Dies
ist eine der wenigen Veröffentlichungen über Mobilität, die
den Begriff Theorie im Titel tragen (im folgenden zitiere ich
die Arbeit als LIPSET und BENDIX, obwohl ZETTERBERG der Ko-Autor
ist). Ausgangspunkt der Theorie bildet die Feststellung, die
Mobilität in Industriegesellschaften sei in etwa gleich hoch,
eine Feststellung, die im Gegensatz zu den eher impressioni-
stischen Vermutungen über die Offenheit der amerikanischen Gesellschaft und die relative Geschlossenheit der europäischen
Länder steht (LIPSET und BENDIX 1959, 13). LIPSET und BENDIX
reanalysieren eine Vielzahl von Untersuchungen aus den neun
Ländern, allerdings mit einer sehr groben Klassifikation der
Berufe: manuelle Berufe, nicht-manuelle Berufe und Landwirte.
Weder Wohnort noch Konfession oder Werte scheinen den Autoren
hinreichende Differenzen im Umfang der Mobilität zu erzeugen.
Deshalb führen sie die ähnlich hohen Mobilitätsraten auf die
Industrialisierung zurück. Nicht Krieg oder politische Umwälzun-
gen und auch nicht fortschreitende Industrialisierung, sondern
das erreichte Niveau der industriellen Entwicklung sei die Ur-
sache (LIPSET und BENDIX 1959, 13, 37 - 38, 72 - 75). Als in-
tervenierende Variablen gelten fünf Faktoren: die durch industrielle Entwicklung erzeugten freien Stellen, ähnlich hohe
Geburtenraten, der sich verändernde Statusrang von Berufen,
die abnehmende Bedeutung von vererbten Positionen und das
Schwinden rechtlicher Mobilitätsbarrieren. Diese mittelbaren
Ursachen werden durch ein unbegrenztes Streben nach Erfolg und
höherem Status kanalisiert (LIPSET und BENDIX 1959, 57 - 64).
Die Autoren sehen selbstverständlich die Beschränktheit ihrer
Daten ein. Sie beobachten auch Variationen im Zugang zu Elite-
positionen: in dieser Hinsicht seien die Vereinigten Staaten
offener als die europäischen Länder. Sie stellen außerdem fest,
daß zwischen der Strukturiertheit der sozialen Schichtung und
dem Mobilitätsstreben eine Beziehung besteht: wo deutliche

Schichtgrenzen vorhanden sind, ist das Bedürfnis, an diesen
Distinktionen festzuhalten groß, aber ebenso groß ist der Wunsch
nach Mobilität. In Gesellschaften wie die Vereinigten Staaten
sind beide Tendenzen nicht stark ausgeprägt (LIPSET und BENDIX
1959, 62). Obwohl eine genaue Lektüre zeigt, daß die Autoren in
keiner Weise die Mobilität allein auf eine Ursache zurückführen
wollen, ist nach meiner Überzeugung die These, ein bestimmtes
Niveau der Industrialisierung sei für ähnlich hohe Mobilitätsraten verantwortlich, die wichtigste in ihrer Argumentation.
Seitdem bestimmt jedenfalls der Gegensatz wirtschaft-
lich-technologische versus kulturell-politische Bestimmungs-
gründe der Mobilität die Diskussion.

Wie nicht anders zu erwarten, ist die These LIPSETs und BENDIX
häufig kritisiert und modifiziert worden. MILLER (1960) ver-
öffentlichte kurz nach LIPSET und BENDIX eine differenziertere
Sekundäranalyse, in der er recht beträchtliche Variationen in
den Mobilitätsraten nachweisen konnte. FEATHERMAN et al. (1975)
sind der Meinung, die These LIPSETs und BENDIX sei für die
Nettomobilität korrekt (zum Begriff Nettomobilität s. weiter
unten). TREIMAN (1970) leitet aus einer Analyse des Industria-
lisierungsprozesses ab, Mobilitätsraten würden ständig steigen.
Die Bedeutung askriptiver Eigenschaften - z.B. Herkunft - würde
von dem Einfluß von Leistungskriterien zunehmend zurückgedrängt. HEATH (1981) dagegen weist einen Zusammenhang zwischen
kulturellen und politischen Faktoren auf der einen und Mobilitätsraten auf der anderen Seite nach.

Aussagen über die Bedeutung der Industrialisierung und des technologischen Wandels für die Mobilität sind gemacht worden als
man die gegenwärtigen wirtschaftlichen und staatsfinanziellen
Probleme nicht vorhersehen konnte. Ihr Einfluß auf die künftige Mobilität ist schwer abzuschätzen. Mobilitätsuntersuchun-
gen beziehen sich auf gegenwärtig Berufstätige, deren Mobilitäts-
erfahrung in der Vergangenheit liegt. Man kann bezweifeln, ob der

Industrialisierungsprozeß als Muster für Veränderungen in der
"postindustriellen" Gesellschaft gelten kann. Ein wichtiger
Faktor unterscheidet die beiden Entwicklungen: die Rolle des
Staates, der heute viel stärker direkt (als Arbeitgeber) und
indirekt (durch seine Ausgaben) im wirtschaftlichen und sozialen
Geschehen interveniert. Die gegenwärtigen Anstrengungen zu Ra-
tionalisierung in den privaten und staatlichen Verwaltungen
werden zu einem beschleunigten technologischen Wandel führen.
Arbeitsplätze werden vernichtet, aber gleichzeitig entstehen
neue. Das könnte erhöhte Mobilität bedeuten: zunächst Arbeitslosigkeit, dann Umschulung und schließlich Anpassung an einen
neuen Arbeitsplatz. Weitere Spekulationen würden zu weit vom
Thema wegführen.

Eine Zusammenfassung der obigen Darstellung unter Berücksichtigung von nicht zitierten Analysen lautet wie folgt: Industriegesellschaften sind mobile Gesellschaften. Mobilitätsraten
sind abhängig vom Industrialisierungsniveau und von der Ge-
schwindigkeit des technologischen Wandels sowie von politischen und kulturellen Faktoren. Je fortgeschrittener die Industrialisierung, desto höher die Mobilität und desto stärker
die Wirkung von Leistungskriterien. Der technologische Wandel
führt zu stärkerer Auf- als Abwärtsmobilität. In Ländern mit
einer langen sozialdemokratischen oder sozialistischen Tradition ist die Mobilität höher als in Ländern ohne eine solche Tradition. Schließlich ist der Umfang der Mobilität umgekehrt proportional zur sozialen "Entfernung" zwischen zwei
Positionen. Die Distanz kann anhand des Status der Positionen gemessen werden. Mit diesen Thesen als Ausgangspunkt wende ich mich
der Mobilität in der Bundesrepublik zu.

6.3 Mobilität in der Bundesrepublik

Um inhaltliche und methodische Probleme besser behandeln zu
können, beginne ich mit drei sehr einfachen Tabellen (23 a - 23 c).

Tabelle 23 a Aufgliederung der Befragten nach ihrem Beruf
und dem Beruf der Väter
männliche Befragte; absolute Zahlen

Beruf der Befragten

Beruf der Väter	Arbeiter	Nicht-arbeiter	Land-wirte	Gesamt
Arbeiter	484	268	3	755
Nicht-arbeiter	100	469	2	571
Landwirte	62	35	38	135
Gesamt	646	772	43	1.461

Quelle: Herz und Wieken-Mayser 1979, 27

(Zentralarchiv-Untersuchung 633/634)

Tabelle 23 b Abstromprozente

Beruf der Befragten

Beruf der Väter	Arbeiter	Nicht-arbeiter	Land-wirte	Gesamt
Arbeiter	64	35	1	755 = 100 %
Nicht-arbeiter	18	82	0	571 = 100 %
Landwirte	46	26	28	135 = 100 %
Gesamt	44	53	3	1.461 = 100 %

Quelle: Herz und Wieken-Mayser 1979, 27

(Zentralarchiv-Untersuchung 633/634)

Tabelle 23 c Zustromprozente

Beruf der Befragten

Beruf der Väter	Arbeiter	Nicht-arbeiter	Land-wirte	Gesamt
Arbeiter	75	35	7	52
Nicht-arbeiter	15	61	5	39
Landwirte	10	5	88	9
Gesamt	646 = 100 %	772 = 100 %	43 = 100 %	1.461 = 100 %

Quelle: Herz und Wieken-Mayser 1979, 27

(Zentralarchiv-Untersuchung 633/634)

Die Zahlen ergeben sich bei der Aufgliederung von 1.461 im Jahre
1972 befragten Männern, die den eigenen Beruf (bei Rentnern und
Pensionären: den früheren Beruf) und den Beruf des Vaters (als
die Befragten 14 - 18 Jahre alt waren) angegeben hatten. Diese
1.461 Männer sind repräsentativ für berufstätige und ehemals
berufstätige Männer im Alter von 21 und älter. Zur Verein-
fachung habe ich nur drei Berufsgruppen unterschieden: Arbeiter, Nicht-Arbeiter (Angestellte, Beamte, Selbständige außer
Landwirte) und Landwirte. In Tabelle 23 a sind die absoluten
Zahlen enthalten. 484 Befragte waren Arbeiter und hatten gleichzeitig einen Arbeiter als Vater, während 3 Befragte Landwirte
waren und von einer Familie stammten, in der der Vater Arbeiter
war. Diese absoluten Zahlen sagen wenig aus, denn sie sind in
erster Linie eine Funktion der insgesamt Befragten und diese
Zahl wiederum richtet sich hauptsächlich nach den dem Forscher
zur Verfügung stehenden finanziellen Mitteln für seine Untersuchung. Immerhin lassen die Gesamtspalten eine Verschiebung
der Berufsstruktur von der Vater- zur Sohngeneration erkennen
(auf die Problematik dieser Aussage gehe ich in Abschnitt
6.6 ein). Es gab mehr Arbeiter und Landwirte in der Vätergene-

ration als wir sie unter den gegenwärtig Berufstätigen beobachten können. Um von der Betrachtung der absoluten Zahlen weg-
zukommen, berechnet man Prozentzahlen. In Tabelle 23 b sind sie
in horizontaler, in Tabelle 23 c in vertikaler Richtung berechnet worden. Die sogenannten Abstromprozente in Tabelle 23 b
erlauben Aussagen darüber, wohin die Söhne, deren Väter einen
bestimmten Beruf ausübten, "geströmt" sind. Man spricht zuweilen
auch von "Berufsvererbung", wobei der Begriff Vererbung im
übertragenen Sinne zu verstehen ist. Zwei Drittel der Arbeitersöhne sind wieder Arbeiter geworden und ein Drittel ist in
eine nicht-manuelle Berufsgruppe übergewechselt. Diejenigen,
die Landwirte geworden sind, kann man vernachlässigen. Von den
Söhnen der Nicht-Arbeiter sind vier Fünftel wieder Nicht-Arbeiter geworden; ein Fünftel wurde Arbeiter. Die Söhne der
dritten Gruppe - die Landwirte - blieben zu etwa einem Viertel in der Landwirtschaft, während ein gleich großer Anteil
einen Nichtarbeiter-Beruf ergriff. Fast die Hälfte wanderte
in die Ränge der Arbeiter ab. Die Mehrheit der Landwirte-
Söhne ist in eine andere Berufssparte abgewandert, während
die Söhne der anderen beiden Gruppen in der Mehrheit der Fälle
im "angestammten" Berufsbereich bleiben. Offenbar ist die Affinität der Landwirte-Söhne zu manuellen Berufen größer als zu
nicht-manuellen Berufen - oder die Chancen einer Karriere in
der einen Sparte sind für sie größer als in der anderen.
Wenn man bereit ist, den Nicht-Arbeiter-Berufen einen höheren sozio-ökonomischen Status oder ein höheres Prestige als
den Arbeiter-Berufen zuzuweisen - aufgrund der Darstellung
in Abschnitt 5.3, erscheint dies plausibel und LIPSET und
BENDIX (1959) argumentierten in derselben Weise - dann ist
der Umfang der Aufstiege größer als der der Abstiege. Dabei
betrachte ich nur die genannten Gruppen. Die Landwirte haben
in etwa das gleiche Prestige wie die Arbeiter. Die Mobilität
der Landwirte-Söhne wäre damit entweder horizontal oder nach
oben gerichtet. Wir könnten unter der genannten Annahme also
sagen, Aufwärtsmobilität sei in der Bundesrepublik viel häufi-

ger als Abwärtsmobilität. Die Gesamtmobilität unter den Angehörigen der nichtlandwirtschaftlichen Berufe beträgt 28 %. Das
entspricht der Höhe der Mobilität, die LIPSET und BENDIX für
Industriegesellschaften festgestellt hatten (LIPSET und BENDIX
1959, 25). In den deutschen Daten, über die LIPSET und BENDIX
berichten, überwiegt die Abwärtsmobilität. Auf der Basis von
Tabelle 23 a ergibt sich, daß 36 % der Arbeitersöhne aufwärts-
mobil, dagegen nur 18 % der Nicht-Arbeitersöhne abwärtsmobil
sind (auch diese Zahlen unter Ausschluß der Landwirte). Das
könnte bedeuten, daß Mobilität von den fünfziger zu den siebziger Jahren zugenommen hat.

In der Tabelle 23 c sind sogenannte Zustromprozente enthalten,
die uns eine Aussage darüber, aus welchen Berufsgruppen die
Angehörigen einer bestimmten Berufsgruppe sich rekrutieren,
erlauben. Die Selbstrekrutierung ist unter den Landwirten am
höchsten (88 %); es folgen die Arbeiter und die Nicht-Arbeiter.
Diese Zahlen dokumentierten die "Geschlossenheit" von Berufsgruppen. Diese Geschlossenheit kann sich auf ein bestimmtes
Normen- und Wertesystem, auf Verhaltensweisen und Einstellungen
und auf Verkehrskreise und Freundschaftsgruppen beziehen. Das
Ausmaß der Selbstrekrutierung läßt also Schlußfolgerungen über
die Bildung von Statusgruppen und über das Zustandekommen
eines Klassenbewußtseins ziehen. Tabelle 23 c zeigt, daß die
Bedingungen für die Entstehung eines solchen Bewußtseins unter
Landwirten und auch noch unter Arbeitern recht günstig sind,
denn drei Viertel aller heutiger Arbeiter rekrutieren sich
aus dem Arbeitermilieu. Ich brauche kaum hinzuzufügen, daß
die Entstehung von Klassenbewußtsein nicht allein von der
Homogenität der Rekrutierung abhängt.

Zwei methodische Schlußfolgerungen können gezogen werden.
Die Analyse der Abstromprozente, wie in Tabelle 23 b, ist
am ehesten unter der Perspektive der Chancen des Auf- und Abstiegs oder allgemeiner der Chancengleichheit sinnvoll, während

die Zustromprozente sich besser zur Analyse der Homogenität
(oder Heterogenität) von Klassen eigne . In beiden Fällen liegen der Analyse dieselben Daten zugrunde. Wenn also das eine Mal
die Homogenität von Klassen, das andere Mal die Chancengleichheit
zur Diskussion steht, dann handelt es sich lediglich um die Akzen-
tuierung einer bestimmten theoretischen Perspektive. Generell
kann man sagen: je höher die Chancen des Auf- und Abstiegs, desto heterogener sind die Berufsgruppen. Die Aussage
braucht nicht für alle und nicht für dieselben Berufsgruppen zu
gelten.

Max WEBERs Definition sozialer Klassen nimmt Bezug auf all diejenigen ökonomischen Klassen, zwischen denen ein Wechsel leicht
möglich und typisch ist. Ein Blick auf die Tabellen 23 b und
23 c zeigt uns, daß Mobilität aus der bzw. in die Arbeiterschaft relativ selten ist; dies gilt ebenso für die Nicht-Arbeiter. Nur die Mobilität aus der Landwirtschaft ist hoch.
Welche der Zahlen entspricht jedoch den Begriffen "leicht möglich und typisch"? Um dies zu beurteilen, braucht man einen
Maßstab und dieser ergibt sich aus den Gesamtspalten und -zeilen,
auch Randverteilungen genannt. Aus Tabelle 23 b geht hervor, daß
44 % der männlichen Befragten Arbeiter sind oder diesen Beruf
ausgeübt haben. Vergleicht man die relativen Häufigkeiten in
der ersten und zweiten Zeile derselben Tabelle mit dieser Zahl,
dann kann man feststellen: die Chance eines Arbeitersohns
wieder Arbeiter zu werden, ist überproportional groß, während
Söhne von Nicht-Arbeitern nur eine unterproportionale Chance
haben, einen Arbeiterberuf zu ergreifen. Anders ausgedrückt:
es ist leicht möglich und typisch für einen Arbeitersohn, in
der Berufsgruppe seines Vaters zu bleiben. Für den Sohn eines
Angestellten, Beamten oder Selbständigen ist der Abstieg jedoch nicht typisch. Er wäre es, wenn ein gleich großer Anteil
der Söhne dieser Berufskreise wie in der Gesamtheit (44 %)
Arbeiter würden. Was liegt näher als die Zahl 18 % durch die
Zahl 44 % zu dividieren? Dieser Index kann für alle Zellen in

in Tabelle 23 b berechnet werden. Dieselbe Logik können wir auf
Tabelle 23 c anwenden. 39 % der Väter der Befragten waren
Nicht-Arbeiter, aber die heutigen Arbeiter rekrutieren sich nur
unterproportional (15 %) aus dieser Gruppe. Auch in diesem Falle
berechnen wir eine Index-Zahl durch die Division der Zahl in der
Tabelle mit der Zahl in der Randverteilung. Das Ergebnis dieser
Berechnung entspricht genau der bereits berechneten Index-Zahl
auf der Basis der Tabelle 23 b. Darin kommt wieder zum Ausdruck,
daß wir immer nur dieselben Zahlen aus verschiedenem Blickwin-
kel betrachten. Die Index-Zahl kann den Wert null und alle
darüber liegenden Werte annehmen. Der Wert 1,0 ergibt sich, wenn
die in einer Tabellenzeile oder -spalte beobachtete Prozentzahl
genau der Gesamtprozentzahl entspricht. Dies trifft für die
untere linke Zelle der Tabelle 23 c zu. So kann man sagen, daß
es für Landwirte-Söhne leicht möglich und typisch ist, einen
Arbeiterberuf zu ergreifen.

Eine theoretische Alternative zu der obigen Darstellung geht
von folgender Überlegung aus: in Tabelle 23 b sind 646 oder 44 %
der Berufstätigen Arbeiter. Man kann nun Chancengleichheit so
definieren: Die Chance, in eine bestimmte Berufsgruppe zu gelangen, sollte unabhängig von der Herkunft sein. M.a.W.: Kinder aus den drei Herkunftsgruppen sollten die gleichen Chancen haben, z.B. Arbeiter zu werden (es sollten nicht gleich
viele aus jedem Herkunftsberuf Arbeiter werden, sondern ein
gleich großer Anteil). Diese Chance ergibt sich aus der gegenwärtigen Verteilung der Befragten auf die drei Berufsgruppen (unterste Zeile). Somit sollten jeweils 44 % der Kinder
von Arbeitern, Nicht-Arbeitern und Landwirten Arbeiter werden. Ebenfalls sollten 53 % der Kinder der drei genannten
Gruppen Nichtarbeiter und 3 % Landwirte werden. Diese Annahme
läßt sich in Form einer Tabelle mit hypothetischen Häufigkeiten (Erwartungswerte) darstellen (Tabelle 24).

Tabelle 24 Erwartete Verteilung der Befragten unter der
Annahme von Unabhängigkeit zwischen Vater- und
Befragtenberuf

(berechnet auf der Basis von Tabelle 23 a)

Beruf der Befragten

Beruf der Väter	Arbeiter	Nicht-arbeiter	Land-wirte	Gesamt
Arbeiter	334	339	22	755
Nicht-arbeiter	252	302	17	571
Landwirte	60	71	4	135
Gesamt	646	772	43	1.461

Vergleichen wir die Tabellen 23 a und 24 stellen wir fest, daß
tatsächlich mehr Kinder von Arbeitern wieder Arbeiter werden als
wir es nach dem Modell der Chancengleichheit erwarten würden.
Dagegen wird tatsächlich ein viel geringerer Anteil der Nicht-
Arbeitersöhne wieder Arbeiter als in der hypothetischen Tabelle. Wir können, um den Vergleich zu systematisieren, die
tatsächliche mit der erwarteten Zahl jedes Feldes dividieren
und erhalten damit eine Index-Zahl (Assoziationsindex), die uns
etwas darüber sagt, ob die Mobilität aus einer Gruppe oder in
sie größer oder geringer als erwartet ist. Liegt die Index-Zahl
bei 1,0, ist die erwartete gleich der beobachteten Mobilität.
Liegt die Zahl über 1,0, beobachten wir mehr Söhne in einer
Zelle als wir erwarten würden; umgekehrt ist es bei einer Zahl
unter 1,0. Der Assoziationsindex entspricht genau der oben ab-
geleiteten Index-Zahl. Im Falle der Tabelle 23 a gibt die Berechnung von Assoziationsindizes kaum zusätzliche, über die
Prozentuierung hinausgehende Informationen über die Struktur

der Mobilität wieder. Der Grund hierfür ist die sehr grobe
Klassifikation der Berufe. Bevor ich mich einer detaillierten
Darstellung zuwende, sei noch etwas über die Ursachen der beobach-
teten Mobilität gesagt.

Ich habe bereits darauf hingewiesen, daß die relative Häufigkeit
der Arbeiter und Landwirte abgenommen, die der Nicht-Arbeiter
zugenommen hat. Ein Grund für diesen Wandel war die Erhöhung der
Produktivität in der Landwirtschaft, die die Nachfrage nach
landwirtschaftlichen Gütern überflügelte. Die in der Landwirtschaft Tätigen bzw. deren Söhne und Töchter waren gezwungen, andere Berufe zu ergreifen. Auch in der Güterproduktion fanden Ra-
tionalisierungen statt, die Arbeiter freisetzten. Gleichzeitig
nahm der staatliche Sektor zu, administrative Funktionen ver-
mehrten sich und führten zu einer starken Ausweitung von Beam-
ten- und Angestelltenpositionen. Es sind, wie im vorigen Abschnitt
betont wurde, technologische, ökonomische und politische Faktoren im Spiel. Man kann nicht erwarten, in einer 3 x 3-Tabelle
eine genaue Antwort auf die Frage, welcher dieser Faktoren der
wichtige sei, zu finden. Soziologen haben, um überhaupt eine
Trennung von verschiedenen Ursachen-Bündel vornehmen zu können,
die Unterscheidung zwischen struktureller und Zirkulationsmobilität
eingeführt. Damit hat man versucht, die Gesamtmobilität in einer
Gesellschaft in zwei Teile zu gliedern: eine durch strukturelle
Veränderungen hervorgerufene Mobilität und eine freiwillige oder
überschüssige Mobilität. Ein Beispiel für den ersten Faktor
liefert die Veränderung in der Landwirtschaft, die die Söhne
und Töchter von Landwirten mehr oder weniger gezwungen hat,
einen anderen Beruf zu ergreifen. Ein Beispiel für den anderen
Faktor-Typus wäre der Fall eines Fabrikantensohnes, der sich
entschließt, Arzt zu werden. Wie man die beiden Ursachen-Bündel
statistisch trennt, zeigt folgendes Beispiel, bei dem ich mich
wieder auf Tabelle 23 a beziehe. Ein Blick auf die Gesamtspalten zeigt, wie gesagt, daß die Zahl der Arbeiter und Landwirte
abgenommen, die Zahl der Nicht-Arbeiter (Angestellte, Beamte,

169

Selbständige)zugenommen hat. Diese Veränderung beträgt in absoluten Zahlen

$$\frac{|755 - 646| + |571 - 772| + |135 - 43|}{2} = 201,$$

d.h., mindestens 201 Söhne oder, bezogen auf die insgesamt Befragten 14 % waren "gezwungen", die Berufsgruppe ihrer Väter zu
verlassen. Mobil sind in Tabelle 23 a alle Befragten in den
Zellen außerhalb der Diagonale von links oben nach rechts unten,
d.h. 470 Söhne oder 32 %. Der Unterschied, nämlich 269 Söhne,
stellt "überschüssige" oder Zirkulationsmobilität dar. Wir
können in der Tabelle also rd. 14 % strukturelle und 18 % Zirkulationsmobilität beobachten. Die letztere Zahl kann als ein Maß
für die Offenheit der Gesellschaft gelten. Mir erscheint diese
Betrachtungsweise äußerst mechanistisch und der zugrundeliegen-
de Gedanke unklar. Das trifft schon für den ersten Artikel zu,
in dem die beiden Begriffe auftauchen (YASUDA 1964). Jüngst
hat McCLENDON (1977) versucht, Strukturmobilität und Zirkulationsmobilität begrifflich zu trennen. Er schreibt: "Deshalb
wird der Begriff 'strukturelle' Mobilität sich auf Mobilität
beziehen, die auf all diejenigen Faktoren zurückzuführen ist,
die ein Abweichen der gegenwärtigen (Berufsstruktur, T.H.) von
der der Väter verursachen. Welche auch die Ursachen dieser
Mobilität sein mögen, sie ist nicht eine Folge der Chancengleichheit oder der Offenheit der Gesellschaft" (McCLENDON
1977, 57). Diese Aussage steht für viele, ist aber unhaltbar.
Mobilität kann nicht durch Chancengleichheit oder Offenheit
verursacht werden, sondern Form und Umfang der Mobilität sind
Indikatoren für z.B. das Ausmaß ungleicher Chancen. Hierbei
ist es wichtig, zwischen den beiden Begriffen zu unterscheiden. Chancengleichheit bezieht sich auf eine individualistische
Perspektive der Handelnden (vgl. Abschnitt 3.1), während Offenheit eine gesamtgesellschaftliche Betrachtungsweise impliziert.

Probleme entstehen, weil die meisten Autoren zwischen den beiden Ebenen hin- und herwechseln ohne sich dessen bewußt zu sein.

Bei beiden sind normative Entscheidungen notwendig. Betrachten
wir zunächst die Mobilität aus der individualistischen Perspektive. Ohne Zweifel verursachen strukturelle Wandlungen Mobilität; ebenso sicher gibt es Jugendliche, die "ohne Zwang" den
Beruf ergreifen, den sie gerne haben. Strukturelle Veränderungen gehen ebenso wie Vorstellungen über Vor- und Nachteile
von Berufen, Familientradition etc. in die Entscheidungen ein.
An der statistischen Maßzahl für strukturelle Mobilität die
Rolle des erstgenannten Faktors schätzen zu wollen, ist nicht
möglich. Ein Beispiel soll dies verdeutlichen. Wenn eine Vorhersage über den Bedarf an Medizinern oder Lehrern publiziert
wird, hat sie meist unerwartete Konsequenzen. Niemand will
mehr Lehrer, alle jedoch Ärzte werden. Die in der Vorhersage
enthaltene Aussage über die Struktur der Chancen (um eine
solche handelt es sich) beeinflußt die Entscheidungsfindung,
die sich dann als struktureller Wandel manifestiert. Die Berufsstruktur ist aus dieser Perspektive möglicherweise eine
Ursache, aber auf jeden Fall eine Wirkung der Mobilität. Diese Überlegungen erlauben uns nun, den Begriff der Chancengleichheit genauer zu fassen. Chancengleichheit besteht z.B. dann,
wenn bei gleichen Vorssetzungen zwei Personen dasselbe Ziel -
z.B. einen bestimmten Beruf - erreichen. Die erste Frage
lautet: Was sind gleiche Voraussetzungen? Das ist keine wissenschaftliche, sondern eine normative Frage. Sollen gleiche
Bildungsabschlüsse allein zählen oder Intelligenz oder beides usw.. Dabei interessiert die Größe des Berufskreises oder
sein Wachstum überhaupt nicht. Diese Bedingung ist ja für
die beiden Personen gleich. Erst wenn man unterschiedliche
Wahrnehmung von Chancen erklären will (die beiden Personen
haben z.B. verschiedene Berufe ergriffen), wird man möglicherweise auf Größe und/oder Veränderung von Berufsgruppen als
eine unter vielen ursächlichen Faktoren hinweisen. Ob man
strukturellen Wandel berücksichtigt oder nicht, hat mit
Chancengleichheit nichts zu tun, sondern ist höchstens aus
Interpretationsgesichtspunkten relevant. Daraus folgere ich,

daß man der Perspektive der Chancengleichheit gerecht wird, wenn
man Zustromprozente analysiert und, wie es weiter unten geschieht, z.B. die Chancen von Söhnen unterschiedlicher Herkunft,
leitende Angestellte zu werden, miteinander vergleicht.

Auch die makrosoziologische Perspektive setzt normative Entscheidungen voraus. Üblich ist es, ein Modell zu konstruieren und
mit der Wirklichkeit zu vergleichen. Ein einfaches und unreali-
stisches, aber oft benutztes Modell beruht auf eine Annahme,
die ich bereits oben behandelt habe: Angehörige aller Berufsgruppen sollten die gleiche Chance haben, einen bestimmten Beruf zu ergreifen. Die unter dieser Bedingung entstehende Verteilung - z.B. Tabelle 24 - wird mit der tatsächlichen Verteilung - Tabelle 23 a - verglichen. Aber dieser Vergleich entspricht der Berechnung der obigen Assoziationsindizes und diese
wiederum sind Indikatoren für Chancengleichheit im obigen Sinne.
Die gesamtgesellschaftliche Perspektive erweist sich als eine
Aggregation von berufsspezifischer Chancengleichheit. Die Veränderung der Berufsstruktur ist also auch hier irrelevant (vgl.
zum obigen auch MEULEMANN 1979). Ich halte an der eingangs
dargestellten Betrachtung fest: Abstromprozente sind Indikatoren
für Chancenstruktur und Zustromprozente lassen Schlußfolgerungen über die Homogenität von Klassen oder Statusgruppen zu.
Der Umfang der strukturellen Mobilität ist ein, wenn auch
schlechter, Indikator für Veränderungen der Berufsstruktur,
mehr nicht. Eine befriedigende Trennung von individualisti-
scher und gesamtgesellschaftlicher Perspektive zeichnet sich
gegenwärtig in der Forschung nicht ab.

Bisher habe ich fast nur methodische Probleme erörtert und wenig über Mobilität in der Bundesrepublik gesagt. Dieser längere Umweg war jedoch notwendig. Ohne ein Mindestmaß an Metho-
denkenntnissen wäre der folgende Teil schwer verständlich.

Zur Darstellung der Mobilität in der Bundesrepublik verwende ich
drei Tabellen, die in MÜLLER (1975) veröffentlicht worden sind.

Sie beziehen sich auf das Jahr 1968. In diesem Jahr führte das
Meinungsforschungsinstitut infratest eine Befragung von erwerbstätigen Männern und Frauen durch. Die Untersuchung erfaßte
die Angaben von 3.153 Personen. Ihre Repräsentativität ist
zufriedenstellend (MÜLLER 1975, 52). Die Befragten sind in
14 Berufskreise untergliedert und nach ihrem Status, welcher
"ungleiche Teilhabe an den verfügbaren sozialen Ressourcen
indizieren" soll (MÜLLER 1975, 45), geordnet. Tabelle 25 enthält die Abstromprozente für die 3.153 Befragten. Ich werde
zwei Merkmale der Tabelle behandeln: der Umfang der "Berufsvererbung" und die Aufstiegschancen in die vier obersten Berufskreise.

In allen Berufskreisen ist die Wahrscheinlichkeit, den Vater-
beruf zu ergreifen, größer als die Wahrscheinlichkeit der Wahl
irgendeines anderen Berufes. Die exakte Höhe der "Berufsver-
erbung" hängt von der Feinheit der Berufsklassifikation ab.
Je gröber, desto stärker die "Vererbung" (vgl. Tabelle 23 b).
Eine Tendenz zur Berufsvererbung scheint durchaus plausibel.
Durch familiale Sozialisation werden dem Kind bzw. dem Jugendlichen bestimmte Werte und Normen vermittelt, die auch für die
Berufswahl relevant zu sein scheinen. Per "Osmose" lernt der
Jugendliche, dieselben beruflichen Dinge zu schätzen wie der
Vater. Bei der Wahl einer Bildungs- und Berufslaufbahn wirken
auch die Eltern mit und damit übertragen sich Berufserfahrungen
von einer zur anderen Generation. Wenn Eigentum und Besitz vorhanden ist - z.B. bei Selbständigen - liegt die Berufsvererbung
besonders nahe. So plausibel diese Erklärungen scheinen, so problematisch sind sie. Auf zweierlei möchte ich hinweisen. Erstens ist die Tendenz zur Berufsvererbung unterschiedlich
stark; sie variiert von Berufskreis zu Berufskreis. Dies wird
deutlich, wenn wir die Berufsvererbung mit der Randverteilung
(unterste Zeile) vergleichen. Die höheren Beamten umfassen 1,7 %
der berufstätigen Männer und Frauen, aber 32,8 % der Söhne
und Töchter von höheren Beamten ergriffen wieder Berufe dessel-

Tabelle 25 Intergenerationen-Mobilität zwischen 14 Berufskreisen in der Bundesrepublik 1968 männliche und weibliche Erwerbstätige im Alter 16 - 65

Matrix der Abstrom-Prozente

Beruf der Väter	\multicolumn{14}{c}{Berufe der Kinder}														Summe
	1	2	3	4	5	6	7	8	9	10	11	12	13	14	
1 gröβere u.mittlere Selbständige	32,4	4,6	5,6	10,2	6,5	13,0	10,2	0,0	3,7	3,7	2,8	0,9	5,6	0,9	100
2 Freie Berufe	2,2	37,0	2,2	17,4	4,3	13,0	10,9	0,0	2,2	2,2	6,5	0,0	2,2	0,0	100
3 höhere Beamte	0,0	4,9	32,8	21,3	6,6	14,8	8,2	1,6	0,0	1,6	1,6	0,0	6,6	0,0	100
4 leitende Angestellte	1,4	2,1	2,1	36,1	4,2	23,6	17,4	0,7	4,2	3,5	2,1	0,7	2,1	0,0	100
5 gehobene Beamte	2,6	2,2	5,7	11,5	26,9	17,6	15,4	1,8	2,6	6,6	3,1	1,3	2,2	0,4	100
6 qualifizierte Angestellte	2,6	1,5	1,0	6,1	7,1	45,9	15,3	0,5	3,6	7,1	5,1	1,0	3,1	0,0	100
7 ausführende Angestellte	0,6	0,6	0,6	4,0	6,3	11,5	46,6	0,0	6,3	10,3	5,2	3,4	4,0	0,6	100
8 untere Beamte	1,3	0,0	0,0	3,8	7,6	12,7	12,7	19,0	7,6	16,5	10,1	5,1	3,8	0,0	100
9 hochqualifizierte Facharbeiter	1,9	0,5	0,9	6,0	2,8	4,7	13,5	1,4	27,9	15,8	14,0	7,0	3,7	0,0	100
10 Facharbeiter	0,7	0,3	0,1	3,8	2,3	7,9	13,3	2,1	7,1	38,3	12,1	6,8	4,7	0,6	100
11 angelernte Arbeiter	0,0	0,3	0,0	2,7	1,7	3,7	9,0	2,3	4,7	23,3	38,2	10,3	4,0	0,0	100
12 ungelernte Arbeiter	0,0	0,0	0,0	0,9	1,9	4,7	4,2	1,4	6,5	24,3	17,8	34,1	3,3	0,9	100
13 kleine Selbständige	3,2	0,5	0,3	6,9	2,9	6,3	15,9	1,6	4,5	13,0	8,2	2,6	33,1	1,1	100
14 Landwirte	1,0	0,7	1,3	2,3	3,3	5,6	7,3	2,0	6,3	15,9	10,9	5,3	8,3	29,8	100
Summe	2,4	1,4	1,7	6,8	5,2	11,1	14,1	2,0	6,8	18,9	12,0	6,7	7,8	3,3	100

Quelle: Müller 1975, 56

ben Kreises. Eine ähnlich hohe Berufsvererbung weisen die Facharbeiter auf (38,3 %), wobei jedoch dieser Berufskreis insgesamt 18,9 % aller Befragten ausmacht. Die Position des höheren Beamten setzt eine hohe Schulbildung und ein bestimmtes Standes- und Berufsethos voraus. Das erfordert eine langfristige Planung auf seiten der Eltern und der Kinder, harte Arbeit und ein gewisses Maß an Unempfindlichkeit, denn die Konkurrenz um die wenigen Positionen ist groß. Die Anforderungen für einen Facharbeiterberuf sind zeitlich gesehen geringer und die Konkurrenz, da es viele Positionen gibt, weniger hart. Es ist leichter, eine solche Karriere zu planen als die des höheren Beamten. Darüber hinaus gibt es eine Reihe von informellen Kriterien, die die Übernahme einer Position beeinflussen und sie sind im Falle des höheren Beamten andere als im Falle des Facharbeiters. Hinter dem Begriff Berufsvererbung verbergen sich also ganz unterschiedliche soziale Prozesse bzw. Methoden der Lebensplanung. Zweitens zeigen Analysen des Mobilitätsprozesses, die Indikatoren für Werthaltungen explizit berücksichtigen - Bewertung von verschiedenen Eigenschaften von Berufen durch Eltern und ihren Kindern -, daß diese Werte nicht den Mobilitätsprozeß beeinflussen. Diejenigen Faktoren, die in Familien, in denen der Vater unselbständig beschäftigt ist, am ehesten "vererben", sind im Mobilitätsprozeß nicht relevant (HERZ 1983 a).

Das zweite Merkmal der Tabelle (auf das ich eingehen werde) bezieht sich auf die vier Berufskreise an der Spitze der Statushierarchie: die großen und mittleren Selbständigen, die freien Berufe, die hohen Beamten und die leitenden Angestellten. Die erste und vierte Gruppe repräsentieren die Spitzen des wirtschaftlichen Sektors der Gesellschaft, die entweder aufgrund des Eigentums oder aufgrund von Autorität weitreichende Entscheidungen treffen können; die zweite Gruppe repräsentiert den professionellen Akademikerbereich und die dritte Gruppe die staatlichen Entscheidungsträger. Es wäre sicher verfehlt, zu großes Vertrauen in die Repräsentativität der Untersuchung im Hinblick auf diese kleinen Gruppen zu setzen. Erfahrungsgemäß

sind Angehörige dieser Gruppen für Interviews wie die hier
durchgeführten schwer erreichbar. Wenn die Chancen, in diese
Positionen aufzusteigen, beurteilt werden sollen, dann muß diese Einschränkung berücksichtigt werden. Die Chancen des Aufstiegs
in die Kreise der Selbständigen ist gering; sie schwanken um
2 %. Nur die kleinen Selbständigen weisen eine etwas höhere Prozentzahl (3,2 %) auf. Es gibt also eine gewisse Affinität zwischen diesen Kreisen, die sich wohl aus dem Besitz ergibt. Arbeitersöhne und Töchter steigen so gut wie nie - es sei denn,
ihre Väter waren hochqualifiziert - in diese Selbständigen-
kreise hinauf. Das tun jedoch auch nicht die Kinder höherer
Beamter. Man kann etwas überspitzt sagen: die Chancen, in
diesen Berufskreis aufzusteigen, sind gering, aber gleich verteilt. Die Chancen des Aufstiegs in die Gruppe der leitenden
Angestellten sind im Vergleich dazu größer, jedoch ungleich
verteilt. Je höher wir in der Berufshierarchie klettern, um
so größer wird der Anteil, der in diesen Berufskreis hinein-
strömt. Besonders viele Kinder von höheren Beamten werden
leitende Angestellte; das gilt nicht für die umgekehrt verlaufende Mobilität. Diese Abhängigkeit der Aufstiegschancen
vom Ursprungsstatus entspricht genau der in Abschnitt 6.2
formulierten These von der umgekehrten Beziehung zwischen Umfang der Mobilität und sozialer Distanz. Einzige Gruppe, deren Mitglieder sich nicht so verhalten, sind die hochqualifizierten Arbeiter, deren Kinder dem Status gemäß eine überproportionale Chance des Aufstiegs haben. Die Väter sind hier
oft im Angestelltenverhältnis und dies mag den Aufstieg er-
leichtern. Bei den freien Berufen und höheren Beamten verhält
es sich in etwa wie bei den großen und mittleren Selbständigen. Nur wenigen gelingt es, in diese Berufskreise aufzusteigen. Bei den höheren Beamten bilden die gehobenen Beamten und
die Selbständigen, bei den freien Berufen der letztgenannte
Berufskreis und die höheren Beamten eine Ausnahme. Arbeiterkinder haben so gut wie keine Chance, direkt in diese Berufskreise aufzusteigen. Es gibt zwei offenkundige und eine weniger

sichtbare Ursache für die Exklusivität der vier Berufskreise.
Die erste ist Besitz und die zweite Bildung. Besitz schließt
sehr effektiv viele nicht-besitzenden Bewerber vom Eintritt
in den Berufskreis aus. In diesem Falle spielt soziale Distanz
eine nur untergeordnete Rolle. Bildung bedeutet auch eine hohe
Schwelle, über die viele stolpern. Auch im Falle der freien Berufe und der höheren Beamten - zwei Berufskreise, deren Mitglieder eine hohe Ausbildung besitzen - variiert der Umfang
des Abstroms kaum mit der sozialen Distanz. Nur bei den leitenden Angestellten haben wir andere Beziehungen beobachtet.
Warum weicht diese Gruppe ab? Wahrscheinlich, weil sie sehr
stark expandiert ist (von 4,6 % der Befragten in der Väter-
auf 6,8 % in der Sohn-/Tochtergeneration), während die anderen Berufskreise stabil bleiben oder gar schrumpfen. Wenn
Chancen des Aufstieges sich erhöhen, können diejenigen davon profitieren, die von diesen Chancen Kenntnis haben und
die bereit sind, ein gewisses Risiko einzugehen. Die Parame-
ter des Kalküls, das in Abschnitt 5.2.6 beschrieben wurde -
in diesem Falle die Kosten - ändern sich und damit auch
der Ertrag. Dieser nimmt mit steigendem Status zu. Die Aussage, der Umfang der Mobilität hänge von der sozialen
Distanz ab, muß aufgrund der obigen Ergebnisse eingeschränkt
werden.

Tabelle 26 enthält die Angaben über die Zustromprozente für
die Befragten des Jahres 1968. Auch bei dieser Tabelle beschränke ich mich auf die Diskussion der Diagonalzellen, die
den Umfang der Selbstrekrutierung (die Rekrutierung aus dem
eigenen Berufskreis) indizieren und auf die Berufskreise 1 - 4.
Die Selbstrekrutierung ist in vielen Berufskreisen hoch, besonders in denen, die Eigentum zu vererben haben (Selbständige und Landwirte). Es gibt aber auch Berufskreise, die
nicht nur von den "eigenen Kindern" dominiert werden. Das
sind alle Angestelltenberufe, die unteren Beamten sowie die
Arbeiterberufe mit Ausnahme der Facharbeiter. Die Facharbeiter

Tabelle 26 Intergenerationen-Mobilität zwischen 14 Berufskreisen in der Bundesrepublik 1968 männliche und weibliche Erwerbstätige im Alter 16 - 65

Matrix der Zustrom-Prozente

Beruf der Väter	Berufe der Kinder														Summe
	1	2	3	4	5	6	7	8	9	10	11	12	13	14	
1 größere u.mittlere Selbständige	46,7	11,1	11,1	5,1	4,3	4,0	2,5	0,0	1,9	0,7	0,8	0,5	2,4	1,0	3,4
2 freie Berufe	1,3	37,8	1,9	3,7	1,2	1,7	1,1	0,0	0,5	0,2	0,8	0,0	0,4	0,0	1,5
3 höhere Berufe	0,0	6,7	37,0	6,0	2,5	2,6	1,1	1,6	0,0	0,2	0,3	0,0	1,6	0,0	1,9
4 leitende Angestellte	2,7	6,7	5,6	24,2	3,7	9,7	5,6	1,6	2,8	0,8	0,8	0,5	1,2	0,0	4,6
5 gehobene Beamte	8,0	11,1	24,1	12,1	37,4	11,4	7,9	6,5	2,8	2,5	1,9	1,4	2,0	1,0	7,2
6 qualifizierte Angestellte	6,7	6,7	3,7	5,6	8,6	25,6	6,8	1,6	3,3	2,4	2,7	1,0	2,4	0,0	6,2
7 ausführende Angestellte	1,3	2,2	1,9	3,3	6,7	5,7	18,3	0,0	5,1	3,0	2,4	2,9	2,9	1,0	5,5
8 untere Beamte	1,3	0,0	0,0	1,4	3,7	2,8	2,3	24,2	2,8	2,2	2,1	1,9	1,2	0,0	2,5
9 hochqualifizierte Facharbeiter	5,3	2,2	3,7	6,0	3,7	2,8	6,5	4,8	27,9	5,7	8,0	7,1	3,3	0,0	6,8
10 Facharbeiter	6,7	4,4	1,9	12,6	9,8	16,0	21,2	24,2	23,3	45,5	22,8	22,9	13,5	3,9	22,5
11 angelernte Arbeiter	0,0	2,2	0,0	3,7	3,1	3,1	6,1	11,3	6,5	11,8	30,5	14,8	4,9	0,0	9,5
12 ungelernte Arbeiter	0,0	0,0	0,0	0,9	2,5	2,8	2,0	4,8	6,5	8,7	10,1	34,8	2,9	1,9	6,8
13 kleine Selbständige	16,4	4,4	1,9	12,1	6,7	6,8	13,5	9,7	7,9	8,2	8,2	4,8	51,0	3,9	12,0
14 Landwirte	4,0	4,4	7,4	3,3	6,1	4,8	5,0	9,7	8,8	8,1	8,8	7,6	10,2	87,4	9,6
Summe	100	100	100	100	100	100	100	100	100	100	100	100	100	100	100

Quelle: Müller 1975, 61

nehmen in der Matrix eine Schlüsselstellung ein. Sie stellen den
größten Anteil der Berufstätigen in dieser Klassifikation (gefolgt von den kleinen Selbständigen). Sowohl Berufe unter wie
über den Facharbeitern rekrutieren einen beträchtlichen Anteil
ihres Nachwuchses aus den Reihen der Facharbeitersöhne, und -töch-
ter. Die Rekrutierung aus der Gesamtheit der Arbeiterschaft ist
besonders hoch (33 % - 50 %) unter ausführenden Angestellten
und unteren Beamten und auch noch hoch (20 % - 25 %) unter den
gehobenen Beamten, qualifizierten und leitenden Angestellten.

Von den vier statushöchsten Berufskreisen ist nur die Gruppe
4 (leitende Angestellte) in ihrer Rekrutierung heterogen, denn
23 % stammt aus der Arbeiterschaft und weitere 12 % aus dem
Kreis der kleinen Selbständigen. Die großen und mittleren Selbständigen weisen eine hohe Selbstrekrutierung auf; außerdem
kommt ein beträchtlicher Anteil aus den Reihen der kleinen
Selbständigen. Höhere Beamte und freie Berufe weisen ein hohes
Maß an Geschlossenheit gegenüber Arbeitern auf; außer aus den
eigenen rekrutieren sie ihr Klientel hauptsächlich aus den
statusnächsten Berufen. Angestelltenberufe, unabhängig von der
Qualifikation, und die unteren Beamten weisen also eine große
Heterogenität der Rekrutierung auf. Die Arbeiterberufe auf der
einen, die drei statushöchsten Berufe auf der anderen Seite
sind in dieser Hinsicht homogen.

Wie ich gezeigt habe, sind Selbstrekrutierung und Berufsvererbung nur zwei Aspekte des gleichen Mobilitätsvorganges. Zusammengefaßt werden sie in der Analyse der sogenannten Assoziationsindizes. In Tabelle 27 sind diese enthalten. Eingerahmt
sind solche Indizes, die über 1,0 liegen. Ihre Interpretation
lautet wie oben: zwischen den durch eine solche Index-Zahl
verknüpften Berufsgruppen findet ein überproportionaler Austausch statt, während zwischen den anderen Berufsgruppen der
Austausch unterdurchschnittlich ist. Die Tabelle zeigt, daß
die Bundesrepublik aus vier mehr oder weniger deutlich vonein-

Tabelle 27 Intergenerationen-Mobilität zwischen 14 Berufskreisen in der Bundesrepublik 1968 männliche und weibliche Erwerbstätige im Alter 16 – 65

Matrix der Assoziationsindizes

| Berufe der Väter | Berufe der Kinder | | | | | | | | | | | | | |
| | I | | | | II | | III | | | IV | | | |
	1	2	3	4	5	6	7	8	9	10	11	12	13	14
1 größere u. mittlere Selbständige	13,62	3,24	3,24	1,49	1,25	1,16	0,72	0,00	0,54	0,20	0,23	0,14	0,71	0,28
2 freie Berufe	0,91	25,89	1,27	2,55	0,84	1,17	0,77	0,00	0,32	0,12	0,55	0,00	0,28	0,00
3 höhere Beamte	0,00	3,45	19,14	3,13	1,27	1,33	0,58	0,83	0,00	0,09	0,14	0,00	0,84	0,00
4 leitende Angestellte	0,58	1,46	1,22	5,30	0,81	2,12	1,24	0,35	0,61	0,18	0,17	0,10	0,27	0,00
5 gehobene Beamte	1,11	1,54	3,34	1,68	5,20	1,58	1,10	0,90	0,39	0,35	0,26	0,20	0,28	0,13
6 qualifizierte Angestellte	1,07	1,07	0,60	0,90	1,38	4,12	1,09	0,26	0,52	0,38	0,43	0,15	0,39	0,00
7 ausführende Angestellte	0,24	0,40	0,34	0,59	1,22	1,03	3,33	0,00	0,93	0,55	0,43	0,52	0,52	0,18
8 untere Beamte	0,53	0,00	0,00	0,56	1,47	1,14	0,90	9,66	1,11	0,87	0,85	0,76	0,49	0,00
9 hochqualifizierte Facharbeiter	0,78	0,33	0,54	0,89	0,54	0,42	0,96	0,71	4,09	0,84	1,17	1,05	0,48	0,00
10 Facharbeiter	0,30	0,20	0,08	0,56	0,44	0,71	0,94	1,08	1,04	2,03	1,02	1,02	0,60	0,17
11 Angelernte Arbeiter	0,00	0,23	0,00	0,39	0,32	0,33	0,64	1,18	0,68	1,23	3,20	1,55	0,51	0,00
12 ungelernte Arbeiter	0,00	0,00	0,00	0,14	0,36	0,42	0,30	0,71	0,96	1,29	1,49	5,12	0,42	0,29
13 kleine Selbständige	1,33	0,37	0,15	1,01	0,56	0,57	1,13	0,81	0,66	0,69	0,69	0,40	4,26	0,32
14 Landwirte	0,42	0,46	0,77	0,34	0,64	0,51	0,52	1,01	0,92	0,84	0,91	0,80	1,07	9,12

Quelle: Müller 1975, 67

ander getrennten sozialen Klassen besteht. Die erste bildet
die Arbeiterklasse (IV). Unter sich tauschen die vier Arbei-
tergruppen überproportional viele Angehörige aus. Über die
Grenzen hinweg erreichen Arbeiterkinder nur die Gruppe der
unteren Beamten in überproportionalem Maße. Es sind auch
nur Kinder dieser Gruppe, die in die Arbeiterklasse überproportional häufig absteigen. Die Nicht-Arbeiter-Klassen lassen
sich zwar unterteilen, grenzen sich jedoch nur zum Teil klar
voneinander ab. Die "untere Mittelschicht" (III) setzt sich
aus den unteren und gehobenen Beamten und ausführenden und
mittleren Angestellten zusammen. Die unteren Beamten stellen
eine Art "Brücke mit Einbahnverkehr" dar. Aus keiner Berufsgruppe steigen Söhne und Töchter überproportional häufig in
diesen Berufskreis ab, während für angelernte und Facharbeiter die untere Beamtenschaft ein Weg des Aufstiegs darstellt. Auch aus der Landwirtschaft steigen überproportional
viele Kinder in diese Gruppe auf. Dieser "unteren Mittelschicht"
steht die "obere Mittelschicht" (I) mit den freien Berufen,
leitenden Angestellten und höheren Beamten gegenüber. Sie ist
deshalb von der Klasse III abgesetzt, weil Kinder von unteren Beamten und ausführenden und qualifizierten Angestellten
nur eine unterproportionale Chance des Aufstiegs und die
Kinder der freiberuflich Tätigen eine unterdurchschnittliche
Chance des Abstiegs haben. Es gibt jedoch auch häufige Bewegungen zwischen den Berufsgruppen der Schichten I und III,
so daß es auch sinnvoll ist, die Berufsgruppen (unter Ausschluß von Berufsgruppe 7 und 8) als eine Schicht (II) auf-
zufassen. Dabei wurden auch die großen und mittleren Selbständigen einbezogen, die für Aufstieg relativ geschlossen sind,
jedoch Kinder überproportional häufig in die Berusgruppen
II - IV abgeben. Offensichtlich gibt es in den Kreisen der
genannten Berufsgruppen, deren Status dem der Selbständigen
durchaus entspricht, deutliche Barrieren gegenüber eben dieser Berufsgruppe. Zwei Berufsgruppen, nämlich Landwirte und
kleine Selbständige, sind bisher nicht erwähnt worden. Sie

lassen sich nicht in die genannten Klassen oder Schichten einordnen, da ihre Kinder in überproportionalem Maße in mehrere
Berufsgruppen Eingang finden. Söhne und Töchter von kleinen
Selbständigen haben eine überproportional große Chance, große
und mittlere Selbständige zu werden.

Von allen können sie die größte Distanz in der Statushierarchie
hinter sich bringen, ein Umstand, der die Bedeutung des Besitzes auch heute noch verdeutlicht. Die Affinität landwirt-
schaftlicher Berufe zu den Arbeiterberufen wird in der Tabelle
27 nicht deutlich. Die Ursache hierfür ist sicherlich in
den weiblichen Erwerbstätigen zu finden. In einer weiteren Tabelle, die MÜLLER analysiert (1975, 71) und die sich nur auf
männliche Erwerbstätige bezieht, wird dies belegt.

Die deutliche Grenze zwischen Arbeitern und den anderen Berufsgruppen läßt sich auf mehrere Ursachen zurückführen. Erstens ist die Tätigkeit eines Arbeiters eine manuelle Tätigkeit. Die Fähigkeiten, die im Beruf erworben werden, lassen
sich nicht ohne weiteres auf nicht-manuelle Tätigkeiten übertragen. Zweitens besteht unter den Arbeitern eine Bildungsabstinenz. Wenige streben für ihre Kinder einen höheren Bil-
dungsabschluß an (vgl. Abschnitt 5.2.6). Bildung ist aber
eine Voraussetzung für Mobilität. Ein dritter Faktor, den
man mit "Arbeiterkultur" umschreiben könnte, spielt ebenfalls
eine Rolle. Bildungsabstinenz und hohe Bewertung manueller
Fertigkeiten sind beides Ausdruck dieser Kultur, aber sie erschöpft sich nicht darin, sondern umfaßt auch Solidarität mit
anderen Arbeitern, Mitgliedschaft in der Gewerkschaft etc..
Daß die Kinder dann auch Arbeiter werden sollten, ist eine
Selbstverständlichkeit. Diese Faktoren überlagern und verstärken sich. Es erscheint sinnvoll, bei Arbeitern nicht nur
von einer sozialen Klasse, sondern auch von einer Statusgruppe
zu sprechen. Unter Nicht-Arbeitern sind die Grenzen eher
fließend. An den Landwirten und den kleinen, mittleren und

großen Selbständigen erkennt man die Bedeutung des Besitzes.
Zweifellos spielt Bildung als differenzierendes Kriterium in
der Mittelschicht eine große Rolle.

Zwei globale Maße für Mobilität seien hinzugefügt. Die Gesamtmobilität in der Tabelle 25 beträgt 2.048 oder 65 %. Davon sind
18,1 % strukturelle und 46,9 % Zirkulationsmobilität (MÜLLER
1975, 77). Verglichen mit den Zahlen, die für Tabelle 23 a berechnet wurden, liegen alle diese Werte höher. Dies ist eine Folge
der Klassifikation der Berufe: je mehr Kategorien, desto größer
der Anteil mobiler Personen und um so größer die Zirkulationsmobilität. Die zweite Aussage bezieht sich auf den Umfang der
Auf- und Abwärtsmobilität. Von den insgesamt mobilen (= 2.048)
befanden sich 809 (= 40 %) - verglichen mit der Ausgangsposition -
in statusniederen Positionen. Aufwärtsmobilität ist für diese
Auswahl von Befragten charakteristisch, ein Ergebnis, das mit
dem in Tabelle 23 a übereinstimmt. Ob man bereit ist, die Bundesrepublik als eine offene Gesellschaft zu bezeichnen, hängt
vom Standpunkt der Beurteilung und dem sich daraus ergebenden
Maßstab ab. Jedenfalls zeigt die Analyse ein recht hohes Maß
an Bewegung zwischen Berufspositionen in der Generationenfolge, obwohl es deutliche Barrieren gibt. Wirksamste Mittel der
Beschränkung des Zugangs zu einer neuen Schicht sind Bildung
und Besitz. Ihre kumulative Wirkung ist die Hauptursache für
die Mobilitätsbarrieren zwischen Arbeitern und Mittelschicht-
berufen. Angestelltenberufe sind der Herkunft ihrer Angehörigen nach viel heterogener als Beamtenberufe, Berufe mit hohem
Status und Arbeiterberufen.

6.4 Die Veränderung der Klassenstruktur

Wollen wir etwas über die langfristige Entwicklung der Mobilitätschancen wissen, müssen wir andere Methoden der Datengewinnung als die Umfrage benutzen. MAYNTZ (1958, 147 - 180)
hat alle während bestimmter Zeitperioden vor dem Standesamt

Euskirchen geschlossenen Ehen und die daraus resultierenden
Urkunden benutzt, um Mobilitätschancen im Zeitablauf zu untersuchen. Die standesamtlichen Urkunden enthielten Angaben
über den Beruf des Bräutigams und seines Vaters und dadurch
konnten Mobilitätstabellen für die Zeiträume 1833 - 40,
1870 - 77, 1906 - 13 und 1946 - 53 erstellt werden. Die Methode
wurde schon früher von ROGOFF (1953) zur Analyse von Mobilitäts-
trends in den Vereinigten Staaten angewandt. Daten wie diese
haben ihre besondere Problematik. Der heiratende Sohn hatte
nicht das Zenith seiner Berufskarriere erreicht und der Vater
es manchmal überschritten; nur Söhne, die heirateten, fanden
in der Untersuchung Eingang; die Standesämter trauten auch
Männer aus der Umgebung Euskirchens; schließlich ist die Fallzahl für die ersten beiden Zeitperioden gering (190 und 337).
Trotz dieser Probleme kann die Untersuchung MAYNTZ' Aufschlüsse
über Mobilitätsprozesse in Deutschland und der Bundesrepublik
geben. (MAYNTZ klassifizierte die Berufe der Heiratenden und
ihrer Väter in den vier Zeitperioden in die gleichen 11 Kategorien.) Die Gesamtmobilität betrug 1833 - 1840 6o,7 %, 1870 - 77
51,4 %, 1906 - 13 55,1 % und 1946 - 53 63,7 % (MAYNTZ 1958, 175).
Diese Gesamtmobilität geht mit Strukturveränderungen einher, die
in der frühesten Periode sehr stark sind (z.B. Zunahme des
Anteils Facharbeiter von 21 % in der Väter- bis auf 56 % in
der Sohngeneration). Mit den steigenden Mobilitätsraten von 1870 -
77 bis 1946 -53 geht jedoch keine Vergrößerung oder Verkleine-
rung der Chancen bestimmter Berufsgruppen einher. Obwohl der Anteil der Facharbeiter in der Periode 1833 - 40 zunimmt, nehmen
die gestiegenen Chancen nicht die Landwirtesöhne, sondern die
Söhne von selbständigen Berufslosen (so wurden Personen ohne
Berufsangabe bezeichnet) wahr. In der darauffolgenden Periode
nehmen die Chancen des Aufstiegs in die Kreise der Angestellten und Beamten zu. Davon profitieren die Söhne von ungelernten Arbeitern und Facharbeitern. Die Söhne von Landwirten werden entweder ungelernte Arbeiter oder Landarbeiter. Diese Öff-
nung von Mobilitätskanälen für die Arbeitersöhne - Aufstieg in

die Kreise der "white-collar"-Berufe - ist aber nur temporär.
In der dritten Periode (1906-13), in der die städtische Mittelschicht (Angestellte und Beamte, Selbständige, freie Berufe,
Unternehmer) nicht expandiert, sind es die Söhne von Selbständigen und Landwirten, die überproportional häufig diese
Mittelschichtberufe ergreifen, nicht die Arbeitersöhne. In
der vierten Periode (1946 -53) nimmt der Anteil der (einfachen)
Angestellten und Beamten und damit der Umfang der Mittelschicht
von der Väter- zur Sohngeneration zu. Von den Aufstiegschancen
machen überproportional häufig Facharbeitersöhne, nicht jedoch
die Söhne von ungelernten Arbeitern, Gebrauch. Diese wechseln
mit Vorliebe in die Berufskreise der Facharbeiter. Diese Ergebnisse bestätigen das Resultat, zu dem JANOWITZ (1958) gelang-
te (vgl. unten). In dieser Periode steigen auch die Söhne von
Landwirten überproportional häufig in die Ränge der Angestellten und Beamten auf.

Ein weiteres Charakteristikum der Mobilität, wie sie aus den
Daten der Untersuchung von MAYNTZ hervorgeht, verdient Beachtung. Es kommt in den ersten drei Zeitperioden häufig vor,
daß Söhne von Landwirten Landarbeiter, die Söhne von Selbständigen Facharbeiter werden. Man kann hier nicht von Abstieg sprechen, denn in diesen Bewegungen kommen spezifische
Karrieremuster zum Ausdruck. Der Sohn eines Landwirts wird
nur Landarbeiter sein bis er den Hof des Vaters erbt. Der
Sohn des selbständigen Handwerkers wird eine Facharbeiteraus-
bildung absolvieren, um später ebenfalls den Betrieb des Vaters zu übernehmen. In beiden Fällen ist "Abstieg" eine vor-
übergehende Erscheinung. Das ist um so mehr der Fall, als in
den drei ersten Zeitperioden die selbständigen Existenzen noch
verhältnismäßig sicher sind. Der Wechsel in die Kreise der
Angestellten und Beamten ist für die Söhne dieser Herkünfte
wahrscheinlich nicht als etwas Erstrebenswertes erschienen.
Die Begriffe Aufstieg und Abstieg, die ich oben zuweilen benutzt habe, müssen aus dieser Perspektive gesehen werden.

Halten wir fest: Mobilitätschancen werden im Laufe der Zeit von
jeweils verschiedenen Gruppen wahrgenommen. Der Aufstieg von
Arbeitersöhnen ist besonders leicht gewesen in der Zeit der Hoch-
industrialisierung (1870 - 77) und kurz nach dem Zweiten Weltkrieg. Darüber hinaus ist ein Teil der beobachteten Abwärtsmobilität ein methodisches Artefakt. Es kommt zustande, indem Söhne
am Anfang ihrer Karriere eine niedrigere Position einnehmen als
ihre Väter, diese später verlassen und in vielen Fällen auf-
steigen. Dieses künstliche Ergebnis tritt bei allen Tabellenanalysen auf. Es kann zum Teil ausgeschaltet werden, wenn man
Söhne gleichen Alters analysiert.

1955 führte JANOWITZ (1958) eine Untersuchung der westdeut-
schen Schichtstruktur durch. Er verglich die Berufsverteilung
zu jener Zeit mit den Berufen, die die Befragten 1939 bzw.
die Väter inne gehabt hatten. Büro- und Verkaufspersonal sowie
die Arbeiter des Dienstleistungsbereichs waren zahlreicher geworden, während der Anteil selbständiger Bauern abgenommen
hatte. Größere Veränderungen der Berufsstruktur hatten zwischen
dem Anfang des Jahrhunderts (Vatergeneration) und 1939 als
zwischen diesem Zeitpunkt und 1955 stattgefunden. Darüber hinaus
konnte JANOWITZ nur geringe Verschiebungen feststellen. Es hatte
keine Umwälzung der Berufsstruktur durch das nationalsozialisti-
sche Regime und den Krieg gegeben. JANOWITZ klassifizierte
die Befragten und deren Väter aufgrund informierter Willkür in
vier Schichten (plus Landwirte und Landarbeiter). Auch dieser
Vergleich der Generationen zeigte nur ein geringes Maß an Veränderungen, am deutlichsten im Schrumpfen des Anteils der Landwirte. Die Analyse der Intergenerationenmobilität ergab, wie
nicht anders zu erwarten war, eine deutliche Tendenz zur Selbstrekrutierung bzw. zur Schichtvererbung. Anhand der Assoziationsindizes kann man einen überproportionalen Austausch zwischen der
oberen Mittelschicht (freie Berufe, leitende Angestellte,
höhere Beamte und wohlhabende Geschäftsleute) und der unteren
Mittelschicht (mittlere und untere Beamte und Angestellte, selb-

ständige Gewerbetreibende und Handwerker) erkennen. Die obere
Unterschicht (gelernte Arbeiter und unselbständige Handwerker)
gibt auch überproportional viele Kinder an die untere Mittelschicht ab, steht aber in keinem Austauschverhältnis mit der
unteren Unterschicht (an- und ungelernte Arbeiter). Die letztgenannte Schicht steht den Landwirten und den Landarbeitern
in überproportionaler Weise offen. Aufgrund des deutlichen Un-
terschieds zwischen oberer und unterer Unterschicht verläuft nach
Meinung von JANOWITZ der Mobilitätsprozeß aus der Unter- in
die Mittelschicht meist in zwei Generationen: von der unteren
zur oberen Unterschicht und von dort in die untere Mittelschicht. Mag dies eher ein Artefakt der Analyseweise sein -
wichtiger erscheint der Vergleich mit der Tabelle 27. Wenn
nicht alles täuscht, war die Schranke zwischen gelernten Arbeitern und selbständigen Handwerkern (obere Unterschicht)
und unterer Mittelschicht in den ersten Nachkriegsjahren durch-
lässiger als heute. Auf der anderen Seite zeigt JANOWITZ auch,
daß die Unterschiede der Mobilität zwischen Katholiken und
Protestanten praktisch bedeutungslos geworden sind. Die traditionellen Barrieren gegenüber Mobilität des katholischen Be-
völkerungsteils sind nach dem Zweiten Weltkrieg nicht mehr
vorhanden. Flüchtlinge und Vertriebene mußten jedoch häufiger
als Ansässige Einbußen im Status in Kauf nehmen (JANOWITZ
1958). Berücksichtigt man die aus der heutigen Perspektive
gelungene Integration dieser Gruppen, haben viele von ihnen
sicherlich den Weg nach oben geschafft. Der Statusverlust war
bloß temporär. Eine Mobilitätstabelle, die Berufsangaben der
Befragten aus den Jahren 1939 und 1955 enthält, weist eine
große Stabilität der Schichtzugehörigkeit auf. Aufstiege und
Abstiege halten sich die Waage. Das NS-Regime hat keine systematische Veränderung der Schichtstruktur zur Folge gehabt, jedenfalls nicht aus einer solchen globalen Sicht. Nun kann man
bezweifeln, ob eine grobe Einteilung von Befragten in Schichten überhaupt in der Lage ist, die Wirkungen von Nationalsozialismus und Krieg zu erfassen. Wahrscheinlich können eine

Reihe von Veränderungen, die sich innerhalb der vier Schichten abspielten, nicht sichtbar werden. Die Auswirkungen des Krieges haben sich nicht zufällig auf die deutsche Bevölkerung verteilt. Die Ermordung und Vertreibung der Juden traf eine Bevölkerungsgruppe, die in den freien Berufen und in der akademisch gebildeten Welt (Ärzte, Rechtsanwälte, Universitätsprofessoren) sehr stark vertreten war (vgl. Lexikon des Judentums 1971, Spalten 875 - 879). Die Kriegsverluste waren unter den Offizieren, die sich aus oberer Mittelschicht und Oberschicht rekrutierten, relativ größer als unter den Mannschaften. Der Krieg hinterließ Nischen in der Sozialstruktur, die durch Aufwärtsmobilität gefüllt werden konnten (s. hierzu HAMILTON und WRIGHT 1975, 33 - 34). Eine systematische Analyse der Folgen des Krieges für die hier anstehenden Fragen fehlt bis heute.

Neuere Forschungen über die Veränderung von Mobilitätsraten haben zu einer Kontroverse zwischen Gerhard KLEINING und Karl Ulrich MAYER/Walter MÜLLER geführt (KLEINING 1971 a; 1971 b; MAYER und MÜLLER 1971). KLEINING hatte versucht, die Entwicklung der Mobilitätschancen vom vorigen Jahrhundert bis zu unseren Tagen mittels Befragung von heute Erwerbstätigen über sich selbst, ihre Väter und Großväter zu beschreiben. MAYER und MÜLLER kritisieren KLEINING, da er methodische Fehler gemacht habe und daher nicht die Schlußfolgerungen, in der Frühphase der Industrialisierung seien die Mobilitätsraten größer gewesen als in den folgenden Perioden, ziehen könne. Am Material KLEININGs zeigen die beiden Autoren mit angemessenen Methoden, daß von der Periode 1830 - 60 über die Periode 1870 - 90 bis zur Periode 1900 - 20 (Geburtsjahrgänge der Väter) die Abhängigkeit der Sohn- von dem Vaterberuf abnimmt. Die Zunahme der Mobilität ist größer von der ersten zur zweiten als von der zweiten zur dritten Periode. Es muß jedoch berücksichtigt werden, daß in der dritten Periode die Söhne noch nicht den Höhepunkt ihrer Karriere erreicht haben.

KLEINING (1971 b) berücksichtigt die Kritik und unterwirft seine Daten einer erneuten Analyse, ohne jedoch den Ergebnissen
von MAYER und MÜLLER etwas wesentliches hinzuzufügen. In dieser Entgegnung KLEININGs wird auch deutlich, daß er zwei Dinge
messen will: Mobilität als ein Klassenphänomen und Mobilität
als ein Phänomen sozialer Akzeptanz und als Grundlage der
Entstehung von Statusgruppen. Mit seinen Daten kann er jedoch
die beiden Dimensionen nicht voneinander trennen.

ALLERBECK und STORK (1980) haben jüngst den Versuch unternom-
men, Aussagen über die Veränderung der Mobilitätschancen - ihre
Untersuchung umfaßt den Zeitraum 1833 bis 1970 - zu überprüfen.
Sie weisen mit Recht darauf hin, daß die üblichen Methoden defi-
zitär sind. Die verschiedenen Indizes und Korrelationskoeffizien-
ten, die den Zusammenhang zwischen dem Berufsstatus des Vaters
und dem des Sohnes zum Ausdruck bringen, lassen zwar den Schluß
zu, die Mobilitätschancen hätten sich im genannten Zeitraum etwas erhöht, und diese Erhöhung sei in der weiter zurückliegenden Zeit größer als in der jüngsten Vergangenheit. Aber, so die
Kritik der Autoren, die statistischen Maße lassen eine Trennung
zwischen struktureller und Zirkulationsmobilität nicht zu. Sie
sei jedoch notwendig. ALLERBECK und STORK (1980) verwenden eine
Methode, durch welche sie meinen, auf statistisch einwandfreie
Weise eine Trennung zwischen struktureller und Zirkulationsmobilität vornehmen zu können. Die Autoren, die Untersuchungen
aus Euskirchen, Köln und Deutschland bzw. der Bundesrepublik reanalysieren, können keine Veränderung der Mobilitätschancen
zwischen 1833 und 1970 feststellen, wohl aber Veränderungen der´
Berufsstruktur. Anders ausgedrückt: die strukturelle Mobilität
varriiert über Zeit, nicht jedoch die Zirkulationsmobilität.
Daraus ziehen die Autoren dieselbe Schlußfolgerung wie HAUSER
et al. (1975), die für die Mobilität in den Vereinigten Staaten
zu einem entsprechenden Ergebnis kamen: Soziologen sollten ihre
Aufmerksamkeit eher Berufsstrukturen als der Mobilität widmen.
Ich stimme dieser Forderung zu, nur glaube ich nicht, daß sie

zwingend aus den empirischen Analysen abzuleiten ist. Wie ich
in Abschnitt 6.3 dargestellt habe, ist die Unterscheidung zwischen Strukturmobilität und Zirkulationsmobilität vom Konzept
her problematisch. Da nützt es wenig, wenn man ein anderes statistisches Verfahren als andere Forscher benutzt, um die beiden
Größen zu trennen. Einstweilen muß man sich mit diesem mißlichen
Zustand abfinden. Jedenfalls deuten alle Ergebnisse darauf hin,
daß im Laufe der Industrialisierung die Mobilitätsraten nicht
unbedingt zunehmen. Des weiteren ändern sich im Laufe dieser
Phase offenbar die Chancen für die Söhne bestimmter Gruppen,
aufzusteigen. Abgesehen davon scheinen die Barrieren vor allem
zwischen Arbeitern und sonstigen Gruppen ein stabiles Element der
Klassenstruktur bzw. der Statusgruppenstruktur zu sein.

6.5. Die Bundesrepublik im internationalen Vergleich

6.5.1. Die Analyse von Mobilitätstabellen

Die Analyse von Mobilitätstabellen stellt ein Beispiel für eine
gesamtgesellschaftliche Analyse dar. Berufsstrukturen zweier
"Generationen" werden einander gegenübergestellt und der Übergang von der einen zur anderen wird durch die Besetzungszahlen
in den einzelnen Zellen der Tabelle, d.h. durch Umfang und Form
der Mobilität, charakterisiert. Gesamtgesellschaftliche Analysen verlangen jedoch einen Vergleich mit anderen Gesellschaften, damit das Spezifische an der Mobilität eines bestimmten
Landes deutlich wird.

Internationale Vergleiche haben daran gelitten, daß sie meist
auf bereits veröffentlichtem Material basierten. Die von den
einzelnen Wissenschaftlern benutzten Berufsklassifikationen
mußten einander angeglichen werden und dies resultierte häufig
in sehr groben Berufskategorien wie Arbeiter/Nicht-Arbeiter/
Landwirt (vgl. LIPSET und BENDIX 1959; MILLER 1960). Ich werde
den folgenden Analysen Untersuchungen zugrundelegen, in denen

die Berufe anhand desselben Klassifikationsschemas erfaßt wurden. Es läßt sich damit eine relativ feine Aufgliederung der
Berufe vornehmen, die nur durch die Auswahlgröße beschränkt
wird. Folgende neun Berufsgruppen wurden unterschieden
(die Dokumentation dieser in acht Ländern durchgeführten Untersuchung liegt in englischer Sprache vor (ZENTRALARCHIV 1979).
Ich habe deshalb die englischen Bezeichnungen hinzugefügt):

1. Wissenschaftler, Techniker und verwandte Berufe ("professional,
technical and kindred workers"; z.B. Ärzte, Rechtsanwälte,
Wissenschaftler, Künstler, Piloten, Designer, Krankenschwestern,
Lehrer, Priester),

2. selbständige Inhaber und Geschäftsführer von Unternehmen
("self employed businessmen"),

3. leitende Angestellte, leitende Beamte ("managers, offcials
and proprietors, state officials, government officials"),

4. Büro- und Verkaufsangestellte, sonstige Beamte ("clerical and
sales workers"),

5. Handwerker, hochqualifizierte Facharbeiter ("self employed
artisans and craftsmen"),

6. Facharbeiter ("other, craftsmen and kindred workers,
skilled workers"),

7. angelernte Arbeiter, ungelernte Arbeiter ("operatives and
kindred workers, farm laborers, unskilled laborers"),

8. Dienstleistungsarbeiter ("service workers", z.B. Polizisten, Feuerwehrleute, Offiziere und Zeitsoldaten, Hausangestellte),

9. Landwirte ("farm operators").

Die neun Kategorien tragen den wichtigsten Klassen- und Status-
gruppenunterschieden Rechnung. Die Selbständigen werden von den
abhängig Beschäftigten unterschieden. Jene lassen sich in die
Unternehmer und Landwirte aufteilen, Angestellte und Beamte

sind nach ihrer hierarchischen Position, die Arbeiter nach
ihrer Qualifikation differenziert. Die freien und ihnen gleich-
gestellten Berufe sind zu der Kategorie 1 zusammengefaßt worden. Die Untersuchungen, über die berichtet werden soll, wurden in den Jahren 1974 bis 1976 in acht Ländern durchgeführt
(vgl. ZENTRALARCHIV 1979). In jedem der acht Länder wurden nach
einem Zufallsverfahren Personen ausgewählt und mit dem gleichen
Fragebogen interviewt. Jedoch wurden die Berufsangaben in Großbritannien und Italien nicht nach dem oben dargestellten Schema
klassifiziert. Daher ist der folgende Vergleich auf sechs Länder beschränkt. Das Auswahlverfahren sollte Repräsentativität
gewährleisten. Es hat dies nicht immer im erwünschten Maße
getan. So enthält z.B. die amerikanische Untersuchung einen zu
hohen Anteil an Wissenschaftlern und Technikern. Berücksichtigt
man diese Schwächen, lassen die Angaben einen sehr informativen
Vergleich zu. Für eine detaillierte Darstellung habe ich die
Vereinigten Staaten und die Bundesrepublik ausgewählt. Auf die
anderen Länder gehe ich nur summarisch ein. Der Vergleich beschränkt sich auf die Berufsstrukturen, die Abstromprozente,
die ja das Ausmaß der Berufsvererbung und die Chancengleichheit
wiedergeben sowie den Assoziationsindex. Alle Angaben sind in
den Tabellen 28 (Bundesrepublik) und 29 (Vereinigte Staaten)
enthalten. Diejenigen Zellen, die ein Assoziationsindex von 1
oder darüber repräsentieren, sind unterstrichen.

Zunächst seien die globalen Gemeinsamkeiten und Unterschiede
hervorgehoben. Die wissenschaftlichen und technischen Berufe
und die leitenden Angestellten und Beamten erhöhen ihren Anteil
an den Erwerbstätigen in beiden Gesellschaften von der Väter-
zur Sohn-/Tochter-Generation. Dies trifft auch für die sonstigen Angestellten und Beamten zu. Der Anteil der Handwerker
und hochqualifizierten Facharbeiter bleibt hier wie dort konstant, während der Anteil der Facharbeiter schrumpft. Der Anteil der Landwirte nimmt in beiden Ländern stark ab. Die
Vereinigten Staaten unterscheidet sich von der Bundesrepublik

Tabelle 28 Intergenerationenmobilität zwischen 9 Berufskreisen in der Bundesrepublik 1974
(männliche und weibliche voll oder halbtags Erwerbstätige im Alter 16 - 65)

Abstromprozente; Assoziationsindizes $\leqq 1$

Berufe der Väter		Berufe der Kinder									Summe
		1	2	3	4	5	6	7	8	9	
Wissenschaftliche und technische Berufe	1	<u>60</u>	0	<u>8</u>	16	2	9	3	3	0	67 = 100 % (7 %)
Selbständige Unternehmer	2	13	<u>18</u>	<u>13</u>	<u>32</u>	<u>5</u>	13	5	0	0	38 = 100 % (4 %)
Leitende Angestellte und Beamte	3	<u>21</u>	<u>4</u>	<u>14</u>	<u>38</u>	0	10	7	6	1	73 = 100 % (7 %)
Sonstige Angestellte und Beamte	4	13	<u>5</u>	<u>13</u>	<u>37</u>	2	16	4	<u>9</u>	0	119 = 100 % (12 %)
Handwerker, hoch-qualifizierte Facharbeiter	5	<u>14</u>	<u>4</u>	4	25	<u>18</u>	10	8	<u>14</u>	2	49 = 100 % (5 %)
Facharbeiter	6	10	2	5	<u>26</u>	3	<u>36</u>	10	<u>8</u>	0	328 = 100 % (32 %)
An-, ungelernte Arbeiter	7	9	0	0	24	3	<u>25</u>	<u>27</u>	6	0	139 = 100 % (14 %)
Dienstleistungsarbeiter	8	<u>19</u>	2	3	<u>31</u>	0	<u>24</u>	5	<u>17</u>	0	59 = 100 % (6 %)
Landwirte	9	<u>4</u>	<u>3</u>	3	<u>18</u>	<u>3</u>	<u>19</u>	<u>18</u>	5	<u>27</u>	148 = 100 % (15 %)
Summe		14	3	7	27	3	23	12	7	4	1020 = 100 %

Tabelle 29 Intergenerationenmobilität zwischen 9 Berufskreisen in den Vereinigten Staaten 1974 (männliche und weibliche voll oder halbtags Erwerbstätige im Alter 16 - 65)

Abstromprozente; Assoziationsindizes $\leqq$ 1

Berufe der Väter		Berufe der Kinder									Summe
		1	2	3	4	5	6	7	8	9	
Wissenschaftliche und technische Berufe	1	41	1	6	25	3	8	7	10	0	73 = 100 % (8 %)
Selbständige Unternehmer	2	29	9	7	29	2	4	13	8	0	91 = 100 % (11 %)
Leitende Angestellte und Beamte	3	21	5	21	29	3	3	3	13	3	38 = 100 % (4 %)
Sonstige Angestellte und Beamte	4	19	2	16	42	2	8	6	6	0	64 = 100 % (7 %)
Handwerker, hochqualifizierte Facharbeiter	5	24	0	10	31	7	0	14	14	0	29 = 100 % (3 %)
Facharbeiter	6	24	8	4	21	1	12	18	12	1	141 = 100 % (16 %)
An-, ungelernte Arbeiter	7	9	3	7	20	2	12	32	13	0	202 = 100 % (23 %)
Dienstleistungsarbeiter	8	18	0	8	19	0	16	19	9	2	64 = 100 % (7 %)
Landwirte	9	10	6	11	15	6	10	23	15	6	165 = 100 % (19 %)
Summe		20	4	9	23	3	10	19	12	2	867 = 100 %

Quelle: Zentralarchiv-Untersuchung 765

in dreierlei Hinsicht: die amerikanische Berufsstruktur weist
einen höheren Anteil an Wissenschaftlern und Technikern auf;
zweitens gibt es dort weniger Facharbeiter als angelernte und
ungelernte Arbeiter; drittens ist der Wandel der Berufsstruktur in den Vereinigten Staaten stärker. Um den letztgenannten
Punkt zu präzisieren: In der Bundesrepublik beträgt die Gesamtmobilität 68,9 %. Davon sind 24 % strukturelle und 44,9 %
Zirkulationsmobilität. In den Vereinigten Staaten beträgt die
Gesamtmobilität 78,3 %. Die strukturelle Mobilität entspricht
35,1 % und die Zirkulationsmobilität 43, 2 %. In welcher berufsspezifischen Weise kommt diese höhere Mobilität in den
Vereinigten Staaten zum Ausdruck? Eine Antwort liefern uns
die Tabellen 28 und 29. Ein Vergleich der Berufskategorie 1
(wissenschaftliche, technische und verwandte Berufe) zeigt,
daß in den Vereinigten Staaten die Kinder fast aller Berufsgruppen die gleiche Chance haben, diese Berufe zu ergreifen.
Die Ausnahmen bilden die Söhne und Töchter von an- und ungelernten Arbeitern und von Landwirten. In der Bundesrepublik
haben zusätzlich die Kinder der Facharbeiter eine unterdurchschnittliche Chance eines solchen Aufstiegs. Der Abstrom in
die Reihen der selbständigen Unternehmer ist in beiden Ländern recht schwer. Kinder des Berufskreises 1 haben zu den
Selbständigen keinen Zugang oder keine Neigung; dagegen haben
Kinder von Landwirten und von leitenden Angestellten und Beamten eine überproportionale Chance, diese Berufe zu ergreifen.
In den Vereinigten Staaten gilt dies auch für die Söhne und
Töchter von Facharbeitern, in der Bundesrepublik dagegen für
die Handwerker und hochqualifizierten Facharbeiter. Daß aus
dieser Gruppe in den Vereinigten Staaten keine Kinder in die
Reihen der größeren Selbständigen wechseln, ist ein statistischer Artefakt ihrer geringen Größe. Es ist dagegen kein Zu-
fall, daß in den Vereinigten Staaten die Söhne und Töchter der
Facharbeiter weitaus häufiger Selbständige geworden sind als
in der Bundesrepublik. Die Reihen der leitenden Angestellten
und Beamten werden in der Bundesrepublik in erster Linie von

"oben" gespeist, während sie in den Vereinigten Staaten offen-
stehen sowohl für die Kinder von Handwerkern und hochqualifizierten Facharbeitern als auch von Landwirten. Zu den sonstigen Angestellten und Beamten strömt in beiden Ländern aus allen Berufsgruppen in etwa ein gleich großer Anteil der Kinder. Dies
ist die Gruppe, die von der Väter- zur Sohn-/Tochtergeneration
am stärksten expandiert. Im Gegensatz zu der eben genannten
Gruppe ist der Zustrom zu den Handwerkern und hochqualifizierten Facharbeitern recht gering - bis auf die hohe Berufsvererbung. Zu den Arbeiterberufen (Kategorien 6 plus 7) strömen
in erster Linie Arbeiterkinder; jedoch in den Vereinigten
Staaten auch Kinder von Dienstleistungsarbeitern und von Landwirten. Der Zustrom zu den Dienstleistungsarbeitern ist in beiden
Ländern recht breit gestreut und reicht sogar in den nicht-manuellen Bereich. Umgekehrt wandern Kinder dieses Berufskreises
in die unterschiedlichsten Zweige ab. Berufe dieses Kreises
sind offensichtlich Durchgangsberufe. Landwirte schließlich
empfangen von keiner anderen Berufsgruppe als der eigenen
Nachwuchs (die in den Vereinigten Staaten zu beobachtenden
Assoziationsindizes mit einem Wert über 1,0 sind sicherlich zufällig zustande gekommen), geben aber auch an verschiedene. Berufen ab. Besonders in den Vereinigten Staaten kann man dies
beobachten, denn die Wahrscheinlichkeit des Wechsels in einen
anderen Berufskreis ist bei den Söhnen und Töchtern von Landwirten in nur zwei Fällen unterdurchschnittlich, in der Bundesrepublik dagegen in fünf Fällen. Die größere Mobilität in den
Vereinigten Staaten ist nach dieser Analyse auf die größere
Durchlässigkeit für Kinder aus der Arbeiterschaft und aus
dem landwirtschaftlichen Bereich zurückzuführen. Zu demsel-
ben Ergebnis kommt MÜLLER (1975, 73 - 76), der die oben behandelten Daten mit einer US-Untersuchung aus dem Jahre 1962
(BLAU und DUNCAN 1967) verglich.

Es würde nur zu unübersichtlichen Ergebnissen führen, würde
man diesen detaillierten Vergleich auf die anderen Länder aus-

dehnen. Ich werde deshalb den folgenden Vergleich auf einige
statistische Maßzahlen beschränken. Sowohl die Analyse der
Mobilität in der Bundesrepublik als auch der obige Vergleich
zeigen,daß in der Vergangenheit die Schwelle beim Wechsel aus
der Landwirtschaft und aus der Arbeiterschaft entscheidend die
geringere oder größere Offenheit einer Gesellschaft geprägt hat.
Das wird in Zukunft angesichts der geringen Größe der landwirtschaftlichen Bevölkerung anders werden. Auf jeden Fall wäre es
sinnvoll, ein quantitatives Maß für die Höhe der genannten
Schwellen zu haben, da man dann ohne auf alle Details einzugehen, Unterschiede zwischen Nationen herausarbeiten könnte.
Ein solches quantitatives Maß soll hier abgeleitet werden. Zu
diesem Zweck beziehe ich mich auf Tabelle 28. 60 % der Kinder,
die den wissenschaftlichen und technischen Berufskreisen ent-
stammen, ergreifen wieder solche Berufe, während nur 9 % Facharbeiter werden. Die Chance, daß diese Kinder die Berufe des
erstgenannten statt des zweitgenannten Kreises ergreifen, ist
also rd. 6 : 1. Nun ist diese Chance (man spricht auch von
"odds") abhängig von der Größe der jeweiligen Gruppe, ein Tatbestand, auf den ich oben bereits hingewiesen habe. Man kann
den Einfluß der Gesamtgröße eines Berufskreises ausschalten,
in dem man den Abstrom aus dem ersten Berufskreis mit dem Abstrom aus einem anderen Berufskreis in Beziehung setzt. So
könnte man z.B. die Chancen des Wechsels von Kindern aus dem
Berufskreis der Wissenschaftler und Techniker in Beziehung
setzen zu den Chancen des Wechsels von Söhnen und Töchtern
von Facharbeitern. Die Chance, daß sie einen wissenschaftlichen oder technischen Beruf statt eines Arbeiterberufs der
gleichen Qualifikation wie ihre Väter ergreifen, ist 10 : 36
oder rd. 2 : 7. M.a.W.; unter sonst gleichen Bedingungen
(gleich im Hinblick auf die Größe der Berufsgruppen, in die
diese Kinder einströmen) nehmen Kinder unterschiedlicher Herkunft die Chancen des Wechsels bzw. des Verbleibs in dem jeweiligen Berufskreis in verschiedenem Ausmaß wahr. Bezieht
man die Chancen aufeinander, hat man die Größe der Kreise neu-

tralisiert; man erhält relative Chancen oder "odds-ratios", die
ich hier G nenne. Für die beiden verglichenen Gruppen:

$$G = \frac{60 : 9}{10 : 36} = 24.0$$

Was besagt diese Zahl? Die Chancen eines Kindes aus dem Kreis
der wissenschaftlichen und technischen Berufe den Beruf des
Vaters statt eines Facharbeiterberufs zu wählen, ist 24 mal
so groß wie die Chance des Kindes eines Facharbeiters, Wissenschaftler oder Techniker statt Facharbeiter zu werden (diese
odds-ratio ist nichts anderes als das sogenannte GOODMANs G;
siehe GOODMAN 1969). Da diese Maßzahl unabhängig ist von der
Größe der beiden verglichenen Berufskreise,eignet sie sich
zum Vergleich von Mobilitätstabellen aus verschiedenen Ländern.
Ich habe anhand der Maßzahl die relativen Chancen zweier
typischer Übergänge berechnet: den Übergang von Facharbeiter-
und Landwirteberufen in die Berufskreise der Wissenschaftler
und Techniker und der leitenden Angestellten und Beamten.
Es ist wichtig, die etwas unterschiedlichen Bezugspunkte der
Berechnung zu berücksichtigen. Auf der einen Seite werden Kinder von Facharbeitern mit Kindern der genannten Berufskreise
verglichen. Die Tendenz zum Verbleib im Ursprungsstatus wird
in Beziehung gesetzt zum Umfang des Aufstiegs (bei den Fach-
arbeiterkindern) und Abstiegs (bei den Kindern der Wissenschaftler und Techniker bzw. Angestellten und Beamten). Im
Falle der Landwirte findet kaum ein Zustrom aus anderen Berufskreisen statt. Deshalb hat es auch keinen Sinn, den Abstieg in diesen Berufskreis in die Berechnung einzubeziehen.
Es wird statt dessen die Tendenz von Kindern der beiden obengenannten Berufskreise, im Ursprungsstatus zu verbleiben oder
zu den Facharbeiterberufen zu wechseln, mit der Häufigkeit
der Kinder von Landwirten, Facharbeiter zu werden oder in die
beiden Berufskreise aufzusteigen, in Beziehung gesetzt. Warum
ich die Facharbeiter und Landwirte wählte, habe ich oben bereits begründet. Die Wahl der anderen beiden Berufskreise be-

darf nur einer kurzen Begründung, die drei Argumente beinhal-
tet. Erstens umfassen die Berufskreise 1 und 3 diejenigen Berufe, die in Zukunft auch noch expandieren werden (vgl. Abschnitt
5.2.2); zweitens wird zwar in beiden eine hohe Ausbildung verlangt, aber die Offenheit der beiden Kreise für Mobilität unterliegt, wie die Analyse in Abschnitt 6.3 zeigt, unterschiedlicher
Gesetzmäßigkeiten; drittens haben Personen in diesen Positionen
Zugang zu hohem Einkommen, Prestige und Macht. Die Maßzahl G wird
einigen globalen Maßen über Umfang der Mobilität gegenübergestellt, auf die ich zuerst eingehen möchte (vgl. Tabelle 30).

Der Umfang der Gesamtmobilität variiert beträchtlich. In Österreich ist sie am geringsten, in den Vereinigten Staaten am höchsten. Die Differenz beträgt 15 Prozentpunkte. Das bedeutet, daß
immerhin in den Vereinigten Staaten ein Siebtel der erwerbstätigen Männer und Frauen mehr als in Österreich in der Generationenfolge den Beruf gewechselt haben. Diese Differenz ist,
das sei jedoch hervorgehoben, von der Feinheit der Berufsklassifikation abhängig. Die Gesamtmobilität ist in der Bundesrepublik weitaus geringer als in den anderen Ländern - mit
Ausnahme Österreichs. Mit der Gesamtmobilität variiert die
strukturelle Mobilität, d.h. die Mindestzahl von Bewegungen,
die notwendig wären, um die Veränderung der Berufsstruktur von
der Väter- zur Sohn-/Tochtergeneration zu ermöglichen. Demgegenüber bestehen zwischen den Gesellschaften keine nennens-
werten Unterschiede in der Zirkulationsmobilität. LIPSET und
BENDIX hatten ihre These über die ähnlich hohen Mobilitätsraten in Industriegesellschaften auf eine Betrachtung der Gesamtmobilität gestützt. Tabelle 30 zeigt überzeugend, daß ihre
These nur für die Nettomobilität aufrechterhalten werden kann
(vgl. auch FEATHERMAN et al. 1975). Ab einer bestimmten Stufe
der industriellen Entwicklung gleichen sich die Zirkulations-
raten in Industriegesellschaften an. Ich habe jedoch wiederholt meine Bedenken gegen diese schematische Trennung zwischen
struktureller und Zirkulationsmobilität geäußert. Ich glaube

Tabelle 30 Gesamte, strukturelle und Zirkulationsmobilität sowie relative Chancen (odds-ratio) des Aufstiegs in 6 Ländern 1974 – 1976

	Gesamt-mobilität	Strukturelle Mobilität	Zirkulations-mobilität	Wiss.,techn. Berufe/Fach-arbeiter odds-ratio	Wiss.,techn. Berufe/Land-wirte odds-ratio	Leitende Angestell-te, Beam-te/Fachar-beiter odds-ratio	Leitende Angestellte, Beamte/Land-wirte odds-ratio
	(1) %	(2) %	(3) %	(4)	(5)	(6)	(7)
USA	78,3	35,1	43,2	2,68	4,7	(27,2)	(7,1)
NL	78,0	35,1	42,9	17,1	15,4	4,7	1,4
CH	75,6	30,4	45,2	13,2	11,5	8,4	- 1)
SF	74,1	31,0	43,1	8,9	5,2	- 1)	- 1)
D	68,9	24,0	44,9	25,6	31,1	10,6	8,0
A	63,5	21,9	41,6	- 1)	- 1)	2,7	1,4

Zahlen in Klammern = Koeffizient beruht auf kleinen absoluten Zahlen.

1) Eine Berechnung war nicht möglich, da Zähler oder Nenner eine 0 enthielt.

Quelle: Zentralarchiv-Untersuchung 765

nicht, daß sie zu sinnvollen Erkenntnissen führen kann. Das
Ausmaß der strukturellen Mobilität ist ein Indikator für das
Tempo des strukturellen Wandels. Nun wird, wie ich in Abschnitt 6.2 ausgeführt habe, technologischer Wandel (eine Folge
der Industrialisierung) als eine wichtige Ursache von Höhe und
Form der Mobilität angesehen. Technologische Neuerungen erzeugen einen Bedarf an neuen Qualifikationen und Tätigkeiten
und rufen eine Nachfrage nach Personal hervor, die Mobilität
zur Folge hat (LIPSET und BENDIX 1959; TREIMAN 1970). HEATH
(1981, 193 - 217) dagegen fand eine deutliche Beziehung zwischen Umfang der Mobilität zwischen manuellen und nicht-manuellen Berufsgruppen und politisch-kulturellen Unterschieden
von 19 Nationen. Auch die relativen Chancen, in die Elite
aufzusteigen, konnte nicht auf technologische Faktoren zurückgeführt werden. Mit den hier zur Verfügung stehenden Daten läßt
sich die Mobilität in die oder aus der Elite nicht getrennt
analysieren. Die Gruppe der wissenschaftlichen und technischen
Berufe und die leitenden Angestellten und Beamten gehören jedoch, wie ich bereits hervorhob, zu den oberen Rängen der politischen und ökonomischen Hierarchie. Wenn der technologische
Wandel eine wichtige Ursache der Vergrößerung der Chancen des
Aufstiegs wäre, dann müßte sich dies in den Daten der Tabelle
30 spiegeln. Ich wende mich nunmehr diesem Problem zu.

Zunächst werden die Spalten 4 und 6 bzw. 5 und 7 miteinander
verglichen. Dieser Vergleich zeigt eindeutig, daß die relativen Chancen des Aufstiegs in die Berufe der leitenden Angestellten und Beamten größer sind, als die entsprechenden
Chancen des Aufstiegs in die Reihen der wissenschaftlichen
und technischen Berufe. Damit wird das Resultat der Analyse
in Abschnitt 6.3 teilweise bestätigt. (Dort konnten die
freien Berufe und die leitenden Angestellten und höheren Beamten getrennt analysiert werden. Hier war dies aufgrund der
geringen Fallzahl nicht möglich.) Wissenschaftliche und technische Berufe erfordern eine _spezifische_ Ausbildung, was für

Angestellte und Beamte, auch wenn sie leitende Aufgaben übernehmen, oft nicht der Fall ist. Die Gegenüberstellung der Spalten 4 und 5 bzw. 6 und 7 zeigt, daß die relativen Chancen des
Aufstiegs von Kindern von Facharbeitern und Landwirten ähnlich
groß sind. In sechs von acht Fällen haben die zuletzt Genannten
sogar eine geringfügig größere relative Chance aufzusteigen als
die Erstgenannten. Die Variation der odds-ratios zwischen den
Ländern ist beträchtlich (Spalten 4 und 5). Die relativen Chancen sind günstig in den Vereinigten Staaten und ungünstig in
der Bundesrepublik. Die Möglichkeiten, die sozial wichtigen
Schwellen zwischen landwirtschaftlichen und Arbeiterberufen
einerseits, den wissenschaftlichen und technischen Berufen sowie den leitenden Verwaltungsberufen andererseits, sind auch
in den Industriegesellschaften nicht gleich groß. Hat das etwas
mit dem Strukturwandel zu tun? Aus der Spalte 2 geht der Umfang dieses Strukturwandels hervor. Wenn wir diese Spalte mit
den Spalten 4 und 5 vergleichen, stellen wir eine Übereinstimmung zwischen dem Rang der Vereinigten Staaten, der Schweiz und
der Bundesrepublik fest. Im erstgenannten Land ist die Veränderung
der Berufsstruktur am größten und dort sind auch die relativen
Chancen des Aufstiegs hoch. Geringe Veränderungen sind in der
Bundesrepublik zu beobachten und hier ist auch die Barriere
gegen Aufstieg am höchsten. Die Schweiz nimmt eine mittlere
Position ein. In den Niederlanden sind die Chancen des Aufstiegs
geringer, in Finnland dagegen größer als der Strukturwandel
impliziert. Der technologische Wandel allein kann es also nicht
sein, der die Chancenstruktur verändert. Potentielle Ursachen
für die abweichende Stellung der Niederlande und Finnland gibt
es viele. HEATH hat bei einer ähnlichen Analyse in Ländern mit
einer sozialdemokratischen, sozialistischen oder kommunistischen Tradition mehr Offenheit als in Ländern mit einer konservativen politischen Tradition beobachtet. Ein ähnlich wirk-
samer Unterschied ist im Kontrast zwischen "neuen" (Australien,
Kanada, die Vereinigten Staaten) und "alten" Nationen zu beobachten: dort sind die Chancen größer als hier (HEATH 1981, 2o5 - 207).

Diese Faktoren sind für die hier verglichenen Länder wenig aus-
sagekräftig. Ein Faktor, der die Chancenstruktur beeinflußt, ist
das Bildungssystem. Möglicherweise hat die Durchlässigkeit dieses
Systems mehr mit den berufsspezifischen Chancen zu tun als der
strukturelle Wandel. In den Vereinigten Staaten ist das Bildungssystem weit weniger klassengebunden als in den europäischen
Ländern - außer in Finnland. Hier ist das Bildungsniveau niedrig und kann aus diesem Grunde keine starke Barriere gegen Mobilität bilden. In den anderen drei Ländern dagegen ist das
Bildungssystem eng an die Klassen- bzw. Statusgruppenstruktur
geknüpft.

Zum Schluß soll noch auf eine alternative Betrachtungsweise
hingewiesen werden. Die Kausalbeziehung, wonach die Industrialisierung zu technologischer Innovation und diese wiederum zu
einer Erweiterung der Chancenstruktur führt, läßt sich auch
umkehren. Wenn Mobilitätsbarrieren hoch und Statusbarrieren
undurchlässig sind, dann kann dies ein Hinderungsgrund für
Innovation sein und sozialen Wandel verhindern. Zur Prüfung
einer solchen Hypothese bedarf es jedoch anderer als der hier
zur Verfügung stehenden Daten.

6.5.2. Prozesse der Statuszuweisung

Die Analyse von Mobilitätstabellen ist auf wenige Variablen,
meist den Beruf des Befragten und den Beruf des Vaters, beschränkt. Aus diesem und aus anderen Gründen (s. Abschnitt 6.6)
ist es sinnvoll, den Statuszuweisungsprozeß zu analysieren.
Dieser Ansatz erlaubt die Berücksichtigung (fast) beliebig
vieler ursächlicher Faktoren. Abhängige Variablen sind üb-
licherweise der Berufsstatus des Befragten oder sein Einkommen. Die Analyse des Statuszuweisungsprozesses mit der noch
zu beschreibenden Methode erlaubt es, das Gewicht, mit dem
die ursächlichen Variablen die abhängige Variable beeinflussen,
zu berechnen. Zweierlei soll im folgenden an den Ergebnissen

hervorgehoben werden: erstens das "Gesamtgewicht", das den ursächlichen Variablen zukommt und zweitens die Relation zwischen
"legitimen" und illegitimen" Einflüssen. Da die Analysemethode
erlaubt, den einzelnen unabhängigen Variablen ein Gewicht, das
dem Einfluß entspricht, den sie auf die abhängige Variable ausüben, zuzuweisen, kann man auch die Gewichte nach einem bestimmten Verfahren aufsummieren. Dieses Gesamtgewicht läßt sich
als Maß für die Strukturiertheit des Schichtungssystems interpretieren. Wenn sie gering ist, kann eine Person z.B. einen
hohen Berufsstatus unabhängig von seiner Bildung oder seinem
sonstigen sozialen Hintergrund erreichen. Geringe Strukturiertheit bedeutet gleichzeitg, daß gute Bildung und guter Familien-
hintergrund keine Gewähr für einen hohen Berufsstatus bieten.
Wenn das Gewicht der unabhängigen Variablen hoch ist, dann
gibt es bei gegebenem sozialen Hintergrund eine geringe Variationsbreite des beruflichen Status. Den Begriff der Strukturiertheit habe ich der Arbeit GIDDENS (1973) entnommen. Mit
ihm ist gemeint: soziale Schichtung und Klassenbildung ist
ein Prozeß, zu dem verschiedene Faktoren beitragen. Die Analyse des Statuszuweisungsprozesses ist eine Methode, die
Bedeutung relevanter Faktoren zu messen. Der Begriff der Strukturiertheit ist ein Pendant zu dem Begriff der offenen Gesellschaft in der Tabellenanalyse. Je geringer das oben genannte Gesamtgewicht der unabhängigen Variablen, desto offener ist die Gesellschaft. Es gilt allerdings, einen entscheidenden Unterschied zu beachten. Der Einfluß der Bildung auf
den Berufsstatus (das Gewicht der Variable Bildung) ist ja
gewollt. Man will ja, daß das Bildungssystem auf den Beruf
vorbereitet, daß Leistung in der Schule sich im Beruf aus-
zahlt. Dieses Argument führt zu dem zweiten Aspekt, den ich
an den folgenden Ergebnissen hervorheben möchte. Die Variablen, die ich unten analysieren werde, sind Berufsstatus und
Schulbildung des Vaters, Schulbildung und Berufsstatus des Befragten sowie sein Einkommen. Betrachten wir den Berufsstatus
als abhängige Variable (die Argumente gelten analog für das

Einkommen). Wie schon erwähnt, erscheint uns gerechtfertigt,
daß Personen mit überdurchschnittlicher Bildung auch einen
Beruf mit überdurchschnittlichem Status ergreifen. Diese Überzeugung stützt sich auf die Vorstellung von der Leistungsbe-
zogenheit der Bildung. Der erreichte Bildungsstatus wird als
eine durch individuelle Leistung erworbene Eigenschaft angesehen. Dabei gehen die Meinungen über den Einfluß der Herkunft auseinander. Einerseits kann man sich auf den Standpunkt
stellen, daß die Chancen des Bildungserwerbs nur gerecht verteilt wären, wenn die familiale Herkunft im Schul- und Bildungswesen sich nicht auswirkte. Andererseits kann man die
Meinung vertreten, der Einfluß der Herkunft sei gerechtfertigt,
denn er spiegele nur Unterschiede der intellektuellen Fähigkeiten wider und für sie müßte das Bildungswesen offen sein.
Welcher Standpunkt richtig ist, ist eine normative und keine
wissenschaftliche Frage (vgl. MEULEMANN 1979). Diese Argumentation ist nur eine Wiederholung der in den Abschnitten 5.2.4,
5.2.6 und 6.3 geführten Diskussion. Relevant ist hier der Zusammenhang zwischen dieser "Sicht der Handelnden" und dem Begriff der Strukturiertheit. Wenn die Beziehung zwischen Bildung und Berufsstatus eng ist, liegt objektiv hohe Strukturiertheit vor. Subjektiv hat dies keine Konsequenz, wenn
eine solche Beziehung als gerechtfertigt erscheint. Der Einfluß der Bildung auf den Berufsstatus und auf das Einkommen
ist nach der hier vertretenen Auffassung "legitim". Ebenso
rechne ich den Einfluß, den die familiale Herkunft auf die
Schulbildung hat, hierzu. Dagegen sind alle Einflüsse der
Herkunft, die nicht durch das Bildungssystem kanalisiert werden, "illegitim". In diesen Fällen wirken nicht-leistungsbe-
zogene Eigenschaften außerhalb allgemein anerkannter Kanäle.
Ich bin mir dessen bewußt, daß mein Standpunkt anfechtbar
ist. Andere wären es ebenso. An der Analyse als solche ändert
er nichts. Wie läßt sich nun das Gewicht einer Variable bestimmen?

Bei der Analyse des Statuszuweisungsprozesses wird üblicher-
weise mit Korrelationen (genauer: standardisierte Regressions-
koeffizienten) gerechnet. Ein Korrelationskoeffizient (hier ist
nur an den sogenannten Produkt-Moment- oder PEARSON'schen Korrela-
tionskoeffizienten gedacht), der Werte zwischen - 1 und + 1 annehmen kann, zeigt das Ausmaß gemeinsamer Variation zweier Variablen an. Ist der Koeffizient positiv, gehen mit hohen Werten
einer Variable hohe Werte der anderen Variable einher. Ist die
Korrelation negativ, gehen mit hohen Werten der einen Variable
niedrige Werte der anderen einher. Je höher der Koeffizient
(positiv oder negativ), desto enger ist dieser Zusammenhang,
desto genauer kann man den Wert der einen Variablen vorhersagen, wenn man den Wert der anderen Variablen kennt. Ein Beispiel
soll dies verdeutlichen. Einkommen und Schulbildung korrelieren
positiv miteinander. Personen, deren Einkommen weit über dem
Durchschnitt liegt, werden häufig (aber nicht immer) eine
Bildung aufweisen, die auch weit über dem Durchschnitt liegt
und umgekehrt. Nun läßt sich eine solche Korrelation u.U. kau-
sal interpretieren, z.B. wenn wir uns über die zeitliche Abfolge der Variablen im klaren sind. Schulbildung liegt in der
Statusbiographie der meisten Menschen zeitlich vor der Aufnahme
der Erwerbstätigkeit und somit vor der Erzielung von Einkommen. Es ist also theoretisch gerechtfertigt zu sagen, die
Höhe der Schulbildung beeinflußt die Höhe des Einkommens. Man
wird sofort einwenden: nicht die Schulbildung direkt, sondern
die berufliche Tätigkeit entscheidet über die Höhe des Einkommens. Wir können diese Behauptung wie folgt darstellen:

Abbildung 5: Modell des Statuszuweisungsprozesses

$$S \longrightarrow B \longrightarrow E$$

Die Schulbildung (S) beeinflußt die Wahl des Berufs (B) und
der Beruf bestimmt wiederum das Einkommen (E). B überträgt also die Wirkung der Schulbildung auf das Einkommen. Die nächste
Frage lautet: kommt die Korrelation zwischen S und E, von der

wir ja ausgegangen sind, nur über B zustande? Wir können die
Frage leicht beantworten. Wenn wir Personen mit dem gleichen
Beruf untersuchen, müßte nach der in Abbildung 5 dargestellten Theorie der Einfluß der Schulbildung auf das Einkommen neutralisiert werden. Die Korrelation zwischen S und E müßte null
werden. Man sagt: der vermittelnde Einfluß von B wird konstant
gehalten. Diese Konstanthaltung kann man physikalisch vornehmen,
indem man tatsächlich nur Personen analysiert, die den gleichen
Beruf ausüben. Man kann, und dies ist einfacher, wenn auch weniger anschaulich, die Konstanthaltung statistisch vornehmen.
Weiter unten werde ich dieses Verfahren anwenden. Wenn nun die
Korrelation zwischen S und E bei Konstanthaltung von B nicht
null wird, heißt dies, daß die Wirkung von S nicht nur über
den Beruf vermittelt wird. Dies wäre auch plausibel. Auch innerhalb der gleichen Berufe werden Menschen mit höherer Bildung
besser entlohnt als Personen mit niedriger Bildung. Auch innerhalb gleicher Berufe variiert das Bildungsniveau. Die Korrelation zwischen S und E unter Konstanthaltung von B ist ein Maß
für den direkten Einfluß von S auf E. Subtrahieren wir diesen
Koeffizienten von der Korrelation zwischen S und E ohne Berücksichtigung von B, erhalten wir ein Maß für den indirekten, durch
B vermittelten Einfluß von S auf E. Ich möchte es hier bei
dieser knappen Darstellung bewenden lassen, die nur ein intuiti-
ves Verständnis für die Methode liefert. (Wer mehr wissen möchte,
erhält z.B. durch die Veröffentlichung von OPP und SCHMIDT (1976)
eine gute Einführung in die Methoden der Datenanalyse. Das Buch
von HERZ und WIEKEN-MAYSER (1979) wendet sich an diejenigen, die
sich besonders mit den Methoden der Mobilitätsforschung vertraut machen möchten. Dort wird auch die sogenannte Pfadana-
lyse (Kausalanalyse mittels multipler Regression), die diesem Kapital zugrundeliegt, dargestellt.)

Das Modell in Abbildung 5 ist einfach. Um die Möglichkeiten des
Analyseverfahrens und der Wirklichkeit des Statuszuweisungsprozesses gerecht zu werden, werde ich ein Modell mit fünf Variablen diskutieren. Auch dieses Modell des Statuszuweisungsprozesses

ist in mancher Hinsicht unrealistisch, aber ein Kompromiß zwischen Einfachheit der Darstellung und Anpassung an die Wirklichkeit ist immer notwendig. In Abbildung 6 ist das Modell dargestellt.

Abbildung 6 <u>Modell des Statuszuweisungsprozesses</u>

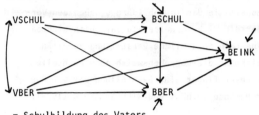

VSCHUL = Schulbildung des Vaters

VBER = Berufsprestige des Vaters

BSCHUL = Schulbildung des Befragten

BBER = Berufsprestige des Befragten

BEINK = Persönliches monatliches Nettoeinkommen des Befragten

---

Die Schulbildung des Befragten (BSCHUL) wird zurückgeführt auf die Schulbildung (VSCHUL) und den Berufsstatus des Vaters (VBER). An nächster Stelle steht der berufliche Status des Befragten (BBER), der von den drei bereits genannten Variablen abhängig ist. Am Ende der Kausalkette steht das Einkommen (BEINK). Seine Höhe variiert in Abhängigkeit von den vier bisher genannten Variablen. In dem Modell sind nur einige, wenn auch wichtige Variablen enthalten. Es gibt aber durchaus relevante Einflüsse, die hier nicht berücksichtigt wurden, so z.B. die Schulbildung der Mutter, und der erste Beruf des Befragten. Die Pfeile, die "aus dem Nichts" auf BSCHUL, BBER und BEINK weisen, repräsentieren alle solche nicht-berücksichtigten Einflußfaktoren. Das Modell definiert eine Anzahl direkter und indirekter Einflüsse (Effekte). Die Schulbildung des Befragten (BSCHUL) wird direkt von VSCHUL und VBER beeinflußt. Der Berufsstatus (BBER) wird ebenfalls von VSCHUL, VBER und zusätzlich von BSCHUL direkt beeinflußt. Darüber hinaus vermittelt

BSCHUL einen Teil des Gesamteinflusses von VSCHUL und VBER
auf BBER. Analoges gilt für BEINK. Die direkten Beziehungen
zwischen VSCHUL und VBER auf der einen und BBER und BEINK
auf der anderen Seite entsprechen den von mir so bezeichneten
"illegitimen" Einflüssen. Alle anderen sind "legitim". Das
Modell in Abbildung 6 ist eine Konstruktion. Alle Theorien sind
Konstruktionen. Modelle wie das in Abbildung 6 haben den Vorteil, Annahmen über die Wirkungsweise von Variablen sichtbar
zu machen, die eine rein sprachliche Darstellung zuweilen
kaschiert. Natürlich hat die Vorgehensweise auch Nachteile.
Der interessierte Leser findet eine Darstellung der Vorzüge
und Nachteile der Methode in HERZ und WIEKEN-MAYSER (1979).

Bevor ich auf die Ergebnisse der Analyse eingehe, muß noch
dargestellt werden, wie die Variablen gemessen wurden. Berufsstatus wurde anhand der von TREIMAN entwickelten Prestigewerte
gemessen (vgl. Abschnitt 5.3). Jeder Befragte hat einen Wert
zugewiesen bekommen, der dem von ihm ausgeübten Beruf auf
der Prestigeskala entspricht. Dasselbe gilt für den Beruf des
Vaters. Die Schulbildung des Vaters und des Befragten wurden
nach einem sehr einfachen Schema in drei Kategorien klassifiziert: Pflichtschulbildung bildet die unterste, akademische
Bildung die oberste Kategorie. Die mittlere Kategorie nehmen
diejenigen Befragten mit mehr als nur Pflichtschule, aber weniger als akademischer Bildung ein. Der Grund für diese grobe
Kategorisierung: Bildungssysteme unterscheiden sich beträchtlich. Äquivalente Bildungskategorien können nur unter Ver-
zicht auf die länderspezifischen Einzelheiten gebildet werden. Die Einkommensangaben beziehen sich auf das persönliche
monatliche Nettoeinkommen (vgl. Anmerkung 3).

Tabelle 31 enthält die relevanten Koeffizienten für die
sechs analysierten Länder. Diese Koeffizienten können zwischen + 1 und - 1 variieren. Je höher der Koeffizient, desto
stärker ist der Einfluß einer Variablen auf die andere. In dem

hier analysierten Modell sollten nur positive Koeffizienten erscheinen, denn mit einem überdurchschnittlichen Berufsstatus
des Vaters sollte eine überdurchschnittliche Bildung des Sohnes
bzw. der Tochter einhergehen, mit einer überdurchschnittlichen
Schulbildung sollte man einen überdurchschnittlichen Berufsprestige erreichen etc.. Ausnahmen von dieser Regel gibt es
in Tabelle 31 einige wenige. Sie sind zufallsbedingt und ich
werde sie nicht gesondert behandeln. Alle Koeffizienten der
folgenden Tabellen haben eine führende Null. Ich habe der
Einfachheit halber diese Null weggelassen und das Kommazeichen
durch einen Punkt ersetzt. Ein letzter methodischer Hinweis sei an-
gefügt. Wie aus den beiden ersten Zeilen der Tabelle 31 hervorgeht, hat in der Bundesrepublik die Schulbildung des Vaters
einen etwa doppelt so starken direkten Einfluß auf die Schulbildung des Befragten wie der Berufsstatus des Vaters (.39
gegenüber .19). In der letzten Spalte, die mit R^2 überschrieben ist, ist das Gesamtgewicht der Variablen - in diesem Falle:
das Ausmaß, zu dem der familiäre Hintergrund die Schulbildung
des Befragten beeinflußt - angegeben, nämlich .24. Aber die
Summe aus .39 und .19 ergibt nicht .24. Was ist los? Die Erklärung dafür ist: die Koeffizienten in Spalte 3 müssen vor der
Summierung quadriert werden. Das hat statistische Gründe, die
nicht im einzelnen erläutert werden sollen. Aber auch die qua-
drierten Koeffizienten ($.39^2$ = .152 und $.19^2$ = .036) ergeben
summiert nicht .24. Dafür ist der Zusammenhang oder die Korrelation zwischen Beruf und Schulbildung des Vaters verantwortlich
(technisch gesprochen: Multikollinearität). Wie in der Sohn-/
Tochtergeneration, ist auch in der Vätergeneration der berufliche Status von der Ausbildung abhängig. Wie Abbildung 6 zeigt,
soll diese Beziehung im Modell der Statuszuweisung unberück-
sichtigt bleiben. Ich möchte allein den direkten Einfluß von
VSCHUL auf BSCHUL und von VBER auf BSCHUL bestimmen. Das Verfahren liefert mir auch Koeffizienten für diese Effekte. In
Abbildung 7 sind sie dargestellt. Der direkte Einfluß von
VSCHUL auf BSCHUL wird durch die Fläche, die waagerecht schraf-

Abbildung 7 Aufteilung der gesamten gemeinsamen Varianz zwischen Berufsstatus und Schulbildung des Vaters und Schulbildung des Befragten

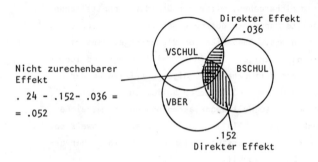

Nicht zurechenbarer
Effekt

. 24 - .152- .036 =
= .052

Siehe Abbildung 6, Tabelle 31 und Text

----

fiert ist, repräsentiert. Sie ist nur diesen Variablen gemeinsam.
In gleicher Weise verhält es sich mit VBER und BSCHUL. Aber die
Schulbildung des Vaters wirkt ja auch indirekt über seinen Be-
rufsstatus auf die Schulbildung des Befragten. Dieser Einfluß
interessiert aus theoretischen Gründen nicht und bleibt aus der
Betrachtung. Statistisch läßt sich dieser Teil des Einflusses
nicht wegzaubern. Er wird in Abbildung 7 durch die karierte
Fläche repräsentiert und stellt einen Restbetrag dar.

Nun sind wir gerüstet, um die Koeffizienten in Tabelle 31 interpretieren zu können. Die Schulbildung des Befragten, die im
Modell die erste abhängige Variable ist, wird in allen Ländern
in mehr oder weniger gleicher Weise von den beiden Herkunftsvariablen beeinflußt. Die Schulbildung des Vaters hat einen
stärkeren Einfluß als sein Berufsprestige. In Österreich und
in der Schweiz ist der Effekt der erstgenannten Variable vier-
bis fünfmal so stark wie die der zweitgenannten, in den anderen Ländern (Bundesrepublik, Niederlande, Vereinigte Staaten,
Finnland) etwa zweimal. Bei der Interpretation des Einflusses
der beiden Herkunftsvariablen muß man ihre theoretische Be-

Tabelle 31a Kausalzusammenhänge im Prozeß der Statuszuweisung in 6 Ländern: Bundesrepublik
(vgl. Abbildung 6 und Anmerkung 6)

Abhängige Variablen (1)	Prädeterminierte Variablen (2)	Total (3)	Indirekt über Bildung (4)	Indirekt über Beruf (5)	Direkt (6)	R^2 (7)
Schulbildung des Befragten	Beruf des Vaters	.19	-	-	.19	
	Schulbildung des Vaters	.39	-	-	.39	.24
Beruf des Befragten	Beruf des Vaters	.24	.08	-	.16	
	Schulbildung des Vaters	.17	.17	-	.00	
	Schulbildung des Befragten	.46	-	-	.46	.28
Persönliches Einkommen des Befragten	Beruf des Vaters	.13	.06	.05	.02	
	Schulbildung des Vaters	.11	.13	.00	-.02	
	Schulbildung des Befragten	.35	-	.15	.20	.20
	Beruf des Befragten	.31	-	-	.31	

Effekte

Tabelle 31 b Kausalzusammenhänge im Prozeß der Statuszuweisung in 6 Ländern: Niederlande (vgl. Abbildung 6 und Anmerkung 6)

Abhängige Variablen (1)	Prädeterminierte Variablen (2)	Total (3)	Indirekt über Bildung (4)	Indirekt über Beruf (5)	Effekte Direkt (6)	R^2 (7)
Schulbildung des Befragten	Beruf des Vaters	.18	-	-	.18	
	Schulbildung des Vaters	.33	-	-	.33	.20
Beruf des Befragten	Beruf des Vaters	.21	.10	-	.11	
	Schulbildung des Vaters	.16	.19	-	-.03	
	Schulbildung des Befragten	.58	-	-	.58	.37
Persönliches Einkommen des Befragten	Beruf des Vaters	.13	.07	.05	.01	
	Schulbildung des Vaters	.09	.14	-.01	-.04	
	Schulbildung des Befragten	.43	-	.24	.19	.29
	Beruf des Befragten	.42	-	-	.42	

Tabelle 31 c Kausalzusammenhänge im Prozeß der Statuszuweisung in 6 Ländern: Österreich (vgl. Abbildung 6 und Anmerkung 6)

Abhängige Variablen (1)	Prädeterminierte Variablen (2)	Effekte				
		Total (3)	Indirekt über		Direkt (6)	R^2 (7)
			Bildung (4)	Beruf (5)		
Schulbildung des Befragten	Beruf des Vaters	.08	–	–	.08	
	Schulbildung des Vaters	.35	–	–	.35	.15
Beruf des Befragten	Beruf des Vaters	.23	.03	–	.20	
	Schulbildung des Vaters	.14	.14	–	.00	
	Schulbildung des Befragten	.41	–	–	.41	.24
Persönliches Einkommen des Befragten	Beruf des Vaters	.10	.02	.07	.01	
	Schulbildung des Vaters	.14	.11	.00	.03	
	Schulbildung des Befragten	.32	–	.13	.19	
	Beruf des Befragten	.33	–	–	.33	.20

213

Tabelle 31 d Kausalzusammenhänge im Prozeß der Statuszuweisung in 6 Ländern: Vereinigte Staaten
(vgl. Abbildung 6 und Anmerkung 6)

Abhängige Variablen	Prädeterminierte Variablen	Total	Indirekt über Bildung	Indirekt über Beruf	Direkt	R^2
(1)	(2)	(3)	(4)	(5)	(6)	(7)
Schulbildung des Befragten	Beruf des Vaters	.14	-	-	.14	.17
	Schulbildung des Vaters	.34	-	-	.34	
Beruf des Befragten	Beruf des Vaters	.13	.07	-	.06	.25
	Schulbildung des Vaters	.11	.17	-	-.06	
	Schulbildung des Befragten	.50	-	-	.50	
Persönliches Einkommen des Befragten	Beruf des Vaters	.09	.04	.02	.03	.18
	Schulbildung des Vaters	-.01	.11	-.02	-.10	
	Schulbildung des Befragten	.32	-	-.17	-.15	
	Beruf des Befragten	.35	-	-	.35	

Tabelle 31 e Kausalzusammenhänge im Prozeß der Statuszuweisung in 6 Ländern: Schweiz

Abhängige Variablen	Prädeterminierte Variablen	Total	Effekte			R^2
			Indirekt über		Direkt	
			Bildung	Beruf		
(1)	(2)	(3)	(4)	(5)	(6)	(7)
Schulbildung des Befragten	Beruf des Vaters	.08	-	-	.08	
	Schulbildung des Vaters	.42	-	-	.42	.19
Beruf des Befragten	Beruf des Vaters	.18	.02	-	.16	
	Schulbildung des Vaters	.28	.13	-	.15	
	Schulbildung des Befragten	.33	-	-	.33	.23
Persönliches Einkommen des Befragten	Beruf des Vaters	.01	.01	.03	-.05	
	Schulbildung des Vaters	.21	.10	.04	.07	
	Schulbildung des Befragten	.25	-	.08	.17	
	Beruf des Befragten	.24	-	-	.24	.13

Tabelle 31 f Kausalzusammenhänge im Prozeß der Statuszuweisung in 6 Ländern: Finnland
(vgl. Abbildung 6 und Anmerkung 6)

Abhängige Variablen (1)	Prädeterminierte Variablen (2)	Total (3)	Indirekt über Bildung (4)	Indirekt über Beruf (5)	Direkt (6)	R^2 (7)
Schulbildung des Befragten	Beruf des Vaters	.14	–	–	.14	
	Schulbildung des Vaters	.26	–	–	.26	.11
Beruf des Befragten	Beruf des Vaters	.15	.07	–	.08	
	Schulbildung des Vaters	.12	.12	–	.00	.24
	Schulbildung des Befragten	.47	–	–	.47	
Persönliches Einkommen des Befragten	Beruf des Vaters	.07	.03	.02	.02	
	Schulbildung des Vaters	.12	.05	.00	.07	.12
	Schulbildung des Befragten	.22	–	.13	.09	
	Beruf des Befragten	.27	–	–	.27	

deutung berücksichtigen. Berufsprestige, das war das Ergebnis
der Analyse in Abschnitt 5.3, ist in erster Linie ein Indikator für sozio-ökonomischen Status. Unter sozio-ökonomisch verstehe ich materielle Ressourcen, Kenntnisse und Fertigkeiten.
Die Schulbildung des Vaters ist dagegen ein Indikator für
die kulturelle und intellektuelle Situation und für ein bestimmtes Normen- und Wertesystem des Elternhauses. Der Einfluß des Elternhauses auf die Schulbildung der Kinder verläuft in stärkerem Maße über kulturelle/intellektuelle
Ressourcen. Die materielle Situation, die sich in unterschiedlicher Ausstattung mit Büchern, mit fremder Hilfe etc.
auswirkt sowie das Ansehen des Vaters, hat eine weitaus geringere Bedeutung. Möglicherweise sind Maßnahmen, die zum
Ziel haben, Bildungsreserven in bildungsfernen Schichten zu
mobilisieren, dann wenig effektiv, wenn sie auf finanzieller
Unterstützung basieren. Von dieser Interpretation ausgehend
kann man eine Erklärung für die abweichende Stellung Österreichs und der Schweiz finden. Sie hat zwei Komponenten. Von
der Perspektive der Familie soll die Bildung ein bestimmtes
kulturell/intellektuelles Niveau gewährleisten und bestimmte
berufliche Fertigkeiten vermitteln. Von der Schule und vom
Bildungssystem her gesehen kann man solchen Ansprüchen in unterschiedlicher Weise gerecht werden. Vermutlich sind Eltern in
Österreich und in der Schweiz eher geneigt, den kulturell-
intellektuellen Inhalten Bedeutung beizumessen als in den anderen Ländern und die Bildungssysteme sind eher für solche Ansprüche offen.

Die Koeffizienten in Spalte 7 zeigen : relativ starker Ge-
samteinfluß der Herkunft auf die Schulbildung in der Bundesrepublik, weniger starke Abhängigkeit in den Niederlanden, in der
Schweiz und in den Vereinigten Staaten und eine geringe Abhängigkeit in Österreich und in Finnland. Die Variation der Koeffizienten ist beträchtlich und spiegelt die Durchlässigkeit der
Bildungssysteme wider. Je höher die Maßzahlen, um so stärker

können sich Statusansprüche der Eltern im Bildungssystem durchsetzen. Der in Abschnitt 5.2.6 beschriebene Zusammenhang zwischen dem dreigliedrigen Schulsystem und den Statusgruppen in
der Bundesrepublik ist für den hohen Koeffizienten hier verantwortlich. Die überwiegende Mehrheit der Befragten hat nicht
von der Bildungsreform profitieren können. In Österreich und in
Finnland ist das Bildungsniveau der Bevölkerung im Vergleich zu
den anderen Ländern niedrig. Wo eine geringe Variation der
Bildungsabschlüsse existiert, dort kann auch die Herkunft sich
nicht auswirken. In den Vereinigten Staaten ist das Bildungssystem offen und Statusansprüche können sich nicht im gleichen
Maße wie in der Bundesrepublik durchsetzen. Das niederländische
Bildungssystem ist eng an das Berufssystem gekoppelt und vermag wohl dadurch, sich von Herkunftseinflüssen zu befreien.

Das Modell sieht den Berufsstatus als die nächste abhängige
Variable vor. Zuerst befasse ich mich mit den in Spalte 3
enthaltenen Koeffizienten. Erwärtungsgemäß übt die Schulbildung des Befragten den stärksten Einfluß auf das Berufsprestige
aus. Jene Variable steht der abhängigen Variablen zeitlich näher
als die beiden anderen. Den stärksten Einfluß hat die Schulbildung in den Niederlanden, gefolgt von den Vereinigten Staaten,
Finnland und der Bundesrepublik. Am schwächsten ist er in Österreich und der Schweiz. Das holländische Bildungssystem ist
stark mit dem Berufssystem gekoppelt. Die Differenzierung von
Schultypen und die Gliederung innerhalb der Schulen ist an der
Ausübung spezifischer Berufe orientiert. Daher überrascht eine
so starke Beziehung nicht. Eine analoge Erklärung können wir für
die Vereinigten Staaten nicht anführen. Das Bildungssystem in
den Vereinigten Staaten ist "eindimensional" (so wurden zur Beschreibung der Schulbildung der befragten US-Amerikaner in der
hier analysierten Untersuchung 26 Kategorien benutzt, die
eigentlich nur die Zahl der Schuljahre und unter den Akade-
mikern die Art des Abschlusses unterscheiden, während in den
niederländischen Untersuchungen 70 Kategorien benutzt werden

mußten), und weit weniger als in den Niederlanden im Hinblick auf
die Verteilung und Art der Berufe differenziert. Wenn es also
nicht an der "Angebotsseite" liegt, muß man die Ursache auf der
"Nachfrageseite" suchen, z.B. in den Rekrutierungspraktiken von
Unternehmen. Möglicherweise drückt sich nierin die Leistungsorien-
tierung des amerikanischen Bildungs- und Berufssystems aus. In
allen Ländern mit Ausnahme der Schweiz ist der Einfluß des Berufsstatus des Vaters größer als der seiner Schulbildung. Die
Schweiz stellt eine Anomalie dar, denn die Schulbildung des Vaters übt einen stärkeren Einfluß auf den Berufsstatus des Befragten aus als dessen Beruf. Auf alle Fälle dokumentieren die
Koeffizienten in Spalte 3 die Rolle der Bildung als "zentrale
Dirigierungsstelle...". Die beiden Herkunftsvariablen (Berufsstatus und Schulbildung des Vaters) üben ihren Einfluß auf den
Berufsstatus des Befragten teils direkt, teils indirekt aus.
Wie das Modell zeigt (Abbildung 6) vermittelt die Schulbildung
des Befragten den Einfluß der Herkunft. Im Falle der Schulbildung des Vaters verläuft der Einfluß überwiegend indirekt.
In den hier analysierten Ländern gibt es also keine nennenswer-
ten "illegitimen" Einflüsse der väterlichen Schulbildung auf
die Statuszuweisung. Einzige Ausnahme von dieser Regel bildet
die Schweiz. Vermutlich ist die Sonderstellung der Schweiz,
die hier erneut sichtbar wird, eine Folge der kulturellen Homogenität der Regionen des Landes. Die Gliederung in Regionen
und die Sprachenunterschiede reflektieren tiefgehende kulturelle
Distinktionen. Die Kantone und Kommunen beeinflussen das Schul-
wesen in starkem Maße. Das unterschiedliche Finanzaufkommen
wirkt sich auf das Bildungsangebot aus. Das könnte zur Folge
haben, daß Schulbildung bei der Berufsrekrutierung eine geringere Rolle spielt als in den anderen Ländern und man sich
eher auf die Herkunft verläßt. Der Effekt des Berufsstatus des
Vaters wird höchstens zur Hälfte vermittelt; er ist überwiegend direkt. Der stärkere der beiden Herkunftsvariablen - Berufsstatus des Vaters - hat einen "illegitimen" Einfluß auf die
Statuszuweisung. Wie kann ein solcher Einfluß zustandekommen?

Auch hier ist es sinnvoll, zwischen der Perspektive der handelnden Personen und der Perspektive "des Systems" zu unterscheiden. Familien werden bewußt und unbewußt bemüht sein, ihren
Kindern Kenntnisse und Fertigkeiten zu vermitteln, die über
die in der Schule gelernten hinausgehen. Auf der anderen Seite
zählt die Herkunft in den verschiedensten Lebenssituationen. Bei
der Wahl zwischen zwei Bewerbern wird ein Personalchef in vielen Fällen auch die Herkunft berücksichtigen. Das Schulsystem
ist für Einflüsse dieser Art nicht offen und vermittelt sie
daher auch nicht. Sie können sich nur indirekt auf den Berufsstatus auswirken. Obwohl also "illegitime" Effekte im Statuszuweisungsprozeß sichtbar sind, ist ihre Bedeutung im Vergleich
zu dem Einfluß der Schulbildung der Befragten nicht allzu groß.
Die Stärke, mit der die Herkunft und die eigene Schulbildung
den Berufsstatus determiniert, geht aus der letzten Spalte
der Tabelle 31 hervor. Die Abhängigkeit ist in allen Gesellschaften außer den Niederlanden gleich stark. Die Strukturiertheit der Schichtungs- bzw. Klassensysteme (bezogen hier auf
den Berufsstatus) ist ähnlich stark. Die abweichende Stellung
der Niederlande kann auf die enge Beziehung zwischen Bil-
dungs- und Berufssystem, auf die ich bereits hingewiesen habe,
zurückgeführt werden.

Der letzte Schritt entlang des Modells führt zum persönlichen
Einkommen des Befragten. Wie die Koeffizienten in Spalte 3
zeigen, verliert sich allmählich der Einfluß der Herkunft.
Die eigene Schulbildung und der eigene Berufsstatus überwiegt
gegenüber den familialen Variablen in allen Ländern (möglicherweise bildet wieder die Schweiz eine Ausnahme) eindeutig. Der
Effekt der Herkunft auf das Einkommen wird überwiegend vermittelt. Er ist im großen und ganzen "legitim". Die Schulbildung
beeinflußt das Einkommen in etwa gleich starkem Maße direkt
und indirekt (über den Beruf). Die Abhängigkeit des Einkommens
von der Herkunft und vom eigenen Status variiert stark von
Land zu Land (Spalte 7). Die Niederlande mit einer hohen und

die Schweiz und Finnland mit einer niedrigen Abhängigkeit bilden die Extreme. Das Einkommen bildet den Endpunkt des Modells und deshalb hängt das "Gesamtgewicht" der abhängigen Variablen von ihrer internen Beziehung ab. In den Niederlanden und in der Bundesrepublik ist sowohl die Bildung des Befragten als auch sein Berufsstatus von den jeweils prädeterminierten Variablen stärker abhängig als in den anderen Ländern, während diese Abhängigkeit in der Schweiz und in Finnland besonders gering ist. Die Bildung und der Berufsstatus können im ersten Falle einen Einfluß eher vermitteln als im letztgenannten. Dadurch erklärt sich die Relation des Einkommens zu den anderen Variablen. Dieser Vergleich der Koeffizienten in Spalte 7 führt zu dem Schluß, daß die Bundesrepublik und die Niederlande die am stärksten strukturierten Gesellschaften unter den hier analysierten sind. Die Schweiz und Finnland weisen dagegen einen weit niedrigeren Grad der Strukturiertheit auf. Eine mittlere Position nehmen Österreich und die Vereinigten Staaten ein.

Innerhalb der Schichtungssysteme sind die Statuszuweisungsprozesse ähnlich. Nur die Schweiz weicht von diesem Muster ab, da die Herkunft sich in anderer Weise bemerkbar macht als in den anderen Ländern. Auch TREIMAN und TERRELL (1975) fanden dieselben Prozesse der Statuszuweisung in den Vereinigten Staaten und Großbritannien, obwohl im letztgenannten Land das Schichtungssystem stärker strukturiert war als im erstgenannten. Die Übereinstimmung des Statuszuweisungsprozesses in den Vereinigten Staaten und Australien ist ebenfalls groß (FEATHERMAN et al. 1975). Eine viel größere Variation des Statuszuweisungsprozesses glaubt HEATH (1981, 220) feststellen zu können. Er vergleicht Großbritannien, die Vereinigten Staaten, Australien, die Tschechoslowakei und Spanien. Da er sich auf veröffentlichtes Material beschränkt, muß er die Vergleichbarkeit der Variablen (z.B. verschiedene Formen, Berufsprestige zu messen) als gegeben hinnehmen. Seine implizite Schlußfolgerung, die die Bedeutung politischer und kultureller Faktoren betont, bedarf deshalb einer genauen Prüfung.

Das Ausmaß "illegitimer" Einflüsse ist in allen Ländern gering.
Diese Schlußfolgerung ist jedoch abhängig von einer normativen
Entscheidung. Ist man der Meinung, es sei ein legitimes Ziel,
die Statusfindung ganz von der Herkunft abzukoppeln, dann sind
alle Einflüsse der Herkunft illegitim.

Abschließend sei auf zweierlei hingewiesen. Die Ergebnisse und
ihre Interpretation sind modellabhängig. Möglicherweise würde
sich die Relation der Gewichte ändern, wenn man zusätzliche
Variablen berücksichtigen könnte. Des weiteren ruft der Begriff der Strukturierung möglicherweise beim Leser den Eindruck
geringer Offenheit der Schichtungssysteme hervor. Dies wäre
jedoch ein falscher Eindruck. Bildungs-, Berufsstatus- und
Einkommensunterschiede sind, gemessen an dem Einfluß der hier
analysierten Variablen, größtenteils zufällig. Ob die Einbe-
ziehung weiterer Variablen im Modell - Qualifikation, Intelligenz, Motivation - eine stärkere Strukturierung hervorrufen würde, kann nur durch empirische Analysen beantwortet werden.

6.6 Probleme der Mobilitätsanalyse

Zu den Problemen, die Mobilitätsanalysen des obigen Typs aufwerfen, habe ich bisher wenig gesagt. Nun waren es gerade Probleme, die die Analyse von Mobilitätstabellen aufwarfen, die
zu einem Paradigmawechsel (MAYER 1975a),d.h. zu einer Umfor-
mulierung der zentralen Fragestellung der Mobilitätsforschung
und zu einer methodischen Neuorientierung (DUNCAN 1966) führte. Um die dargestellten Ergebnisse mit ihren Stärken und
Schwächen richtig beurteilen zu können, ist es unerläßlich,
diese Probleme zu kennen.

Mehrfach habe ich von Berufsstrukturen und Generationen gesprochen. Die Bezeichnungen sind irreführend. Eine repräsenta-

tive Auswahl der Berufstätigen spiegelt die Berufsstruktur zum
gegenwärtigen Zeitpunkt innerhalb statistischer Genauigkeits-
grenzen wider. Ihre Angaben über die Berufe ihrer Väter als diese
selbst z.B. 14 - 18 Jahre alt waren, ergibt keine wirkliche Berufsstruktur. Die Angabe eines 30-jährigen 1980 bezieht sich auf
den Beruf, den der Vater zwischen 1964 und 1968 ausübte, während
die eines 60-jährigen sich auf den Zeitraum 1934 - 1938 bezieht.
Man kann das Problem einer Lösung näherbringen, indem man Berufstätige ähnlichen Alters untersucht. Dann ist es auch im
Falle der Befragten gerechtfertigt, von Generation zu sprechen.
Es gibt einen weiteren Grund, warum die Angabe über den Vaterberuf nicht eine einmal tatsächlich vorhanden gewesene Berufsstruktur ergibt. Berufstätige in der älteren Generation, die
keine Kinder hatten, können heute in einer Untersuchung nicht
repräsentiert werden. Mit steigender Kinderzahl erhöht sich
die Chance eines Vaters, in einer Untersuchung repräsentiert
zu werden. Die Berufsstruktur der Vergangenheit ist demnach
synthetisch oder fiktiv. Das hat u.a. zur Folge, daß Aussagen
über strukturellen Wandel (Strukturmobilität) immer ungenau
sein müssen. In der Bundesrepublik kommt erschwerend hinzu,
daß die Väter der heutigen Berufstätigen außer im heutigen
Gebiet der Bundesrepublik auch in der Deutschen Demokratischen
Republik und Polen arbeiteten.

Ein weiteres methodisches Problem wird in der Mobilitätsforschung kaum diskutiert. Es leitet sich aus der Tatsache ab,
daß viele Menschen heute einen zweiten Beruf inne haben, mittels dem sie beträchtliche Einnahmen erzielen. Über die Höhe
des Anteils der sogenannten Schwarzarbeiter gehen die Ansich-
ten auseinander. In Italien, so wird geschätzt, gehen 60 %
der Männer und 22 % der Frauen, die in staatlichen Verwaltungen arbeiten, einer Nebentätigkeit nach (FRANKFURTER RUNDSCHAU
v. 14. 2. 1979). Aus Neapel wird berichtet, daß aufgrund der
hohen Arbeitslosigkeit (mehr als 20 %) eine sogenannte Gassen-
wirtschaft sich entwickelt habe. Darunter fallen Arbeiten in

illegalen Manufakturbetrieben, Kinderarbeit, Prostitution und
Schmuggel. Über Neapel und die von Naturkatastrophen heimgesuch-
ten Gebiete um diese Stadt heißt es in einem Bericht: "Den
verschiedenen illegalen Beschäftigungen wird von den Behörden
zuweilen zwar hart zugesetzt, doch bilden sie für Hundert-
tausende die einzige Erwerbsquelle und sind daher nicht so
leicht auszurotten" (NEUE ZÜRICHER ZEITUNG v. 28./29.12.1980).
In anderen Ländern wird es ähnliche, wenn nicht so krasse
Zustände geben. Nun könnte man einwenden, der Hauptberuf sei
für den Status einer Person bzw. Familie entscheidend. Dieses
Argument trifft auch zu und liegt der Klassifikation von Arbeitslosen nach ihrem früheren Beruf zugrunde. Aber einen
Teil dieser in der "Untergrundwirtschaft" Tätigen erreicht
man mit Untersuchungen der obigen Art gar nicht und für den
anderen Teil gilt, daß die Einkommensangaben unzuverlässig
sind.

Eine Beschränkung vieler Analysen (sowohl Tabellenanalysen
als auch Analysen des Statuszuweisungsprozesses) besteht in
der Auswahl. US-amerikanische Untersuchungen haben sich bis
Anfang der siebziger Jahre auf Männer beschränkt, oft auch nur
auf weiße Männer. In der Bundesrepublik existiert meines
Wissens nur eine einzige Untersuchung über die berufliche
Mobilität von Frauen (ERNST 1980). In Umfragen werden Gastarbeiter nicht befragt und auch in der Mikrozensus-Zusatzer-
hebung 1971 des Statistischen Bundesamtes, die umfangreiches
Material über Strukturwandel und Mobilität in der Bundesrepublik lieferte, wurden sie nicht berücksichtigt. Von der
Problemstellung her gesehen ist eine solche Handlungsweise
nicht gerechtfertigt und könnte als Ausdruck von Ethnozen-
trismus interpretiert werden.

DUNCANs (1966) Kritik an der auf Tabellenanalysen beschränkten Mobilitätsforschung, die sich gegen die genannten Schwächen
richtete (allerdings nicht gegen die zuletzt genannte), führte

zu einer Reformulierung des zu untersuchenden Problems. Wenn
nur der gegenwärtig eingenommene Status interessiert, dann
ist nur die Repräsentativität der Befragten und nicht die der
Väter wichtig. Aber auch die alternative Vorgehensweise weist
Beschränkungen auf, das hat schon die obige Darstellung gezeigt.
Darüber hinaus setzt das bei der Analyse des Statuszuweisungsprozesses benutzte statistische Verfahren die Kompatibilität
der Daten mit bestimmten Annahmen voraus. Die berechneten
Koeffizienten sind lineare Koeffizienten. Es wird vorausge-
setzt, daß z.B. eine Differenz im Berufsstatus von 10 Punkten
mit einer konstanten Differenz des Einkommens einhergeht, einerlei, ob wir jene am unteren, mittleren oder oberen Ende der
Berufsskala messen. Der Vorteil der Vorgehensweise besteht in
dem Zwang, genau angeben zu müssen, wie Variablen aufeinander
bezogen sind, wie groß der Einfluß von nicht berücksichtigten
Variablen ist etc. (vgl. HERZ und WIEKEN-MAYSER 1979).

7. Schicht- und klassenspezifisches Verhalten

7.1. Einleitung

In den Abschnitten 5 und 6 wurde die Verteilung von Gütern und
der Zugang zu ihnen unter der Perspektive der Klassen- und
Schichtenbildung untersucht. Der Zugang zu Eigentum oder
Einkommen und die Ungleichheit der Bildungschancen - um nur
einige Güter zu nennen - führt zu objektiven Klassen- und
Statuslagen. Haben nun diese Verhaltenskonsequenzen? Darum
wird es in diesem Teil gehen. Es soll an der Kriminalität
und an dem politischen Verhalten untersucht werden. Die
Trennung zwischen Bildung von Klassen und Statusgruppen und
deren Auswirkungen ist artifiziell. Z.B. gibt es gute Gründe
für die Auffassung, das Rechtssystem, das erst die Definition dessen, was kriminell ist, ermöglicht, garantiere das
Privateigentum und sei deshalb die Basis der Klassengesell-
schaft. In analoger Weise kann man argumentieren in bezug auf
politisches Verhalten: politische Konflikte tragen zur Bewußtseinsbildung und somit zur Klassen- und Statusgruppenbildung
bei. Ich glaube nicht, daß es sinnvoll ist, lange über den
Vorzug der einen oder anderen Perspektive zu streiten. Genau
genommen handelt es sich immer nur um einen Prozeß - in welcher
Weise werden z.B. ökonomische Interessen zusammengefaßt und
in die politische Arena gebracht und wie wirkt die Aktuali-
sierung auf die betroffenen Gruppen zurück - der nur in un-
zulänglicher Weise analysiert werden kann, wenn man an einer
Stelle die Ursache und an einer anderen Stelle die Wirkung
lokalisiert. Deshalb ist es sinnvoll zu sagen: im Mittelpunkt der beiden folgenden Abschnitte steht die Beziehung
zwischen Klassen und Schichten auf der einen und kriminelles
Verhalten und politisches Verhalten auf der anderen Seite.

7.2 Kriminalität und soziale Schichtung

Jede amtliche Statistik, die sich mit Kriminalität befaßt,
sei es die polizeiliche Kriminalstatistik oder die Gerichts-
statistik, läßt sich dahingehend interpretieren: die Unterschicht weist eine höhere Kriminalitätsrate auf als die Mittelschicht. Zwar werden diese Begriffe in der Statistik nicht benutzt, aber die Aufgliederung des Materials nach Berufszugehörig-
keit des Verdächtigen/Verurteilten, nach seiner Nationalität
oder Wohngegend kann mit sozialer Schicht in Verbindung gebracht werden. Trifft dieser impressionistische Eindruck zu?
Hält er einer systematischen Analyse stand? Und wenn es tatsächlich stimmen sollte: welche sind die Ursachen? Die Fragen
werde ich beantworten, indem ich zunächst auf Untersuchungen
über die Verteilung der Kriminalität eingehe und vor allem
die Problematik dieser Untersuchungen aufzeige. Darauf folgt
eine Darstellung von Theorien, die die Beziehung Kriminalität - soziale Schichtung zu erklären vorgeben.

Was ist kriminelles Verhalten? Ist es dasjenige Verhalten,
das gegen Strafgesetze verstößt (von dem vieles unentdeckt
bleibt) oder nur das Verhalten, für das jemand von einem Gericht bestraft wird. Die Kriminalsoziologie tut sich seit jeher
schwer mit der Definition ihres Gegenstandes. Kriminalität
ist z.T. Ergebnis eines Selektionsprozesses. Auf der einen
Seite kann man das Ergebnis des Prozesses betrachten und
sich mit der Analyse des amtlich registrierten Teils der Kriminalität begnügen; dann fällt all dasjenige Verhalten, das in
der gleichen äußerlichen Form wie die registrierte Kriminalität
abläuft, aber unentdeckt bleibt, aus der Betrachtung heraus.
Auf der anderen Seite kann man eine alternative Definition
wählen und kriminelles Verhalten mit sozialschädlichem Verhalten oder Verstößen gegen "conduct norms" gleichsetzen mit
dem Ergebnis, daß manche Verhaltensweisen zwar gegen solche
Normen verstoßen, aber keine Konsequenzen nach sich ziehen.

Es gibt nur einen Ausweg aus dem aufgezeigten Dilemma, nämlich
den Prozeß der Kriminalisierung zum Gegenstand der Kriminalsoziologie zu machen (vgl. hierzu SACK 1978). Unter dieser Definition
werden z.B. Untersuchungen über das Zustandekommen und die Änderung von Strafrechtsnormen, die Bedingungen, unter denen kriminelles Verhalten entdeckt und der Polizei gemeldet wird und
die Behandlung von Angeklagten vor Gericht subsumiert werden.
Ich werde hier nur Ausschnitte dieses Prozesses behandeln,
diese jedoch immer unter der Perspektive des schichtenspezifischen Verhaltens betrachten.

Einen ersten Überblick über den oben genannten Prozeß erhält
man durch eine Analyse der amtlich registrierten Kriminalität.
1980 ist der Polizei 3,8 Mill. Straftaten bekannt geworden
(ohne Verkehrs- und Staatsschutzdelikte). Die gleiche Insti-
tution hielt 1,7 Mill. Personen für tatverdächtig (BUNDESKRIMI-
NALAMT 1981, 9, 27). Verurteilt wurden 403.000 Personen (ohne
Straftaten im Straßenverkehr), aber "nur" in etwa 37.000 Fällen
wurde eine Freiheitsstrafe ohne Bewährung verhängt (STATISTI-
SCHES BUNDESAMT 1982). Es findet also eine Auswahl von Fällen
und Tätern statt, sowohl im Vorfeld staatlicher Instanzen
(Dunkelziffer) als auch beim Gang durch die Instanzen. Das
Bild des Kriminellen hängt entscheidend davon ab, an welcher
Stelle dieses Prozesses man eine Stichprobe zieht. Die ver-
borgene Kriminalität kann man erfassen, indem man Menschen
über ihr Verhalten Auskunft geben läßt. Sogenannte Selbstmeldeuntersuchungen (z.B. SHORT und NYE 1968) lassen Schlußfolgerungen über die Häufigkeit von Normbrüchen bei repräsentativen Querschnitten der Bevölkerung zu. Ein Ergebnis dieser
Untersuchungen ist immer wieder herausgestellt worden: abweichendes Verhalten ist viel gleichmäßiger über die sozialen
Schichten verteilt als amtliche Zahlen über Verdächtige oder
Verurteilte vermuten lassen. Auch deutsche Untersuchungen
dieser Art (QUENSEL und QUENSEL 1970; KIRCHHOFF 1975), deren
methodisches Vorgehen jedoch zu wünschen übrig läßt,

sind zu vergleichbaren Ergebnissen gekommen. Dagegen zeigt
eine Untersuchung von Personen, die von der Polizei einer kriminellen Tat verdächtigt wurden, eine deutliche Überrepräsentation von Mitgliedern der Unterschicht (PETERS 1971). BLANKENBURG
et al. (1975), die für eine Anzahl von Fällen den Instanzenweg vom Tatverdacht bis zum Urteil verfolgen, stellen bei bestimmten Delikten überproportional viele Angehörige der Unterschicht fest. Auf diese Untersuchung gehe ich weiter unten
detailliert ein. Auf einer eher qualitativen Basis versucht
HAFERKAMP (1977) zu zeigen, daß soziale Kontrolle - Gesetzes-
normen sind ja ein Mittel der sozialen Kontrolle - in der
Unterschicht durch Kriminalisierung von Verhalten, aber in der
Mittelschicht durch Erziehungsberatung erfolgt. Die theoretisch
plausible, empirisch jedoch nicht immer nachweisbare Relation
zwischen Unterprivilegierung und abweichendem Verhalten hat
drei amerikanische Soziologen dazu bewogen, am Mythos der Beziehung Schichtung - Kriminalität zu rütteln (TITTLE et al. 1978).
Sie finden in der Literatur nur 35 Untersuchungen (mehrheitlich US-amerikanische, einige englische und eine norwegische;
offensichtlich haben sie nur englischsprachige Veröffentlichungen gesucht), die Angaben über Schichtzugehörigkeit und Kriminalität enthalten. Eine Analyse der in diesen Untersuchungen
ermittelten Beziehungen zeigt:

a. In Selbstmeldeuntersuchungen ist nur eine äußerst schwache
negative Korrelation zwischen Schichtung und Kriminalität zu
beobachten (negativ heißt: je höher die Schichtzugehörigkeit,
desto weniger wahrscheinlich wird kriminelles Verhalten),

b. in Untersuchungen von amtlichem Material, das sich auf
den Zeitraum vor 1950 bezieht, ist eine starke negative Beziehung feststellbar; danach nimmt die Korrelation ab und erreicht in Untersuchungen aus den siebziger Jahren einen Wert
um null,

c. im Durchschnitt aller Untersuchungen ist die Beziehung
leicht negativ. Nach Auffassung der Autoren hat in der
jüngsten Vergangenheit keine und in weiter zurückliegenden

Zeiten vielleicht nie eine Beziehung zwischen sozialer Schichtzugehörigkeit und Kriminalität existiert (TITTLE et al. 1978).
Die mit der Zeit geringer werdende Korrelation (b) deutet nach
den Autoren auf veränderte Verfahren in den Instanzen hin. Möglicherweise habe die Forschung über Kriminalität und das theoretische Wissen eine Wirkung auf das Verhalten von Polizei, Richter etc. gehabt. Diese Ergebnisse konnten nicht lange unwider-
sprochen bleiben. BRAITHWAITE (1981) findet in der Literatur
nicht weniger als 216 Studien, die Angaben über soziale Schicht
(der untersuchten Person, seines Vaters oder der Wohngegend)
und Kriminalität enthalten. Diese zeigen - sofern sie sich
auf amtliche Angaben stützen - eine eindeutig negative Beziehung zwischen sozialer Schichtung und Kriminalität. Die Ergebnisse der Selbstmeldeuntersuchungen sind weniger eindeutig.
Sie leiden jedoch unter verschiedenen methodischen Mängeln.
Dazu der Autor: "So wird manchmal Verhalten untersucht, das
nicht gegen Gesetze verstößt; zur Unterschicht werden nicht
selten Angehörige der unteren Mittelschicht gezählt; schließlich ist die Zahl der untersuchten Personen zuweilen gering
und Angehörige der Mittelschicht überrepräsentiert" (BRAITHWAITE
1981, 46). Die statistische Aufbereitung und Analyse einer
Vielzahl von Ergebnissen verschiedener Untersuchungen hat
zur Folge, daß Einzelheiten der jeweiligen Untersuchung nicht
beachtet werden können. Insbesondere werden ganz unterschiedliche Messungen von sozialer Schicht und ganz unterschiedliche Typen von Kriminalität so behandelt, als seien sie vergleichbar. Das verhindert ein Verständnis dafür, warum soziale
Schicht und Kriminalität zusammenhängen. Wenn in einer Untersuchung die Art der Wohngegend als Indikator für soziale
Schicht und Jugendkriminalität die zu erklärende Variable
ist, in einer anderen Schulbildung und schwere Erwachsenen-
kriminalität, dann sind die Unterschiede zwischen den Untersuchungen größer als die Gemeinsamkeiten. Dieses Problem nehmen THORNBERRY und FARNWORTH (1982) zum Anlaß, um die in Frage
stehende Beziehung genauer zu prüfen. Untersuchungsgegenstand

waren Erwachsene in den Vereinigten Staaten, die die Wissenschaftler seit ihrem Jugendalter mehrfach befragt hatten. Dadurch konnten sie die Häufigkeit und Art der Jugendkriminalität (bis zum Alter von 18 begangene Taten) und der im Er-
wachsenenalter (von 18 bis 26) begangene Delikte erfassen. Informationen über kriminelles Verhalten haben sie sowohl über
amtliche Quellen als auch durch Befragung der Untersuchungsper-
sonen erhoben. Ihre Untersuchung zeigt, daß unter Jugendlichen
keine Beziehung zwischen Kriminalität und Schichtzugehörigkeit
beobachtet werden kann (die Wohngegend und der Beruf des Vaters
wurden als Indikatoren benutzt). Dagegen gibt es deutliche Beziehungen zwischen Schichtindikatoren und kriminelles Verhalten unter Erwachsenen. Sie sind stärker unter Schwarzen als
unter Weißen. Das Einkommen beeinflußt die Kriminalität nicht
und der Berufsstatus nur wenig. Bildungsunterschiede sind es,
die durchgehend Kriminelle von Nicht-Kriminellen differenziert.
Die Ergebnisse zeigen, daß, je ähnlicher die durch amtliche
Quellen und mittels Befragung festgestellte Kriminalität ist,
desto stärker stimmen die Beziehungen Schicht-Kriminalität
überein. M.a.W.: Die Differenz zwischen auf amtlichen Quellen
und auf Selbstmeldeangaben beruhenden Untersuchungen ergibt
sich aus der Art der Kriminalität, die diese Methoden üblicher-
weise erfassen.

Die verschiedenen Untersuchungsergebnisse zeigen ganz
deutlich: unter Erwachsenen gibt es eine Beziehung zwischen
sozialer Schicht und Kriminalität. Angehörige der Unterschicht sind im Vergleich zu Angehörigen der Mittelschicht
überproportional stark an kriminellen Handlungen beteiligt. Die
Korrelation mag nicht so stark sein wie man gemeinhin vermutet
hat und sie mag nach anderen Merkmalen variieren, aber sie
kommt systematisch zum Vorschein. Es gibt eine Vielzahl von
Erklärungen für den dargestellten Tatbestand. Höhere Krimi-
nalitätsraten in der Unterschicht wurden - und werden immer
noch - auf Persönlichkeitsmerkmale des Täters zurückgeführt.

Charakterlosigkeit, "kriminelle Energie" etc. werden zur Erklärung herangezogen. Es gibt deutliche Parallelen zwischen
solchen Erklärungen der Kriminalität und Theorien der sozialen Schichtung, die auf eine naturgegebene Ordnung rekurrieren.
In den zwanziger Jahren dieses Jahrhunderts wandte sich das
Interesse von Kriminologen und Soziologen anderen Ursachen
der Kriminalität zu: Verwahrlosung, schlechte Aufwuchsbedin-
gungen, die Wohngegend und das Milieu, aus dem der Täter kam.
Immer noch stand der Täter im Mittelpunkt der Betrachtung, jedoch waren es nicht nur "angeborene" Charaktereigenschaften,
sondern Sozialisationsdefizite, die ihre Wirkung zeigten. Noch
mehr als im Falle der "angeborenen" Eigenschaften schien hier
der Konnex Kriminalität - Schicht naheliegend. Während Theorien,
die familiale und nachbarschaftliche Desorganisation in den
Mittelpunkt stellen, soziologische Theorien sui generis sein
können, möchte ich mich mit Theorien befassen, die stärker den
gesamtgesellschaftlichen Faktoren Rechnung tragen. Die Begründung dafür ist einfach: sie weisen eine enge Beziehung zur
Schichtungsthematik auf. Dies sei an zwei älteren Theorien -
die Anomie-Theorie (MERTON 1968) und die Subkulturtheorie
COHEN 1961; MILLER 1968) - exemplarisch dargestellt.

MERTON, der sich verschiedentlich zu dem Problem der Anomie,
jedoch nicht immer konsistent (RITSERT 1969) geäußert hat,
setzt am Verhältnis zwischen gesellschaftlichen Werten, Normen
und sozialer Struktur an. In jeder Gesellschaft gibt es bestimmte Werte und Zielvorstellungen, die von der Mehrheit der Gesellschaftsmitglieder geteilt werden. Den amerikanischen Traum
(MERTON bezieht sich auf die Vereinigten Staaten), d.h. Glück
(Familie), Erfolg (Beruf), Reichtum (materielle Sicherheit)
und Ansehen (gesellschaftlicher Einfluß) träumt jeder. In der
Werbung, in der Literatur und im Film werden diese Ziele als
höchst erstrebenswert dargestellt (siehe z.B. Martin RITTs Film
"Sunrise Valley").Er schildert, wie die Helden die genannten Ziele verfolgen; die Tragödien beim Scheitern, die

Freude beim Gelingen etc.). In den Vereinigten Staaten
ist besonders materieller Wohlstand und Erfolg wichtig. Neben
den Zielvorstellungen enthält das kulturelle System auch Vor-
schriften (Normen) darüber, wie die Ziele erreicht werden sollen. Im Falle der Vereinigten Staaten heißen diese Mittel u.a.
Ehrgeiz, Dynamik, Arbeit und Ehrlichkeit. In welchem Verhältnis stehen diese kulturellen Selbstverständlichkeiten zur
sozialen Struktur? Die soziale Struktur, verstanden als die
Verteilung von Personen auf soziale Positionen, beeinflußt die
Möglichkeit, die Ziele unter Einhaltung der Normen zu erreichen.
Mitglieder der Unterschicht können noch so ehrgeizig, dynamisch
und ehrlich sein, nur wenige werden mit "erlaubten" Mitteln die
Ziele erreichen. Die geltenden Normen können ihre Funktion, Verhalten zu steuern, nicht ausüben, und es entsteht eine anomische Situation. MERTON orientiert sich hier an DURKHEIMs Analyse der Arbeitsteilung und des Selbstmordes. DURKHEIM identifi-
ziert Regellosigkeit (Anomie) als eine Ursache des Selbstmordes bzw. als eine Folge bestimmter Formen der Arbeitsteilung.
Anomie entsteht, wenn Menschen z.B. durch wirtschaftliche Prosperität und erhöhte Mobilität aus ihren gewohnten Positionen ge-
worfen werden. Traditionelle Erwartungen verlieren ihren ver-
pflichtenden Charakter und da die Wünsche der Menschen keine
natürlichen, sondern nur soziale Grenzen kennen, entsteht eine
anomische Situation. In einer solchen Situation stehen den Betroffenen nach MERTON verschiedene Möglichkeiten der Reaktion
offen. Sie können die Ziele ablehnen und an den Mitteln festhalten (Ritualisierung) oder umgekehrt: an den Zielen festhalten
und die Mittel unbeachtet lassen (Innovation), sie können aber
auch beide ablehnen (Apathie/Rückzug) oder gegen beide rebellie-
ren. Innovation, d.h. Ablehnung der Mittel bei einem Festhalten der Ziele, ist derjenige Verhaltenstyp, der zu Kriminalität
führt. Warum? MERTON weist auf die soziale Schichtung hin: "Die
beruflichen Aussichten der Leute in diesen (niedrigen, T.H.) Schichten beschränken sich weitgehend auf manuelle Arbeit und niedrige Bürotätigkeit. Aus der Verachtung manueller Arbeit, die sich

ziemlich gleichmäßig bei allen sozialen Schichten der amerikanischen Gesellschaft findet, und aus dem Fehlen realer Möglichkeiten, sich über diese Schwelle zu erheben, entspringt eine
ausgeprägte Tendenz zum abweichenden Verhalten" (MERTON 1968,
296); die Chancenlosen werden kriminell, "weil die Kanäle vertikaler Mobilität in einer Gesellschaft, die großen Wert auf
wirtschaftlichen Erfolg und sozialen Aufstieg aller ihrer Mitglieder legt, verschlossen oder eingeengt sind" (MERTON 1968,
297).

Drei Probleme der Argumentation MERTONS haben immer wieder Anlaß
zur Kritik gegeben:
a. Trifft die Annahme über die Allgemeingültigkeit des Erfolgs-
strebens zu? Gibt es in einer Gesellschaft überhaupt solche von
allen Mitgliedern geteilten Werten?
b. Ist die Annahme korrekt, wonach das Erfolgsstreben praktisch unbegrenzt ist (vgl. MAYER 1975 b, 24 - 30)?
c. In welcher genauen Beziehung stehen Werte, Normen und Sozialstruktur?

Um mit dem letzten Punkt anzufangen: wenn es die sozialstrukturelle Position ist, die bestimmte Gruppen daran hindert, an
den allgemein geteilten Werten zu partizipieren, bedarf es
keinen Rekurs auf die Normen. Dann entsteht die Anomie aus dem
Widerspruch zwischen gesellschaftlichen Werten und sozialstruktureller Ungleichheit. Nach RITSERT (1969) entspricht ein solches
Verständnis von Anomie der Auffassung DURKHEIMs. Ob nun diese
Behauptung zutrifft oder nicht, sei dahingestellt. Wichtiger
erscheint mir der Umstand, daß die Kritik RITSERT die Theorie
nicht ernsthaft gefährdet. Wenn sie zutrifft, hat MERTON immer
noch eine plausible Erklärung für abweichendes Verhalten entwickelt. Gegen die Kritik RITSERTs spricht jedoch einiges.
Eine sozialstrukturelle Position, z.B. die Mitgliedschaft in
der Unterschicht, und die Bejahung bestimmter gesellschaftlicher Ziele ergibt noch kein soziales Handeln. Was bedeutet für

diese Person ihre Position? Die Bedeutung ergibt sich u.a. aus
dem, was sie aus ihr machen kann. Diese Möglichkeiten werden
von Erwartungen, eigene und fremde, beeinflußt. Erwartungen
sind aber Elemente von Normen. Auch in der Struktur der Gesellschaft angelegte Konflikte müssen normativ gedeutet werden. Somit ist die Kritik RITSERTs nicht stichhaltig. Ob Streben nach Erfolg keine Grenzen kennt, ist eine empirisch zu
beantwortende Frage. MAYER hat in einer Untersuchung festgestellt, Aufwärtsstreben und Mobilitätsaspirationen seien recht
beschränkt (MAYER 1975 b, 166 - 176). Befragt darüber, wieviel
Geld man bräuchte, um ein anständiges Leute-so-wie-wir-leben
zu führen, gibt ein beträchtlicher Teil (rd. ein Drittel) einen
Betrag an, der zwischen 50 % und 100 % über ihr tatsächliches
Einkommen liegt (RUNCIMAN 1972, 381). Manuell tätige Befragte
geben aber häufiger als nicht-manuell Tätige einen Betrag an,
der um das eigene Einkommen schwankt. Eine neuere französi-
sche Untersuchung zeigt, daß Befragte ein ideales Einkommen angeben, das nicht weit über das tatsächliche Einkommen liegt
(mündliche Mitteilung von Dr. Hatchouel). Die beiden zuletzt genannten Ergebnisse sowie das Resultat MAYERs widersprechen der
Annahme über ein unbegrenztes Aufwärtsstreben. Mir scheint
jedoch die Theorie auch dann sinnvoll zu sein, wenn jeder nur
10 % mehr Einkommen haben möchte. Man braucht nicht unbegrenztes Streben vorauszusetzen, um plausibel machen zu können, daß
mancher auch für 10,- DM einen Raub oder für eine Flasche
Schnaps einen Einbruch begeht. Schließlich: gibt es gesellschaftsweit akzeptierte Werte? Ich glaube, daß man diese Frage mit ja beantworten kann. Jedenfalls gilt dies für recht
allgemeine Werte wie Glück oder Erfolg, wobei das, was unter
diesen Werten inhaltlich zu verstehen ist, unterschiedlich sein
kann. MAYER (1975 b, 103) interpretiert jedenfalls seine Ergebnisse in dieser Weise. Damit könnte die Theorie MERTONs
Plausibilität beanspruchen. Trotz der Plausibilität unterscheidet sich die andere Theorie, die hier behandelt werden
soll, gerade an diesem Punkt von MERTONs Anomie-Theorie.

Theorien der Subkultur beziehen sich in erster Linie auf Jugendkriminalität und sehen darin eine Umkehr der Werte der Mittelschicht (COHEN 1961) oder den Ausdruck einer besonderen Ar-
beiter- oder Unterschichtkultur (MILLER 1968). In der einen
Form dieser Theorie ist Gewalt, Zerstörung von Eigentum, Ar-
beitsscheue etc. ein gegen die Werte der Mittelschicht und damit
auch gegen deren Normen sich richtender Protest (COHEN 1961).
Abweichendes Verhalten kann andererseits "nicht-gewollt" sein.
Will der Angehörige der Unterschicht die Normen seiner Kultur
folgen, gerät er mehr oder weniger automatisch in Konflikt
mit dem Gesetz, welches mittelschichtorientiert ist (MILLER
1968). Normlosigkeit ist nach MERTON die Ursache der Kriminalität der Unterschicht, während COHEN und MILLER die geregelten Verhaltensweisen entweder als Gegennormen (COHEN) oder als
typische Normen (MILLER) der Unterschicht interpretieren. Kriminalität wäre damit das Ergebnis eines Kulturkonflikts. Wenn
jedoch verschiedene Wert- und Normensysteme existieren und Kriminalität ein Ausdruck eines Kulturkonflikts ist, dann liegt
die nächste Frage auf der Hand: Welche Schichten oder Klassen
haben die Macht, ihre Normen durchzusetzen? Damit ist man
wieder mitten in der Klassen- und Schichtungstheorie. Nicht
dieses Problem soll uns hier beschäftigen; vielmehr verweile
ich noch einen Augenblick bei diesen Theorien. Einiges spricht
nämlich dafür, daß die Theorien auf ein kulturell heterogenes
Land wie die Vereinigten Staaten eher zutreffen als auf die
Bundesrepublik. Jugend- und Bandenkriminalität ist in den
Vereinigten Staaten stark von ethnischen Elementen und von
dem Gegensatz zwischen Schwarzen und Weißen durchsetzt. Schicht-
merkmale und ethnische Zugehörigkeit sind dort stark verwoben.
Ähnliches könnte in der Bundesrepublik allenfalls für Gastarbeiter gelten. Sowohl diese Theorien als auch die Anomie-
Theorie weisen ein noch nicht erwähntes Defizit auf: sie gehen
von der Kriminalität als von einem eindeutig feststehenden und
klar aufdeckbaren Tatbestand aus. Normbruch ist ein bewußt kal-
kuliertes Verhalten. Dabei werden die selektiven Wirkungen des

Rechtssystems ebensowenig berücksichtigt wie die Schwierigkeit, Motive zuzuschreiben. Als Alternative zu dem normativen Paradigma in der Kriminalsoziologie, welches soziales Handeln als normgeleitetes Handeln interpretiert, ist ein sogenanntes interpretatives Paradigma getreten (SACK 1978). Hiernach ist Kriminalität Ergebnis eines Definitionsprozesses. Von Definition zu sprechen ist sinnvoll, weil eine Handlung an sich nicht gesetzeskonform oder gesetzeswidrig ist. Die Dunkelziffern belegen das Ausmaß des nicht sanktionierten, d.h. folgenlosen gesetzwidrigen Verhaltens. Es hängt von verschiedenen Faktoren ab, ob eine Handlung schließlich als kriminell sanktioniert wird und diese Faktoren äußern ihre Wirkung in der Folge von Interaktionen zwischen dem Handelnden und anderen Beteiligten (der Beraubte, die Zeugen etc.) bzw. staatlichen Instanzen. In diesem Prozeß wird dem Handelnden mit einer gewissen Wahrscheinlichkeit das Etikett kriminell zugewiesen, welches dann Folgen hat für seine weitere Karriere. Man spricht hier von "labeling approach" oder Etikettierungsansatz. Es handelt sich in der Tat um einen Ansatz und keine geschlossene Theorie. Das Verhalten der Polizei bei der Festnahme von Verdächtigen auf der einen, rechtssoziologische Fragestellungen auf der anderen Seite lassen sich unter diesem Ansatz subsumieren. Ausgezeichnete literarische Beispiele für den Etikettierungsprozeß findet man in den Romanen von Patricia Highsmit (z.B. "The Talented Mr Ripley" oder "The Glass Cell"). Die Hauptpersonen werden durch das Zusammentreffen von Zufällen und nicht, weil sie böse sind, zu Mördern. Eine Situation wird von ihnen plötzlich und unüberlegt genutzt - jeder von uns könnte so handeln. Ripley übernimmt, nachdem er sein Opfer beseitigt hat, dessen Identität - ein extremes Beispiel für die Folgen einer Tat, aber nicht unvereinbar mit bestimmten Gedanken unter den Vertretern des "labeling approach" (LEMERT 1951). Worin liegt nach diesem Ansatz die Ursache für die überproportionale Beteiligung der Unterschicht an kriminellen Handlungen? Ganz allgemein kann man sagen: das Etikett kriminell wird mit größerer Wahrscheinlichkeit Angehörigen der Unterschicht als der Mittelschicht zugewiesen, nicht aufgrund der Tat, sondern aufgrund von Merkmalen, die schichtabhängig sind. In diesem Sinne kann man die Idee SACKs (1968) verstehen: Kriminalität sei ein Gut wie Einkommen oder Ansehen und dessen Verteilung müsse im Rahmen einer Schichtungs- und Mobilitätstheorie analysiert werden (vgl. auch SCHUMAN 1973). Einer der wenigen empirischen Untersuchungen, die sich dieser Forderung verpflichtet fühlt, wurde von PETERS (1973) durchgeführt. Warum, fragt PETERS, ist die Chance, kriminell zu werden, ungleich verteilt? Sie weist auf zweierlei hin: erstens werden Menschen im allgemeinen und die mit der Kriminalität betrauten Personen (Polizisten, Staatsanwälte, Richter, Sozialarbeiter) im besonderen eher geneigt sein, einem Angehörigen der Unterschicht eine Straftat zuzutrauen. Die Alltagstheorien über Verbrechen und Kriminalität wirken als sich selbst erfüllende Prognosen (PETERS 1973). Zweitens liegt der Organisation der Polizei der gleiche Mechanismus zugrunde. Wenn sie überwiegend in die Gegenden Patrouillen fährt, in denen Angehörige der Unterschicht wohnen oder sich aufhalten, dann muß zwangsläufig die Kriminalität in der Unterschicht höher ausfallen als die anderer Schichten. PETERS hat diese Erklärung an dem Handeln von Richtern überprüft (1973). Rechtsnormen können ohne bestimmte "Anwendungsregeln" nicht benutzt werden. Wenn ein Richter (analoges gilt für die Polizei, wenn sie einen Verdächtigen aufliest) entscheiden soll, ob eine Handlung Diebstahl ist und somit unter dem § 242 StGB fällt ("Wer eine fremde bewegliche Sache einem anderen in der Absicht wegnimmt, dieselbe sich rechtswidrig zuzueignen, wird mit Freiheitsstrafe bis zu fünf Jahren oder Geldstrafe bestraft") muß er feststellen, der Handelnde habe in Zueignungsabsicht gehandelt. Aus den äußeren Tathandlungen geht nicht das Motiv hervor.[7] Dieses muß der Richter aus den Umständen der Tat und des Täters schließen. PETERS versucht zu zeigen, daß Schichtungsmerkmale des Täters dabei eine Rolle spielen. Durch Beobachtung von Prozessen über Diebstahlsdelikte zeigt

sie, daß Richter die Verdächtigen in "Sozialkategorien" ordnen.
Sozialkategorien sagen etwas über die Lebensführung aus und
diese ergibt sich aus der beruflichen und familiären Situation.
Arbeitsplatz- und Berufswechsel, regelmäßig ausgeübter Beruf,
fester Wohnsitz und Ehestand sind Merkmale, die Richter nach
PETERS große Bedeutung beimessen. Die Geregeltheit der Lebens-
umstände eines Angeklagten spielt bei der Urteilsfindung eine
Rolle, denn einer Person, deren Lebensführung ungeregelt ist,
wird eher als einer Person, die ein geregeltes Leben führt,
zugetraut, eine vorsätzliche und geplante Handlung begangen
zu haben. Ihr wird die Neigung zu Straftaten eher zugesprochen.
Natürlich muß ein Richter solche Annahmen machen, sonst könnte
er in vielen Fällen nicht entscheiden. PETERS (1973) argumentiert
jedoch, die Verknüpfung von sozialer Lage und Motiv könnte
anders sein. Es sei viel eher verständlich, wenn jemand mit
unregelmäßiger als mit regelmäßiger Lebensführung eine kriminelle Tat beginge. Wenn eine Person der letztgenannten
"Sozialkategorie" eines Diebstahls verdächtigt wird, könnte ja
der Richter argumentieren: gerade weil sie es nicht nötig hat,
muß bewußte Zueignungsabsicht vorliegen. Aber die Lebensführung werde nicht als sozial verursachtes Schicksal, sondern als
individuell verschuldetes Unglück gedeutet und damit auch die
Tat. Die Zuweisung des Etiketts eines Kriminellen an Angehörige der Unterschicht hat nach PETERS die Funktion, die Statushierarchie zu stabilisieren. Damit werde "bewiesen", daß die
Unterschicht kein anderes Los verdiene.

Die Untersuchung wirft ein methodisches, ein konzeptuelles und
ein theoretisches Problem auf. Erstens bezieht sich PETERS Analyse auf die Begründung des Strafmaßes durch den Richter und
nicht auf die Feststellung der Tat. Hierbei wird der Richter
oft nicht vor der Alternative stehen: selbstverschuldet oder
sozial verursacht, also mehr oder weniger entschuldbares Verhalten, sondern vielmehr: ist eine Freiheitsstrafe angesichts
einer geregelten Lebensführung (Frau und Kinder zu Hause,

stabile Einkommensquelle) gerechtfertigt oder sollte nicht
lieber eine Geldstrafe verhängt werden (die jemand ohne geregelte Arbeit nicht aufbringen kann)? Zweitens spricht PETERS
richtigerweise von Sozialkategorie und nicht von Schichtung.
Eine geregelte oder ungeregelte Lebensführung steht nur in
mittelbarem Zusammenhang zur sozialen Schichtung. U.a. deshalb
ist die Behauptung über die Funktion der Ungleichverteilung
von Kriminalität auf soziale Schichten fragwürdig. Abweichendes Verhalten könnte wohl höchstens die "unterste Sprosse"
der Schichtleiter legitimieren, mehr nicht.

PETERS (1973) geht in ihrer Erklärung der Schichtverteilung
der Kriminalität von dem Zusammenwirken zwischen Alltagstheorien über Kriminalität und den Inhalten der Rechtsnormen
aus. Beide Elemente können präzisiert werden. Als Erklärung
für die ungleiche Wirkung des Gesetzes hat DAHRENDORF (1961b)
die Distanz zwischen Richterschaft und Angeklagten angeführt.
Richter rekrutieren sich aus der Oberschicht, aus der Beamtenschaft und aus Juristenfamilien und der Anteil der Arbeiterkinder unter den Richtern ist besonders gering. Die geringe
geographische Mobilität sowie ein bodenständiges und konser-
vatives Verhalten der Richter bringe ein übriges. So gibt es nur
eine geringe Interaktion zwischen Richter und Angehörigen anderer Schichten. Richter leben in einer halbierten Welt. DAHREN-
DORF betont also die kognitiven "Defizite" der Richter. KAUPEN
(1969) dagegen will eine gewisse Einseitigkeit der Richter an
den Sozialisationsbedingungen festmachen. Ich halte diesen Versuch für weniger gelungen, da unmittelbare Erkenntnisse hierüber nicht zur Verfügung stehen. KAUPEN muß seine Thesen auf
Untersuchungsergebnisse stützen, die nicht direkt zu seinen
Aussagen passen (z.B. Untersuchungen über Beamte).

Mit der Rolle der Rechtsnormen befassen sich BLANKENBURG et al.
(1975). Anhand einer repräsentativen Auswahl von Akten über
Eigentums- und Vermögensdelikten untersuchen sie den gesamten

Instanzenweg, d.h. den Weg vom Tatverdacht bis zum Urteil. Sie
kommen zu folgendem Ergebnis: "Unsere Beobachtungen zeigen eine
sehr viel geringfügigere Benachteiligung der unteren sozialen
Schichten, als wir sie aufgrund der bisher vorliegenden Literatur
erwartet haben, allerdings zeigt sie sich konsistent bei allen
drei Instanzen und gewinnt dadurch an Bedeutung: von der Polizei
über die Staatsanwaltschaft bis zum Gericht akkumulieren sich
die besseren Chancen von Angehörigen der Mittelschicht, ohne
eine Strafe 'davon zu kommen'. Ein Großteil der Schichtunterschiede ist dabei im juristischen Entscheidungsprogramm schon
impliziert: So machen die Beweisregeln bei den mittelschicht-
typischen Delikten Betrug und Unterschlagung eine Anklage besonders schwierig" (BLANKENBURG et al. 1975, 42 - 43). Um diese
Aussage zu illustrieren, sollen zwei Tabellen des erwähnten Ar-
tikels interpretiert werden. Im Projekt wurden Akten aus acht
Staatsanwaltschaften im Jahre 1970 analysiert. Gliedert man
die Untersuchungspopulation nach Schichtzugehörigkeit und Art
des Delikts auf, erhält man Tabelle 32. Von den wegen Kfz-Dieb-
stahls Verdächtigen gehörten 10 % den "sozial Verachteten" an,
eine nicht näher spezifizierte Schicht, während 79 % Arbeiter
waren, die BLANKENBURG et al. der Unterschicht zuordnen. Ein
bedeutend geringerer Anteil der wegen Geld- und Kreditbetrug
Verdächtigen gehörten einer dieser Schichten an. Wegen solcher
Delikte wurden viel häufiger Angehörige der Selbständigen, die
die Autoren der Mittelschicht zurechnen, verdächtigt. Unterschichttypische Delikte sind Kfz-Diebstahl, Einbruch, Bagatell-
betrug und Unterschlagung gegenüber dem Arbeitgeber, mittelschichttypische Taten sind Geld- und Kreditbetrug und sonstige Unterschlagungen. Diese Unterschiede sind
gradueller Natur, wie ein Blick auf die Tabelle 32 bestätigt.
Vergleichen wir nun die Verteilung der Verdächtigen auf die
Schichten mit der Verteilung der erwerbstätigen Bevölkerung
auf Berufsgruppen bzw. Schichten (die drei letzten Spalten).
Arbeiter werden wegen der Delikte, die in den vier linken
Spalten aufgeführt sind, in überproportionalem Maße verdäch-

Tabelle 32 Das Sozialprofil der ermittelten Tatverdächtigen bei ausgewählten Delikten im Vergleich zur Gesamtbevölkerung der Bundesrepublik (8 Staatsanwaltschaften 1970, nur erwerbstätige Personen)

Tatverdächtige	Kfz.-Dieb-stahl %	Laden-dieb-stahl %	Ein-bruch %	Bagatell-betrug %	Geld-u. Kredit-betrug %	Unterschlagung gegenüber Arbeitg. %	Unterschlagung alle Sonst. %	Erwerbs-pers. Bun-desrep. %	Schichtindizes Kleining/Moore %	Scheuch %
Sozial Verachtete	10	5	14	11	2	1	6			2
Unterschicht:										
Arbeiter	79	58	67	68	41	42	43	47 (Arbeiter)	46	78
Untere Angestellte, Beamte	7	20	8	9	14	32	18	37 (Beamte, Angestellte)	35	
Mittelschicht:										
geh.u.höh. Angestellte, Beamte	2	13	6	10	11	22	16		17	21
Selbständige	2	4	5	2	32	3	17	10 (Selbständi-ge)	17	
n	149	224	253	288	159	117	253			

Quelle: Blankenburg et al. 1975, 38

tigt. Selbständige sind überproportional vertreten unter den
Tatverdächtigen wegen Geld- und Kreditbetrugs und sonstige
Unterschlagungen. Der Vergleich mit den Schichtindizes ist
nicht direkt möglich. BLANKENBURG et al. haben den sogenannten
Scheuch-Index (worum es sich bei diesem und dem noch zu erwäh-
nenden Index von KLEINING/MOORE handelt, werde ich weiter unten
erläutern) in zwei Kategorien zusammengefaßt (Unterschicht und
Mittelschicht). Verfahren wir ebenso mit den Verdächtigen, gelangen
wir zu analogen Ergebnissen wie oben. Verdächtige der vier
erstgenannten Delikten gehören häufiger als erwartet zur Unterschicht, die der drei letzten Spalten eher zur Mittelschicht. Zu dem gleichen Ergebnis kommt man, wenn man den
Index von KLEINING und MOORE als Vergleich heranzieht. Die
Tabelle läßt folgende Schlußfolgerung zu. Die Gelegenheit,
ein bestimmtes Delikt zu begehen, ist ungleich verteilt. Unterschlagungen kann nur jemand begehen, der Sachen oder Geld im
Besitz hat, die ihm nicht gehören und dies ist in der Mittelschicht häufiger der Fall als in der Unterschicht. Wer mit
Geld umgeht, Kredite aufnimmt etc. wird auch eher die Gelegenheit haben, einen Betrug zu begehen. Kfz-Diebstahl wird kaum
jemand begehen, der selbst Eigentümer eines Autos ist, und
weil der Besitz von Kraftfahrzeugen in der Unterschicht sel-
tener ist als in der Mittelschicht, ist Gelegenheit, ein Kfz-
Diebstahl zu begehen, dort größer. Steuerhinterziehung ist
erst dann wirklich möglich bzw. lohnt sich erst dann, wenn hohe
Beträge im Spiel sind und Einkunftsart und -umstand rechtlich
flexibel normiert sind. Sogenannte Computerkriminalität kann
nur jemand begehen, der Zugang zu einem Computer hat. Das
Sprichwort, Gelegenheit macht den Dieb, deckt den Sachverhalt
gut ab. Es besteht also ein Zusammenhang zwischen der Gelegenheit, ein Delikt zu begehen und der sozialen Schichtung, aber
er ist alles andere als schematisch und widerspricht der einfachen Gleichsetzung von Unterschicht = kriminell.[8]

Bei den in Tabelle 32 enthaltenen Fällen handelt es sich um
Tatverdächtige. Die Aufgabe der Staatsanwaltschaft besteht
darin, die Tat aufzuklären. Läßt sie sich nicht aufklären,
muß der Fall eingestellt oder der Angeklagte freigesprochen
werden. Angehörige der Mittelschicht sind dabei gegenüber
Angehörigen der Unterschicht im Vorteil, denn ihre Taten berei-
ten den Ermittlungsbehörden größere Schwierigkeiten als die
gleichen Taten, die von Unterschichtangehörigen begangen wurden.
Die von Selbständigen begangenen Steuerhinterziehungen werden häufiger kompliziert sein als die von Arbeitern. Die delikt-
spezifischen Aufklärungsquoten sind auch auf die "Natur" der
Taten zurückzuführen. Ein Kfz-Diebstahl läßt sich eher eindeutig aufklären als ein Betrug oder eine Unterschlagung. Ermittlung und Prozeß führen bei Geld- und Kreditbetrug und bei
Unterschlagung häufiger zu Beweisschwierigkeiten als bei den
anderen Eigentums- und Vermögensdelikten. Bei den mittel-
schichttypischen Delikten sind also die Verdächtigen im Vorteil. Diese Schwierigkeiten wirken sich auf die Entscheidungen der Gerichte aus, wie Tabelle 33 zeigt. Bei Betrügen und
Unterschlagungen enden die Verfahren häufiger mit einer Einstellung oder einem Freispruch als bei Ladendiebstählen und
Einbrüchen. Mittelschichttypische Delikte führen eher an einer
Verurteilung vorbei als unterschichttypische Delikte. Innerhalb
der Delikttypen zeigen sich, mit Ausnahme des Ladendiebstahls,
höhere Verurteilungszahlen (Strafbefehl ist auch eine Verurteilung) für die Unterschicht als für die Mittelschicht. Diese
Unterschiede mögen z.T. mit der "Stetigkeit der Lebensführung"
(PETERS 1973) zusammenhängen. Die Unterschiede zwischen den Delikttypen sind aber größer als die Differenz zwischen den Schichten innerhalb der Delikttypen. Die Rechtsnormen und ihre Hand-
habe produzieren größere Variationen in den Urteilen als
Schichtunterschiede es vermögen. BLANKENBURG et al. sprechen
von "juristischem Entscheidungsprogramm" und meinen damit die
Summe der Normen und Regeln des Strafrechts, die unabhängig vom
Vorurteil der Polizei, Richter etc. tendenziell die Unter-

Tabelle 33 Die Erledigung von Verfahren durch Staatsanwaltschaft und Gericht bei ausgewählten Delikten nach Schichtzugehörigkeit des Tatverdächtigen 1970

| | Ladendiebstahl | | Einbruch | | Bagatell-betrug | | Geld-, Kredit-betrug | | Unterschlagung | |
	US %	MS %	US %	MS %	US %	MS %	US %	MS %	US %	MS %
Verfahren von Staatsanwaltschaft eingestellt, weil kein hinreichender Tatverdacht	17	12	23	40	27	34	34	33	36	40
Anklagefähige Fälle, davon:										
Einstellung wegen Geringfügigkeit	3	1	5	4	10	24	4	11	7	10
Einstellung wegen Geringfügigkeit mit Zahlung von Geldbuße zugunsten gemeinnütziger Einrichtung	4	-	5	9	18	17	15	11	10	4
Einstellung/Frei-spruch in der Hauptverhandlung	4	4	10	8	2	7	11	13	4	9
Verurteilung (ein-schl. Strafbefehl)	72	83	57	39	43	18	36	32	43	37
n	136	77	194	45	89	29	114	135	164	163

Quelle: Blankenburg et al. 1975, 43

US = Unterschicht
MS = Mittelschicht

schicht benachteiligt.

Bevor ich die Ergebnisse zusammenfasse, ist es sinnvoll, einige
methodische Probleme zu erörtern. Will man Aussagen über die
Über- und Unterrepräsentation von Kriminellen in der Schichtstruktur machen, dann muß die Schichtzugehörigkeit von Tatverdächtigen und Tätern in der gleichen Weise bestimmt werden
wie die Schichtzugehörigkeit der Gruppe, mit der man jene vergleicht. Gegen diese simple Regel wird oft verstoßen. BLANKEN-
BURG et al. (1975) vergleichen ihre Daten über Tatverdächtige
aus dem Jahre 1970

a. mit der Aufgliederung der Erwerbsbevölkerung 1972 nach
der Stellung im Beruf (Arbeiter - Angestellte - Beamte - Selbständige), wie sie aus der amtlichen Statistik hervorgeht;

b. mit einer Klassifikation einer repräsentativen Auswahl aus
dem Jahre 1958/59 anhand der sogenannten sozialen Selbsteinstufung (MOORE und KLEINING 1960) und

c. mit einer Klassifikation anhand des sogenannten Scheuch-
Index, der sich auf eine Bevölkerungsumfrage aus dem Jahre
1959 bezieht. Wie der Name sagt, basiert die Klassifikation
von MOORE und KLEINING auf eine Selbsteinstufung: Befragte
sollen sich einer von neun Schichten zuordnen, deren jede
durch vier Berufsbezeichnungen gekennzeichnet ist. Die soziale
Selbsteinstufung ist demnach ein auf Bewertung des Befragten
beruhendes Vorgehen. Der Schichtindex von SCHEUCH(1961) ist demgegenüber eine auf Bewertung durch den Forscher beruhendes
Verfahren, wobei Beruf, Einkommen und Bildung der erwerbstätigen Befragten bzw. der Haushaltsvorstände gewichtet und
summiert werden. Der Punktwert eines Befragten entscheidet
darüber, zu welcher Schicht er gehört. Die beiden letztgenannten Verfahren sowie die Angaben der amtlichen Statistik beruhen
auf standardisierte mündliche oder schriftliche Befragungen.
Die Angaben in den Akten der Polizei (der sich BLANKENBURG et
al. bedienten) sind demgegenüber durch nicht-standardisierte

Verfahren zustande gekommen; sie sind relativ grob und oft un-
vollständig.Häufig fehlt eine Angabe über die Höhe des Einkommens. Es werden also Verteilungen miteinander verglichen,
deren Entstehungsprinzip nicht unmittelbar miteinander vergleichbar sind und deren Verläßlichkeit - im Falle der Angaben
über die Tatverdächtigen - niedrig ist. Die verglichenen Be-
rufsverteilungen beziehen sich außerdem auf unterschiedliche
Zeitpunkte. Veränderungen der Berufsstruktur und allgemeine Verbesserungen des Lebensstandards müßten eine stärkere Repräsen-
tation der Mittelschicht in den beiden letzten Spalten der
Tabelle 32, als sie bei BLANKENBURG et al. sichtbar wird, zur
Folge haben. Dieselbe Kritik trifft ebenfalls die Beiträge
von PETERS (1971) und von HAFERKAMP (1977). Noch unvorsich-
tiger mit der Messung von Schichtzugehörigkeit gehen QUENSEL
und QUENSEL (1970) um, die ihre Aussage, die Verteilung der
Kriminalität auf Schichten sei etwa gleich, auf den Vergleich
zwischen Oberschülern und Berufsschülern stützen.

Die zweite methodische Überlegung bezieht sich auf die Art der
Delikte, die in den meisten Untersuchungen behandelt werden. Es
sind dies Delikte, die tendenziell nicht von Angehörigen der
Oberschicht oder der "herrschenden Klasse" begangen werden:
bewaffneter Raubüberfall, Rauschgiftbesitz, Kfz-Diebstahl,
ruhestörender Lärm u.ä.. Wirtschaftsdelikte und Manipulationen
aller Art, die spezielle wirtschaftliche und juristische
Kenntnisse voraussetzen, sind selten Gegenstand empirischer
soziologischer Analysen. Die Frage nach dem Verhältnis von
sozialer Schichtung und Kriminalität ist bisher fast immer mit
Blick auf die Unterschicht und unterschichttypische Kriminalität beantwortet worden.

Die in vielen Untersuchungen beobachtete Überrepräsentation
von Angehörigen der Unterschicht unter Kriminellen hat mehrere
Ursachen, die nicht mit einer Theorie erfaßt werden können. Die
Anomie-Theorie scheint bei Eigentumsdelikten pausibel, während

mutwillige Zerstörung eher als Kulturkonflikt gedeutet werden
könnte. Beide Theorien können jedoch nicht eine Reihe von empirischen Tatbeständen erklären. Sowohl die Interaktionen, die
den Prozeß der Kriminalisierung begleiten, als auch die Chancenstruktur im Zusammenhang mit dem sogenannten juristischen Entscheidungsprogramm wirken sich benachteiligend für die Unterschicht aus. Ich habe in diesem Abschnitt bewußt nur einen
Ausschnitt der Beziehung zwischen Klassen/Schichten und Kriminalität behandelt, nämlich denjenigen, der sich am besten mit
empirischen Ergebnissen belegen läßt. Ich stimme dennoch SACK
(1977) zu, der für eine Verknüpfung von Theorien der sozialen
Schichtung Analysen des abweichenden Verhaltens und Theorien
der Politik plädiert. SACK nennt u.a. als Problemfelder, wo die
drei speziellen Soziologien sich treffen, die Genese und Durchsetzung von Rechtsnormen, die Disparität zwischen gesellschaftlicher Entwicklung und Rechtsentwicklung - das Recht "hinkt
hinterher" - und die Durchsetzung von ökonomischen Interessen
unter Ausnutzung solcher differentieller Vorteile. Man könnte
z.B. die Änderungen, die in den letzten 30 Jahren die Strafgesetze sowie diejenigen Gesetze, die von der Strafjustiz
geahndet werden (Steuergesetzgebung, Sozialgesetzgebung) erfahren haben, auf ihre Interessenabhängigkeit abklopfen. Von
solchen Untersuchungen würden alle drei genannten Gebiete profitieren.

7.3 Wandel politischer Konfliktstrukturen?

An verschiedenen Stellen habe ich auf den Zusammenhang zwischen
der Klassen- und Statusgruppenbildung einerseits und politischem
Handeln andererseits hingewiesen. In der marxistischen Theorie
spielt die politische Umsetzung von Klassenkonflikten eine emi-
nente Rolle. Max WEBER behandelt Klassen und Stände u.a. im
achten Kapitel von "Wirtschaft und Gesellschaft". Es trägt die
Überschrift Politische Gemeinschaften. Die Theorien der postindustriellen Gesellschaft und der Disparität der Lebensbereiche

kalkulieren mit erheblichen politischen Konsequenzen, die durch
gesellschaftlichen Wandel verursacht werden.

In der politischen Soziologie kommt einem Begriff eine zentrale
Rolle zu: dem der Konfliktstruktur. Eine solche Struktur ist
eine dauerhafte "Koalition" zwischen Eliten, Parteiorganisa-
tionen und Bevölkerungsgruppierungen, die durch politische Sachfragen (Issues) zusammengehalten wird. In der Bundesrepublik gibt
es solche Koalitionen z.B. zwischen der Gewerkschaftsführung,
der sozialdemokratischen Partei und den Arbeitern. Diese Koalition wird u.a. durch die Mitbestimmungsfrage zusammengehalten.
Eine andere solche Koalition besteht zwischen Führung der
katholischen Kirche, der CDU/CSU und dem katholischen Bevölke-
rungsteil. Zement dieser Koalition ist z.B. die Auseinandersetzung um die Konfessionsschule oder den Schwangerschaftsabbruch gewesen. Koalitionen müssen von Zeit zu Zeit aktualisiert werden, damit sie sich nicht auflösen (PAPPI 1977, 93).
Allerdings haben sich diese Koalitionen als sehr dauerhaft er-
wiesen. LIPSET und ROKKAN, die eine Genealogie der Parteiensysteme in westlichen Industriegesellschaften entwickelt haben,
drücken dies pointiert aus, wenn sie feststellen: "Die Parteiensysteme der 1960er spiegeln, mit wenigen, aber bezeichnenden
Ausnahmen, die Konfliktstrukturen der 1920er wider" (LIPSET
und ROKKAN 1967, 50). Kritik wurde von SARTORI (1968) und
ALLARDT (1968) an dieser Ableitung gerichtet, weil sie eine
rückwärtsgewandte Theorie sei und nicht die Entstehung neuer
Konfliktstrukturen vorsehe. Die Frage, um die es in diesem Kapitel gehen soll, ist: Können solche neuen Konfliktstrukturen
beobachtet werden? Die Antwort auf diese Frage kann sicherlich
nur nach einer Analyse des Verhaltens von Eliten, Parteien
und Bevölkerung gegeben werden. Ich werde mich nur mit denjenigen Hypothesen, die die Segmentierung der Bevölkerung nach
Klassen und Schichten ins Zentrum rücken, befassen. Es handelt
sich also um eine nur partielle, dem Thema des Buches allerdings angemessene Beantwortung der Frage.

Es gibt drei Thesen zur Entstehung neuer Konfliktstrukturen, in denen Klassen und Schichten eine Rolle spielen. Die erste beruht auf einer Analyse der Staatsintervention, die zweite stützt sich auf vermutete Folgen des Wertwandels und die dritte geht von autonomen Veränderungen der Klassen- und Schichtstruktur aus. Die erste These kommt in zwei Formen vor und ich werde mich zuerst mit ihnen befassen.

Ich habe diese These bereits in Zusammenhang mit den Versorgungsklassen (Abschnitt 4.5 und 5.2.5) behandelt. OFFE (1969) behauptet ja, daß staatliche Intervention (politisch determinierte Einkommen, soziale Leistungen etc.) zu einem Fehlen klassentypischer Bewußtseinsformen führt, das auch durch andere Faktoren wie die taktischen Überlegungen der Parteiführungen verstärkt wird. Eine klare Interessenartikulation findet nicht statt, die Parteien werden zu Allerweltsparteien. Das hätte zur Folge, daß man eine über die Zeit sich verringernde Beziehung zwischen Wahlverhalten und Klassenzugehörigkeit beobachten müßte. Das bestehende Parteiensystem würde sich langfristig als stabil erweisen und es könnten praktisch keine neuen Konfliktstrukturen entstehen. Wie ich oben (Abschnitt 4.5) hervorgehoben habe, sind etwaige Beziehungen zwischen sozialen Klassen und politischen Parteien von dieser These nicht berührt (vgl. auch PAPPI 1977, 410 - 411). Eine in ihren Konsequenzen präziser formulierte, jedoch in ihrer Argumentation ähnliche Erklärung stammt von JANOWITZ. Er postuliert eine zeitlich abnehmende Bedeutung der Klassengegensätze und diagnostiziert statt dessen eine Vielfalt von Gruppenkonflikten, die alle interessenbedingt sind, aber nicht mehr zu großen Auseinandersetzungen führen (JANOWITZ 1976, 72 - 84). Dies sei einmal durch den erhöhten privaten Wohlstand, zum anderen durch die staatlichen Sozialleistungen verursacht worden. Es gebe eine Vielzahl von Forderungen und Interessen, die von den unterschiedlichsten Soziallagen herrührten auf die Regierungen achten müßten. Bezeichnend an dieser Analyse ist, daß zu den Faktoren, die JANOWITZ als politisch rele-

vant zählt, er außer Klassenzugehörigkeit, Einkommen und Beruf
auch Familienstruktur, Bildung, Karriere, Identifikation mit
Primärgruppen und der Gemeinde, Mitgliedschaft in Vereinigun-
gen und Beeinflussung durch die Massenmedien rechnet. Das heißt
zweierlei: erstens nimmt Schichtzugehörigkeit gegenüber der
Klassenzugehörigkeit für politisches Verhalten an Bedeutung zu.
Zweitens werden all diejenigen Bindungen, die die nationale
und industrielle Revolution aufgebrochen hatte, wieder relevant (s. LIPSET und ROKKAN 1967; MARSHALL 1950; DURKHEIM 1977).

Die andere Variante geht vom Einfluß der Staatsintervention
und durch ihn erzeugte neue Interessengruppen aus, die sich
politisch artikulieren. WILENSKY (1976, 1975) vertritt die Auffassung, die obere Arbeiterschicht - Facharbeiter, Vorarbei-
ter sowie gut bezahlte angelernte Arbeiter - und die untere
Mittelschicht - kleine Landwirte, kleine Selbständige, untere
Angestellte und Beamte - würden in überproportional starkem
Maße staatliche Sozialausgaben finanzieren, während sie nur
unterdurchschnittlich von diesen profitieren könnten. Dies führte zum Protest gegen den Wohlfahrtsstaat und u.U. zu der Wahl
von neuen Parteien. Ein Beispiel dafür ist die Fortschritts-
partei des dänischen Steuerprotestlers Mogens GLISTRUP. Diese
ist jedoch nicht die einzige Diagnose einer neuen Entwicklung. LADD (1979) meint eine neue Konfliktachse zwischen einer
"Intelligentsia" , die aus akademisch Ausgebildeten besteht, vom
Wohlfahrtsstaat profitiert und er deshalb gutheißt, und einer
"Bourgeoisie" der Arbeiterklasse, die sich gegen den Wohlfahrtsstaat richtet in den USA identifizieren zu können. Läßt
man die öffentliche Diskussion in der Bundesrepublik seit der
Bundestagswahl 1976 Revue passieren kann man feststellen, daß
die Höhe der Staatsausgaben und vor allem die Sozialausgaben,
ein ständiges Thema gewesen ist. Hier ist also ein neues politisches Issue von den Eliten in die politische Arena gebracht
worden. Ob aber daraus eine neue Konfliktstruktur entsteht,
wird weiter unten geprüft.

Die zweite These besagt, daß der Wandel von Werten zu neuen
politischen Problemen und neuen Konfliktstrukturen führen
wird. INGLEHART (1971; 1977) meint, in westlichen Industriegesellschaften einen durch den Generationenwechsel verursachten
Wandel von Werten diagnostizieren zu können. Während ältere Generationen, die in wirtschaftlich schwierigen Zeiten aufgewach-
sen sind, materielle Werte einer hohen Priorität zuweisen würden, hätten jüngere Generationen eine Jugend im Wohlstand erlebt, den sie als selbstverständlich angesehen hätten. Sie würden sich deshalb neuen, nicht materiellen Werten zuwenden.
Ein Materialist ist jemand, der wirtschaftlichem Wachstum
und einer stabilen Wirtschaft, starker Verteidigung, Ruhe und
Ordnung und Eindämmung der Kriminalität sowie den steigenden Preisen eine hohe Priorität zuweist. Postmaterialisten
befürworten dagegen mehr Mitbestimmung im Betrieb und in der
Gemeinde, eine menschlichere Gesellschaft, eine schönere Umwelt, Redefreiheit und eine Gesellschaft, in der Ideen mehr
als Geld zählen sollten (diese Aufzählung gibt den Inhalt von
Fragen wieder, die in Umfragen zur Bestimmung von Wertprioritäten in der Bevölkerung benutzt worden sind; vgl. HERZ 1983 a).
Ausgehend von diesem Ansatz haben KAASE und KLINGEMANN (1979)
einen neuen Interessenkonflikt diagnostiziert, der sich z.B. in
der Studentenbewegung und im Protest gegen den Vietnam-Krieg
geäußert habe und vom Generationengegensatz getragen worden
sei. Die neuen politischen Ziele ließen sich mit dem Begriff
Postmaterialismus gut fassen. INGLEHART (1979) kontrastiert
eine Links-Rechts-Achse, die sowohl die traditionellen Klas-
senauseinandersetzungen als auch die religiös bestimmten Konflikte umfasse (!), mit einer "Neuen-Politik"-Dimension, die
sich z.B. in den Konflikten um Umweltschutz, Mitbestimmung,
Lokalautonomie, Frauenbewegung und Europäische Integration
manifestiere. Die zunehmende Bedeutung dieser Konflikt-Achse
sei z.T. auf den Wertwandel zurückzuführen. Damit gehe eine
zunehmende Bedeutung des Alters in politischen Konflikten
einher. BAKER et al. (1981) übernehmen diese Interpretation

in ihrer Analyse des Wandels der politischen Kultur in der Bundesrepublik. Schon ein Blick auf die obige Einteilung von politischen Sachfragen läßt Zweifel an der Klassifikation aufkommen. Der Postmaterialismus ist ein Behälter für Reste.

Die dritte These geht von autonomen Effekten der Veränderung
der Berufsstruktur aus. Auch diese These gibt es in verschiedenen Varianten. Lt. BELL (1976) werden sich die Inhalte der
politischen Konflikte im Zuge des Wandels zu einer post-industriellen Gesellschaft auch wandeln (vgl. Abschnitt 4.5).
Eigentum wird an Bedeutung abnehmen. Konflikte zwischen Arbeiter und Unternehmer (Klassenkonflikte) werden durch Konflikte zwischen Funktionsgruppen ersetzt, z.B. zwischen Wissenschaftler und Verwaltungsbeamte oder zwischen Wirtschaft
und Universität. M.a.W.: die Branche und nicht der Beruf
oder die Klassenzugehörigkeit wird bedeutsamer werden. Staatliche Leistungen und Dienste sowie Partizipation und Mitbestimmung werden die zentralen Issues werden. PAPPI (1977, 4o6 -
413) hat zwei Veränderungen hervorgehoben, die möglicherweise zu einer neuen Konfliktstruktur führen könnten: erstens
die Annäherung zwischen den unteren Angestellten und Beamten einerseits und den Arbeitern andererseits und zweitens
die abnehmende Bedeutung der Berufsrolle gegenüber der zunehmenden Relevanz transitorischer Rollen wie die des Auszu-
bildenden, des Rentners etc.. Ganz offensichtlich gibt es
gewisse Parallelen zwischen dieser letzten These und den
oben dargestellten Folgen der Staatsintervention. BAKER
et al. (1981) haben Veränderungen des politischen Verhaltens in der Bundesrepublik - der sogenannte Genosse Trend,
d.h. die stetige Zunahme des SPD-Anteils zwischen den Bundestagswahlen 1953 und 1972 und die Umorientierung eines Teils
der Angestellten und Beamten zur SPD - auf die Zunahme des
tertiären Sektors und der post-industriellen Berufsgruppen
zurückgeführt (BAKER et al. 1981, 153 - 154, 171 - 172).
Die unter der dritten These subsumierten Autoren vernach-

lässigen zwar nicht inhaltliche Elemente des Wandels der Konfliktstruktur. Der Schwerpunkt der Vorhersage liegt jedoch
eindeutig bei den Strukturverschiebungen.

Die drei Thesen und ihre Varianten lassen sich auf je zwei
Alternativen reduzieren. Auf der einen Seite stehen diejenigen,
die behaupten, die mit der Klassen- und Schichtstruktur verknüpften politischen Konflikte würden mit der Zeit (meist
wird an die Zeit nach 1945 gedacht) an Relevanz einbüßen.
Ihnen wird vorgehalten, es finde lediglich eine Veränderung
der Klassen- und Sozialstruktur und somit auch der politischen Konflikte statt. Innerhalb dieser zweiten Gruppe kann
man zwischen Autoren, die dem Generationenkonflikt eine zunehmende Bedeutung beimessen und denjenigen, die die entscheidenden Veränderungen in der Berufs- und damit Klassenstruktur erblicken, unterscheiden. Auf seiten der Sozialstruktur erscheint mir eine Präzisierung der relevanten
Variablen hier nicht notwendig zu sein. Auf der politischen Seite ist es sinnvoll, zwischen drei Ebenen zu unterscheiden: die parteipolitischen Sympathien und Neigungen,
die sich im Wahlverhalten manifestieren, die Stellungnahme
zu aktuellen politischen Issues und Werthaltungen. Auf dem
Hintergrund der skizzierten Alternativen möchte ich die
obigen Thesen kritisch durchleuchten und empirische Ergebnisse zu ihrer Überprüfung diskutieren.

Es ist sinnvoll, mit den Erklärungen zu beginnen, die sich
auf Entwicklungen in der Bundesrepublik beziehen und die
den Wandel der Berufsstruktur in den Mittelpunkt stellen.
Dazu ist es notwendig, einen Blick auf das Wahlverhalten
in der Bundesrepublik und vor allem auf dessen Veränderungen zu werfen. In Tabelle 34 sind die Ergebnisse dreier
repräsentativer Befragungen, die nach den Bundestagswahlen
1961, 1969 und 1972 durchgeführt wurden, wiedergegeben. Die
Befragten wurden nach dem Beruf des Haushaltungsvorstandes

Tabelle 34 <u>Wahlentscheidung nach Beruf des Haushaltungsvorstandes bei den Bundestagswahlen 1961, 1969 und 1972</u> (in %)

	1961	1969	1972
Arbeiter			
SPD	56	58	66
CDU/CSU	36	39	27
FDP	5	1	6
Andere	3	2	1
(n)	502	248	839
Beamte u.Angestellte			
SPD	30	46	50
CDU/CSU	50	45	33
FDP	18	7	17
Andere	2	3	0
(n)	288	177	982
Selbständige			
SPD	14	17	23
CDU/CSU	62	75	62
FDP	23	8	13
Andere	1	-	1
(n)	162	63	201
Landwirte			
SPD	8	16	10
CDU/CSU	77	72	82
FDP	13	4	8
Andere	2	8	-
(n)	117	25	62

Quelle: Pappi 1973 b, 199

(bei weiblichen Befragten meist der Ehemann) und nach der Angabe über die Wahlentscheidung aufgegliedert. Die Zahlen reflektieren eine Dimension der im Parteiensystem der Bundesrepublik verankerten Konfliktstrukturen: die auf Klassen und
Schichten beruhende Struktur (die andere ist die konfessio-
nelle Dimension). Arbeiter wählten in der Mehrheit SPD in
allen drei Wahlen. Die Selbständigen dagegen haben vor allem
der CDU/CSU und der FDP ihre Stimme gegeben. Die Angestellten
und Beamten haben 1961 auch mehrheitlich die konservativen
Parteien gewählt; 1969 waren sie in ihrer Parteiorientierung
gespalten, aber 1972 hatte die Mehrheit unter ihnen SPD gewählt. Diese Veränderung kommt auch in Tabelle 35 zum Ausdruck. Dort sind die Differenzen zwischen den SPD-Stimmenanteilen jeweils zweier Klassen bzw. Statusgruppen angegeben.
Die parteipolitische Distanz zwischen dem alten und dem
neuen Mittelstand ist 1961 am geringsten und ab 1965 relativ
konstant. Die Distanz zwischen dem alten Mittelstand und
der Arbeiterschaft bleibt über diese Zeit stabil, während
die neue Mittelschicht sich der Arbeiterschaft im Wahlverhalten angleicht. Die größte Distanz besteht zwischen dem alten Mittelstand und den Arbeitern, die zweite zwischen jener
und dem neuen Mittelstand. PAPPI (1977, 360) interpretiert
den Gegensatz zwischen Selbständigen und abhängig Beschäftigten als ein Reflex des Klassengegensatzes. Dieser beeinflußt
auch das Wahlverhalten in stärkerem Maße als Schichtunterschiede. Darunter versteht er Differenzen im Wahlverhalten
innerhalb der Klassen, z.B. zwischen Arbeitern und Angestellten oder zwischen freien Berufen und sonstigen Selbständigen.

Zweierlei hat zu den Erfolgen der SPD in der Nachkriegszeit
beigetragen: die Veränderung der Berufsstruktur und die Umorientierung der Angestellten und Beamten zur SPD. Die Abnahme
des Selbständigenanteils und die Zunahme des neuen Mittelstandes führt zu einer Kräfteverschiebung im Elektorat, wie

Tabelle 35 Differenz zwischen den SPD-Stimmenanteilen[1] dreier
sozialer Schichten bei den Bundestagswahlen 1961 bis
1976

	1961	1965	1969	1972	1976
Angestellte/Beamte - Selbständige	10	22	29	17	23
Arbeiter - Selbständige	33	48	35	33	35
Arbeiter - Angestellte/Beamte	23	25	6	16	12

[1] Die dieser Tabelle zugrundeliegenden Untersuchungen sind
andere als die der Tab. 34. Die obigen Zahlen beziehen
sich auf Angaben zur Wahlabsicht (mit Ausnahmen von 1972),
die in Tab. 34 auf die Wahlentscheidung.

Quelle: Herz 1978

----

ein Blick auf Tabelle 34 zeigt. Nur: allein aus dieser Veränderung hätte die SPD nicht ihre Erfolge 1969 und 1972 erringen können. Die politisch wichtigere und theoretisch in-
teressantere Veränderung ist die Wendung des neuen Mittelstandes zur SPD. Welcher ist der Grund für diese Umorientierung?
Ist es die Durchsetzung der "Arbeitnehmergesellschaft", wie
PAPPI (1973 b) meint, also nicht bloß ein auf Veränderung
der Sozialstruktur beruhender Wandel, sondern auch das Ergebnis der Strategie der Sozialdemokratischen Partei, die deshalb gut angekommen ist, weil der neue Mittelstand von seiner
Herkunft her heterogen ist und nicht im gleichen Maße wie die
anderen Schichten über eine ausgeprägte Schichtmentalität ver-
fügt? Oder beruht alles auf Wertwandel? Diesen Standpunkt
vertreten BAKER et al. (1981, 171 - 175). Allerdings ist ihre

Argumentation konfus, denn sie halten nicht zwei Dinge auseinander, nämlich die Veränderung der beruflichen Zusammensetzung des Elektorats und die Umorientierung der Angestellten und Beamten. Sortiert man die einzelnen Argumente, ergibt sich folgende Erklärung: die Veränderung der Berufsstruktur führt zu einer Zunahme post-industrieller Berufe und damit zum Postmaterialismus. Dadurch nimmt die Relevanz des Klassengegensatzes ab. Die Wendung des neuen Mittelstandes zur SPD ist durch die programmatische Neuorientierung der SPD mit ihrer nicht bloß auf die Arbeiterinteressen gerichteten Politik - Stichwort: Godesberger Programm - und durch Wertwandel verursacht worden. Mit dem Postmaterialismus werde ich mich ausführlich weiter unten befassen. Hier möchte ich nur auf den Abschnitt über die post-industrielle Gesellschaft verweisen (Abschnitt 5.2.2), wo ich gezeigt habe, daß die Veränderung der Berufsstruktur viel differenzierter zu sehen ist als es BAKER et al. tun. Aus der Zunahme des tertiären Sektors auf post-materielle Werte zu schließen (BAKER et al. 1981, 171 - 172) ist abwegig, insbesondere dann, wenn man auf der einen Seite post-materielle Werte kaum definiert und zu den materiellen Werten alles mögliche zählt: ökonomische Interessen, Lebensstil, traditionelle religiöse Werte und außenpolitische Orientierungen (BAKER et al. 1981, 141). Nun führen diese Autoren, um ihre These zu stützen, ein weiteres Ergebnis vor, das sie bereits in einem Manuskript 1975 genannt hatten. Das Wählerverhalten, so zeigen sie, wird seit 1953 in immer schwächerem Maße vom beruflichen Status determiniert. PAPPI (1977, 374 - 382) kann jedoch nachweisen, daß dieses Ergebnis nur dann entsteht, wenn man nicht die beiden oben genannten strukturellen Veränderungen - Abnahme der Selbständigen und Zunahme der abhängig Beschäftigten; Hinwendung der Angestellten und Beamten zur SPD - getrennt hält. Entgegen der Behauptung von BAKER et al. ist die auf Klassen beruhende Konfliktstruktur mit der Zeit deutlicher hervorgetreten. Ich ziehe hieraus die Schlußfolgerung: Wertwandel in der oben beschriebenen Weise hat nicht zu politischen Veränderungen beigetragen. Ich halte aber auch PAPPIs Erklärung für zu knapp und für einseitig. Aber betrachten wir zunächst die strukturellen Veränderungen des Schichtungs- und Klassensystems in der Bundesrepublik, die ja zumindestens teilweise für Wahlverhaltensänderungen verantwortlich sein sollten. Die Analyse des Eigentums in Abschnitt 5.2.3 hat keinen Hinweis auf eine Annäherung zwischen Arbeitern und Angestellten plus Beamten ergeben, im Gegenteil: im Punkto Hausbesitz ist die Distanz zwischen diesen beiden Gruppen offenbar größer geworden. Durch die Differenzierung der Einkommen innerhalb des neuen Mittelstandes hat sich allerdings die ökonomische Lage eines unteren Bereiches der Angestellten und Beamten und der Arbeiter angeglichen. Abgesehen davon habe ich auf die markanten Unterschiede der Arbeitsbedingungen von Angestellten und Beamten einerseits und Arbeitern andererseits hingewiesen. Nichts deutet darauf hin, daß diese sich im Zeitablauf verringert haben. Gerade die Arbeitsbedingungen und die Arbeitsorganisation tragen aber zur Bewußtseinsbildung bei (KOHN 1969; GIDDENS 1973). Diese in der Hauptsache stabilen Verhältnisse können nicht die Umorientierung des neuen Mittelstandes erklären. Was an der Entwicklung des Vermögens und der Einkommen in der Nachkriegszeit bezeichnend gewesen ist, ist die überdurchschnittliche Verbesserung der Lage der Selbständigen. Auf diesen Tatbestand komme ich weiter unten zurück.

Vielleicht suchen wir auch an der falschen Stelle. Die politischen Sachfragen, die in der Zeit zwischen 1961 und 1972 aktuell waren, sind in diesem Zusammenhang zu wenig beachtet worden. Der Hinweis auf das Godesberger Programm der Sozialdemokratischen Partei aus dem Jahre 1959 ist zu pauschal und reicht als Erklärung nicht aus. Der hier relevante politische Wandel setzte mit der Bildung der sogenannten Großen Koalition zwischen der CDU/CSU und der SPD

1966 ein. Zur selben Zeit, als die Große Koalition gebildet wurde, trat im rechten politischen Spektrum die National-demokratische Partei Deutschlands (gegründet 1964; Bundestags-wahlbeteiligung 1965) und auf der Linken die außerparlamenta-rische Opposition sowie die sogenannte Studentenbewegung in Er-scheinung (zur NPD vgl. HERZ 1975; zum studentischen Prozeß ALLERBECK 1973). Die Große Koalition verstärkt in beiden La-gern den Protestwillen, denn sie erscheint als ein Macht-kartell, dem gegenüber die FDP nichts ausrichten kann. Auf den Studentenprotest reagieren die staatlichen Institutionen in-flexibel. 1968 werden die Notstandsgesetze, über deren Be-rechtigung man geteilter Meinung sein kann, die aber als Antithese zu den Forderungen nach Demokratisierung er-scheinen müssen, verabschiedet. Auf der anderen Seite be-deutet die Große Koalition einen Schritt in Richtung einer modernen Wirtschafts- und Gesellschaftspolitik. Nicht die Kanzlerschaft Brandts nach 1969 ist die Zeit der inneren Reformen, sondern die des Bundeskanzlers Kiesinger (BARING 1982, 183, 197). Aber es sind dies Reformen, die den Klassen-gegensatz nicht in den Vordergrund rücken, zumal nach der wirtschaftlichen Rezession 1966/1967 ein wirtschaftlicher Auf-schwung erfolgt. Nach der Bildung der sozialliberalen Koali-tion zwischen SPD und FDP gewinnt die Außenpolitik und vor allem die Ostpolitik die Oberhand (BARING 1982, 197 - 201), auch dies kein Gebiet, auf dem sich Klassenkonflikte ab-spielen. Was die Ereignisse dieser Zeit erzeugt haben, ist das Gefühl der Erneuerung, der Wunsch nach dem Abschneiden alter Zöpfe in allen Bereichen der Politik. Dieser Wandel zeigt sich auch in Umfrageergebnissen. 1961 hielten Mehrheiten in allen Grupen außer in der protestantischen Arbeiterschaft die CDU/CSU für die kompetenteste Partei zur Lösung aller in dieser Umfrage genannten Probleme (Renten, stabile Preise, Wiedervereinigung mit der DDR, bessere Beziehungen zu der UdSSR, Verbesserung der Ausbildung etc.). 1969 hatte sich das Gewicht auf allen Gebieten zugunsten der SPD verschoben,

am stärksten jedoch in dem katholischen und protestantischen
neuen Mittelstand (HERZ 1978). Es findet also ein "change of mood"
statt, von dem der neue Mittelstand am stärksten beeinflußt
wird. Man mag dies einen Wertwandel nennen, darf dabei nicht
vergessen, daß er erstens innerhalb einer sehr kurzen Zeit er-
folgte, zweitens alle Bevölkerungsgruppen erfaßte und drittens
einen politischen Auslöser hatte. Unter diesen Umständen ist
das Festhalten des alten Mittelstandes und der Landwirte an der
CDU/CSU der erklärungsbedürftige Tatbestand und nicht die
Wendung des neuen Mittelstandes zur Sozialdemokratischen Partei. Der im Wahlverhalten nach 1969 deutlicher zum Ausdruck
kommende Gegensatz zwischen Selbständigen und abhängig Beschäftigten kann damit nicht mit dem Schlagwort Arbeitnehmergesellschaft gedeutet werden. Vielmehr haben die Selbständigen ihren ökonomischen Interessen (überproportionale Verbesserung
der Einkommenssituation) die Priorität vor anderen Überlegungen gegeben und sind ihrer Partei treu geblieben. Die Tatsache, daß der neue Mittelstand besonders stark von dem genannten Effekt beeinflußt wurde, könnte, wie PAPPI meint,
auf ihre Herkunft zurückgeführt werden. Um deren Rolle zu bestimmen, ist es sinnvoll, das Wahlverhalten in Abhängigkeit
vom gegenwärtigen Beruf und von der beruflichen Herkunft zu
analysieren. Wenn man aber die Homogenität des Mittelstandes
für die politischen Veränderungen verantwortlich macht, dann
darf man nicht wie PAPPI und BAKER et al. es tun, Befragte
nach dem Beruf des Haushaltungsvorstandes klassifizieren,
denn dadurch wird die Suche nach Ursachen erschwert. Gerade,
wenn die Herkunft und die fehlende schichtspezifische Menta-
lität eine Rolle spielen soll, muß man dem Wahlverhalten be-
rufstätiger Frauen besondere Beachtung widmen. Unter ihnen
haben sich die beruflichen Schwerpunkte merklich verschoben.
1960 waren 31,2 % Angestellte und Beamte, 1977 dagegen bereits 52,5 % (BALLERSTEDT und GLATZER 1979, 338). Die politische Umorientierung der Angestellten und Beamten könnte
zu einem beträchtlichen Teil auf diese Veränderungen zurück-

zuführen sein ohne daß dies in den von PAPPI (1973 b; 1977) und
von BAKER et al. (1981) analysierten Daten zum Vorschein kommen
kann.

In Tabelle 36 sind die Berufstätigen nach ihrem Beruf, nach
dem Beruf des Vaters und nach der Wahlentscheidung bei der
letzten Bundestagswahl aufgegliedert. Die letzte Bundestagswahl fand für diese Befragten 1972, also zwei Jahre vor der
Befragung statt. Eine gewisse Verzerrung der Antworten, deren
Umfang nicht geschätzt werden kann, ist in der Tabelle sicherlich enthalten. Da es in der gegenwärtigen Generation nur
wenige Selbständige gab, muß ich auf eine Kommentierung ihres
Wahlverhaltens verzichten. Ich betrachte nur die Spalten 2 und
3. Kinder von Arbeitern wählen konsistenter als Kinder von
Angestellten und Beamten. Ein Vergleich zwischen Söhnen von
Arbeitern, die zur Zeit der Befragung Arbeiter waren, mit
Söhnen, die zu den Angestellten und Beamten gewechselt hatten,
zeigt ein fast identisches Wahlverhalten. Nicht anders ist es
unter den Töchtern derselben Berufsgruppen. Dagegen gibt es
beträchtliche Unterschiede zwischen den Söhnen und Töchtern
von Angestellten und Beamten: Je nach dem gegenwärtigen Status
tendiert das Wahlverhalten einmal mehr zur SPD (wenn sie Arbeiter wurden), das andere Mal zur CDU/CSU und FDP (wenn sie
Angestellte und Beamte blieben).Unter den Töchtern sind diese Variationen größer als unter den Söhnen. Obwohl die Analyse von Mobilitätseffekten statistisch verfeinert werden
könnte (vgl. HERZ 1976), zeigt schon diese einfache Gegenüberstellung, daß das Wahlverhalten der Angestellten und Beamten größeren Schwankungen ausgesetzt ist als das der Arbeiter.
Die Heterogenität der Herkunft, auf die ich in Abschnitt 6.3
hingewiesen habe, führt in diesen Berufsgruppen zu geringerer
politischer Traditionsbildung und zu wechselhaftem Wahlverhalten. Besonders deutlich ist diese Tendenz unter den weiblichen Angestellten und Beamten. Es spricht vieles dafür, daß
die Umorientierung der Angestellten und Beamten zur Sozialdemo-

Tabelle 36 Das Wahlverhalten von berufstätigen Männern und Frauen im Alter von 18 - 65 nach dem gegenwärtigen und dem Herkunftsstatus bei der Bundestagswahl 1972 (in %)

Männer — Gegenwärtiger Status

	Selbst. (1)				Ang., Beamte (2)				Arbeiter (3)				Landwirte (4)			
Herkunftsstatus	(1)	(2)	(3)	(4)	(1)	(2)	(3)	(4)	(1)	(2)	(3)	(4)	(1)	(2)	(3)	(4)
SPD	33	-	33	-	22	35	54	30	28	40	56	39	-	-	-	8
CDU/CSU	67	100	17	67	56	47	34	60	57	50	33	59	-	-	-	88
FDP	-	-	50	33	22	18	12	10	14	10	12	2	-	-	-	4
n	3	5	6	3	9	102	111	20	7	38	181	41	-	-	-	24

Frauen — Gegenwärtiger Status

	Selbst. (1)				Ang., Beamte (2)				Arbeiter (3)				Landwirte (4)			
Herkunftsstatus	(1)	(2)	(3)	(4)	(1)	(2)	(3)	(4)	(1)	(2)	(3)	(4)	(1)	(2)	(3)	(4)
SPD	-	-	50	-	44	31	46	21	-	40	48	39	-	-	-	80
CDU/CSU	-	100	50	-	33	43	34	64	-	47	33	61	-	100	50	20
FDP	-	-	-	-	22	26	20	14	-	13	19	-	-	-	50	5
n	-	2	4	-	9	61	90	14	-	15	58	13	-	1	2	5

Quelle: Zentralarchiv-Untersuchung 765

kratischen Partei auf das Konto der Frauen in diesen Berufsgruppen gutgeschrieben werden kann.

In engem Zusammenhang mit den bereits behandelten Änderungen
im deutschen Parteiensystem steht die These über die abnehmende
Bedeutung der Klassenzugehörigkeit für politisches Verhalten.
Aufgrund des gestiegenen Wohlstandes und der erhöhten staatlichen Sozialleistungen entstehen neue Interessenlagen. Diejenigen, die von der Ausweitung der Bildungschancen profitiert haben, werden eine andere Einstellung zu staatlicher
Bildungspolitik haben als diejenigen, die davon wenig hatten.
Zugang zu Haus- und Wohnungseigentum, der durch staatliche
Maßnahmen und wirtschaftliche Prosperität immer mehr Menschen ermöglicht worden ist, schafft auf seiten der Eigentümer
Interesse an Wertbeständigkeit, niedrigen Zinsen und hohen Mieten, auf seiten der Familien mit Kindern ein Interesse an
niedrigen Mieten und gut ausgestatteten Wohnungen. Die Durchsetzung von Gleichheitsansprüchen in einem speziellen Gebiet - z.B. im Bildungsbereich - führt nicht unmittelbar zu
Forderungen nach weiteren solchen Maßnahmen, z.B. nach Gleichstellung zwischen Männern und Frauen. Es entstehen spezifische, nicht mehr von der Klassenlage dominierte Konstella-
tionen zwischen sozialen Lagen und politischen Alternativen.
Eine Möglichkeit zur Prüfung dieser Hypothese bietet die bereits mehrfach analysierte Untersuchung in sechs Ländern.
Hier werde ich allerdings nur den deutschen Teil heranziehen.
Allen Befragten wurde eine Karte mit 12 Sachfragen vorge-
legt. Sie wurden gebeten anzugeben, a. für wie wichtig sie die
politischen Sachfragen hielten (sehr wichtig, wichtig, nicht
sehr wichtig, absolut unwichtig), b. wie groß die staatliche
Verantwortung in den 12 Bereichen sein sollte (entscheidende,
wichtige, beschränkte, keine) und c. wie die Regierung die
Probleme behandelt hätte (sehr gut, gut, schlecht, sehr
schlecht). Die zwölf Probleme waren:

1. sich um alte Menschen kümmern,
2. gleiche Rechte für Männer und Frauen durchsetzen,
3. jeden Arbeitswilligen mit Arbeit versorgen,
4. gute Ausbildungsmöglichkeiten gewährleisten,
5. gute medizinische Versorgung gewährleisten,
6. gute Wohnungsversorgung gewährleisten,
7. Umweltverschmutzung bekämpfen,
8. Kriminalität bekämpfen,
9. gleiche Rechte für Gastarbeiter verwirklichen,
10. Vermögensunterschiede zwischen Menschen verringern,
11. Preiserhöhungen bekämpfen
12. Energieversorgung sichern.

Diese politischen Issues decken ein breites Spektrum von Problemen, mit denen alle westlichen Industriegesellschaften sich konfrontiert sehen, ab. Allerdings fehlen in der Liste z.B. außenpolitische Probleme, Verteidigungsfragen, aber auch moralische Sachfragen wie die Liberalisierung von Schwangerschaftsabbruch oder Ehescheidung, beides in der Geschichte der Bundesrepublik relevante Themen. Diese Beschränkung ist jedoch kein ernsthaftes Hindernis zur Überprüfung der Hypothese, denn die Vielfalt der Probleme ist unter den 12 Issues ausreichend groß. Ein weiterer Einwand soll gleich ausgeräumt werden. Nicht alle oben genannten Probleme waren zum Zeitpunkt der Untersuchung - Jahreswende 1974/75 - politisiert. Die Energieversorgung war durch den ersten sogenannten Ölpreisschock Ende 1973 aktualisiert worden, während z.B. die Schwierigkeiten der Finanzierung der Renten nur den Experten bekannt waren. Dieser Tatbestand hat zur Folge, daß die Ergebnisse der folgenden Analyse latente Beziehungen zwischen politischen Problemen und sozialen Gruppierungen zutage fördern werden. Ihr Vorhandensein wird jedoch nicht durch den oben genannten Umstand verdeckt. Ob sie eines Tages aktualisiert werden, hängt erstens von den Problemen als solche und zweitens vom Verhalten der Eliten ab. Die zwölf Probleme lassen sich drei Bereichen, die ich mit Gleichheit (Probleme 2, 4, 9, 10), soziale Sicher-

heit (Probleme 1, 3, 5, 6) und wirtschaftliches Wachstum (7,
11, 12) umschrieben habe, zuordnen (vgl. FLORA et al. 1977).
Kriminalität bekämpfen ist eine politische Sachfrage, die
unter dem Oberbegriff Innere Sicherheit subsumiert werden
kann. Der auf dem Besitz beruhende Gegensatz zwischen den
Klassen manifestiert sich vor allem in den beiden erstgenannten Bereichen. Die Forderung nach der Verringerung von
Vermögensunterschieden hat die Arbeiterschaft und haben die
"linken" Parteien gegen die Besitzenden erhoben. Der Ruf
nach Arbeit für alle bedeutet ja staatliche Regulierung
wirtschaftlicher Tätigkeit und insbesondere Eingriffe in
den Arbeitsmarkt zugunsten der Unterprivilegierten. Ein
solcher Interessengegensatz läßt sich aus den drei wachs-
tumsrelevanten Issues nicht ableiten. Zwei dieser drei
Probleme - Umweltschutz - Energieversorgung - sind auch
erst in der jüngsten Vergangenheit zu Themen der politischen
Auseinandersetzung gemacht worden. Das gilt ebenso für Probleme, die ich den beiden anderen Bereichen zugewiesen habe.
Die Frage ist, ob sie sich unter dem Klassengegensatz subsumieren lassen oder ob sie jeweils spezifischen Gruppen-
interessen entsprechen: gleiche Rechte für Männer und
Frauen ist eine Forderung, die eher eben Männer und
Frauen als z.B. den Selbständigen und den abhängig Beschäftigten etwas angeht, während eine gute Wohnungsversorgung
im Interesse von Ehepaaren mit Kindern in Großstädten und
nicht nur von Arbeitern liegt. Auch wenn die Forderung nach
Arbeitsplätzen für alle einen Gegensatz zwischen Arbeitnehmern und Arbeitgebern erzeugt, so wird hier sicherlich
das Interesse derjenigen tangiert, die besonders vom Erwerbseinkommen abhängig sind. Hierzu zähle ich verheiratete
Personen mit Kindern, im Gegensatz etwa zu Pensionären oder
nicht-berufstätigen Hausfrauen. Diejenigen Sachfragen, die
ich zu dem Bereich der sozialen Sicherung gezählt habe,
sollten am ehesten eine Tendenz aufweisen, von klassen-
bedingten Interessen unabhängig zu sein. Eine systematische

Durchsicht der zwölf Issues zeigt, daß man sie in Beziehung
setzen kann mit drei verschiedenen Typen von Variablen: 1. Variablen, die die Position in der Klassenstruktur messen (die Probleme 4, 10, 11); 2. Variablen, die die Stellung im Lebenszyklus
indizieren (Probleme 1, 3, 5, 6); 3. Variablen, die weder die
Klassenlage noch die Lebenszyklusposition tangieren (Probleme 2, 7, 8, 9, 12). Zu den erstgenannten zähle ich hier Besitz (die Unterscheidung zwischen Selbständigen, Landwirten,
Arbeitern und Angestellten), Bildung und Einkommen. Der zweit-
genannte Typus von Variablen wird in der folgenden Analyse repräsentiert durch das Alter und den Familienstand (die Zahl
vorhandener Kinder wurde nicht ermittelt). Variablen des zuletzt genannten Typus sind Wohnortgröße und Geschlecht. Getrennt für die Beurteilung der Bedeutsamkeit, des Ausmaßes
staatlicher Eingriffe und der Zufriedenheit mit der Regierungstätigkeit wurden die zwölf Sachfragen mit den genannten Variablen in Verbindung gebracht. Das gewählte Verfahren
läßt die Problemschwerpunkte und ihre Verankerung in der
sozialen Struktur erkennen.[9] Die im folgenden dargestellten
Ergebnisse beziehen sich auf berufstätige und früher berufstätige Befragte. Die letztgenannten wurden nach ihrem zuletzt ausgeübten Beruf klassifiziert.

Zunächst gilt es, ein generelles Ergebnis festzuhalten. Die
Beziehung zwischen sozialstruktureller Position und Stellungnahme zu den zwölf Issues ist nicht sehr stark.[10] Man muß die
Kombinationen von politischen Sachfragen und sozialstakturel-
ler Position als latente Konfliktstrukturen betrachten, die
u.U. aktivierbar sind. Der Grund für die schwache Beziehung
liegt einmal an der bereits erwähnten geringen Politisierung
mancher Probleme und zum anderen an dem gewählten Verfahren
der Datenanalyse. Daß es sich um systematische Beziehungen
handelt, geht u.a. aus der Tatsache hervor, daß die Angaben
zur Wichtigkeit, zu den Staatseingriffen und über die Zufriedenheit in entscheidenden Bereichen in ähnlicher Weise

in der Sozialstruktur verankert sind. Zur ausführlichen Darstellung der Beziehung wähle ich hier das Ergebnis der Analyse der Beurteilung des bisherigen Regierungshandelns. Es
ergeben sich drei Problemkomplexe, die ich mit I, II und III
bezeichnet habe (vgl. Abbildung 8). Jeder dieser drei Komplexe
ist in einer spezifischen Weise in der Sozialstruktur verankert. Die erste Kombination bringt den Gegensatz zwischen traditionellen und neuen Aufgaben der Regierung zum Ausdruck. Angestellte und Beamte, jüngere Personen mit hoher Bildung und
Großstadtbewohner beurteilen die bisherige Tätigkeit der Regierung im punkto Bildungschancen, Umweltschutz und Rechts-
gleichheit für Gastarbeiter negativ. Das bedeutet nicht, daß
sie deshalb die Regierungsparteien ablehnen. Ich gehe davon
aus, daß diese Befragten auf diesen Gebieten ein effektiveres
Handeln der Regierung wünschen. Ihnen gegenüber treten die Arbeiter, ältere Personen mit niedriger Bildung und Bewohner
von Kleinstädten und ländlichen Gebieten, die mit den Leistungen der Regierung hinsichtlich innerer Sicherheit und
Preisstabilität unzufrieden sind. Um mit Sicherheit sagen zu
können, in der Betonung von Bildungschancen, Umweltschutz
und Gleichberechtigung komme eine neue Problemkonstellation zum Ausdruck, wäre ein Vergleich mit früheren Untersuchungen notwendig. Vergleichbare Daten liegen jedoch nicht vor.
Vieles spricht aber dafür, daß die dominanten Probleme einen
Gegensatz zwischen sozialliberaler und traditioneller Politik
widerspiegeln. Innere Sicherheit zu garantieren ist die Aufgabe des Staates par excellence. Die Rahmenbedingungen für
die wirtschaftliche Stabilität zu gewährleisten, wozu auch
eine möglichst niedrige Inflationsrate zählt, gehört ebenfalls
zu den traditionellen Funktionen des Staates und der Regierung.
Die Bevölkerung der Bundesrepublik ist vielleicht noch stärker als die Bevölkerung anderer Länder auf diese Aufgabe
fixiert gewesen (VERBA 1965). Demgegenüber stehen politische
Sachfragen, die zu den Zielen der Politik der inneren Reformen und des "mehr Domokratie wagen" gehören. Der Problem-

Abbildung 8 <u>Negative Beurteilung der Regierungstätigkeit und ihre sozialstrukturelle Verankerung 1974</u>

I.

Politische Sachfragen

Gute Bildungsmöglichkeiten gewährleisten.

Umweltverschmutzung bekämpfen.

Gleiche Rechte für Gastarbeiter verwirklichen.

Kriminalität bekämpfen.

Preissteigerungen bekämpfen.

Sozialstruktur

Angestellte und Beamte.

Alter: 16 - 36.

Hohe Bildung.

Großstadt.

Arbeiter.

Alter: 61 und älter.

Niedrige Bildung.

===

II.

Politische Sachfragen

Gute Wohnungsversorgung gewährleisten.

Gute medizinische Versorgung gewährleisten.

Umweltverschmutzung bekämpfen.

Energieversorgung sichern.

Sozialstruktur

Ledige.

Kleinstadt/Land.

Großstadt.

Arbeiter.

Niedrige Bildung.

Verheiratete.

Selbständige.

Hohe Bildung.

===

III.

Politische Struktur

Sich um alte Menschen kümmern.

Kriminalität bekämpfen.

Gute Wohnungsversorgung gewährleisten.

Vermögensunterschiede zwischen den Menschen verringern.

Energieversorgung sichern.

Sozialstruktur

Angestellte und Beamte, Selbständige.

Rentner, Witwer, Geschiedene.

Alter: 61 und älter.

Arbeiter.

Verheiratete.

Alter: 18 - 36.

Quelle: Zentralarchiv-Untersuchung 765

komplex ist in der Klassenstruktur verankert. Allerdings spielt nicht der Besitz eine Rolle, sondern es findet eine Differenzierung zwischen den abhängig Beschäftigten statt, bei der Bildung eine Rolle spielt. Es ist für die Situation Mitte der siebziger Jahre bezeichnend, auf der einen Seite die Arbeiter und die Betonung ökonomischer und innerer Sicherheit und auf der anderen Seite die Angestellten und Beamten mit der Betonung größerer Bildungschancen vorzufinden. Die Koalition zwischen SPD und FDP hat Erwartungen hinsichtlich einer durchlässigeren Schichtstruktur vor allem bei den Angestellten und Beamten erzeugt. Nun zeigt die Abbildung 8, daß die Klassenposition allein nicht die Beziehung zwischen Sozialstruktur und politischen Sachfragen determiniert. Sowohl Alter als auch Wohnort sind relevant. Von der Perspektive der Ausgangshypothese her betrachtet behalten diejenigen Recht, die eine abnehmende Bedeutung der Klassenposition beim politischen Verhalten vorhersagen. Weder die Kombination von Issues noch ihre Verankerung in der Sozialstruktur ergeben eine Dominanz der Klassenposition. Die hier dargestellte Beziehung zwischen politischen Sachfragen und sozialer Struktur ergibt sich auch, wenn man die Beurteilung der Wichtigkeit der zwölf Issues und den erwünschten Umfang staatlicher Eingriffe analysiert - allerdings mit signifikanten Abweichungen. Die sozialliberale Problemkonstellation erscheint in beiden Fällen. Sie ist auch in der Klassenstruktur verankert, jedoch über Bildung und Einkommen. Daneben spielt Alter eine wichtige Rolle. Auch diese Ergebnisse widersprechen der Annahme über die zentrale Rolle der Klassenzugehörigkeit.

Der zweite Problemkomplex, der sich aus der Analyse der Beurteilung des Regierungshandelns ergibt, vereinigt auf der einen Seite gute medizinische Versorgung, Sicherung der Energieversorgung und Umweltschutz, auf der anderen Seite eine gute Wohnungsversorgung. Die Leistungen der Regierung auf den erstgenannten Gebieten werden von Selbständigen, Verheirateten und in

kleinen Städten oder auf dem Lande wohnenden Befragten sowie
Personen mit hoher Bildung kritisch beurteilt. Entsprechend
sind es die städtischen Bevölkerungsgruppen, die Nicht-Verhei-
rateten und die Arbeiter und Personen mit niedriger Bildung,
die die Wohnungsversorgung negativ bewerten. Auch hier ist die
Klassenlage relevant, aber darüber hinaus Merkmale, die sowohl
die Position im Lebenszyklus charakterisieren (Familienstand)
als auch die umweltbedingte Chance des Auftretens von Problemen
(Wohnortgröße). Offenbar ist die Wohnungsversorgung in den
Großstädten schon seit Mitte der siebziger Jahre als ein Problem empfunden worden, obwohl es erst Anfang der achtziger
Jahre virulent geworden ist.

Der dritte Problemkomplex, der die geringste Relevanz zum
Zeitpunkt der Befragung besaß, trennt die Befragten in solche,
die die innere Sicherheit und die Altersversorgung in den Mittelpunkt stellen und solche, die Wohnungsversorgung und ökonomische Gleichheit sowie die Energieversorgung betonen. Auf
dieser Seite finden wir die Arbeiter, auf der anderen die Selbständigen und die Angestellten und Beamten. Allerdings sind
Alter und Familienstand, wie nicht anders zu erwarten, beim Zustandekommen dieser Problemkonstellation beteiligt.

Die Analyse legt folgende Schlußfolgerung nahe. Die Position
in der Klassenstruktur und die klassenspezifischen politischen
Sachfragen spielen keine zentrale Rolle beim Zustandekommen der
latenten Konfliktstrukturen. Besitz, wie er in dem Gegensatz
zwischen Selbständigen und abhängig Beschäftigten zum Ausdruck
kommt, und die Einstellung zu Gleichheit erscheinen in Abbildung 8 nicht gemeinsam und nicht an vorderster Stelle. Das
Merkmal Einkommen ist irrelevant. Wichtig für die Entwicklung
spezifischer Problemkomplexe ist die Differenzierung innerhalb
der abhängig Beschäftigten, ist die Schulbildung und sind Merkmale wie Wohnort und Alter. Durch die letztgenannten kommt die
Bedeutung der Stellung im Lebenszyklus und die geographisch be-

dingte Chance, mit Problemen konfrontiert zu werden, zum Ausdruck. Die Position in der Klassenstruktur hat allein nicht die Kraft, die Einstellung zu politischen Sachfragen zu strukturieren. Es spielen immer andere Gruppen- oder Kontextmerkmale eine wichtige Rolle. Man kann dieses Ergebnis als eine Bestätigung der Ausgangshypothese, wonach eine Differenzierung der sozialen Lagen mit zugehörigen spezifischen Problemen stattgefunden und die Rolle der Klassenposition für das politische Verhalten abgenommen hat, interpretieren.

Ich wende mich nunmehr der anderen Variante dieser Hypothese zu. Bei JANOWITZ sind die Sozialausgaben einer unter mehreren Faktoren, die eine Veränderung der Parteiensysteme erzeugen. WILENSKY stellt den Wohlfahrtsstaat ins Zentrum seiner Analyse. Ich halte jedoch seine These einer aus unterer Mittelschicht und oberer Arbeiterschicht sich neu zusammensetzenden Klasse für problematisch. Plausibler erscheint mir die Deutung LADDs. Ich werde dies anhand einiger empirisch gestützter Argumente belegen. Es wäre sicher unrealistisch, vom gewöhnlichen Bürger zu erwarten, daß er eine Bilanz seiner Positiva und Negativa im Hinblick auf die staatlichen Leistungen und ihre Finanzierung vornähme und dann daraus politische Konsequenzen zöge. Protest gegen den Wohlfahrtsstaat oder gegen staatliche Intervention kann sich an spezifischen Issues, z.B. an einer bestimmten Steuer (ein Beispiel für Protest gegen den Steuerstaat sind die heftigen Auseinandersetzungen um den sogenannten Proposition 13. Durch ihre Befürwortung in Kalifornien im Juni 1978 wurde die Grundsteuer, die den Gemeinden zufließt, um 58 % gesenkt) oder an dem gesamten Steuerdruck entzünden. Wenn es schon für Wissenschaftler schwer ist, das Saldo der Ausgaben für und Einnahmen von Sozialleistungen zu berechnen, dann ist es für einzelne Familien allemal der Fall.

Wie werden nun staatliche Eingriffe beurteilt? Wie ändert sich dieses Urteil mit der Zeit? Schließlich: wie fällt das klassen-

und schichtenspezifische Urteil aus? Ich werde diese Fragen anhand einiger Umfrageergebnisse, die sich auf zwei Themen beziehen, beantworten: generelle Zustimmung zu staatlicher Intervention und Beurteilung der im Steuersystem eingebauten Gerechtigkeit. In beiden Fällen handelt es sich also um Issues, die
für den Wohlfahrtsstaat zentral sind. Ein Problem von Analysen,
die einen langen Zeitraum umspannen sollen ist, daß es kaum über
Zeit exakt vergleichbare Fragen gibt. Dies wird an den Ant-
wortverteilungen in Tabelle 37 deutlich. Die Tabelle enthält

Tabelle 37 <u>Zustimmung zu Steuererhöhung oder Ausgabenkürzung</u>[1]?

	1958[2] %	1968[3] %	1975[2] %	1976[3] %
Steuererhöhung	15	83	12	59
Ausgabenkürzung	85	17	88	41

[1] Antworten von berufstätigen Befragten

[2] Steuern vs. Staatsausgaben

[3] Steuern vs. Ausgaben für soziale Leistungen

Quelle: Herz 1983 b
----

die Ergebnisse von vier repräsentativen Umfragen, die in den an-
gegebenen Jahren durchgeführt wurden. 1958 und 1975 wurden in
den jeweiligen Frageformulierungen eine Steuererhöhung der Senkung der Staatsausgaben gegenübergestellt. Wie die Ergebnisse
zeigen, waren die Befragten einhellig der Meinung, die Ausgaben
sollten reduziert werden. 1968 und 1976 wurde eine Steuererhöhung
mit der Senkung von Ausgaben für soziale Leistungen kontrastiert.
In beiden Fällen sind nun Mehrheiten für die Steuererhöhung.
Ich führe die abrupten Änderungen der Einstellung von einem
Beobachtungszeitpunkt zum anderen nicht auf tatsächlichen Meinungs-
wandel, sondern auf die Frageformulierung zurück. Wenn bloß
Staatsausgaben genannt werden, ist man viel eher geneigt, diese

einzuschränken (ein großer Teil der Befragten hat, das zeigen
andere Untersuchungen, die Verteidigungsausgaben vor Augen) als
wenn man an die sozialen Leistungen denkt. Kann man nun diese
Fragen überhaupt miteinander vergleichen? Ja! Es läßt sich nachweisen (HERZ 1983 b), daß die Fragen das gleiche theoretische
Konzept: Einstellung zu staatlichen Eingriffen, messen. Man
kann sich die beiden Alternativen (Steuererhöhungen vs. Ausgabenkürzungen) als Endpunkte eines Kontinuums vorstellen, auf dem
die Befragten unterschiedliche Position je nach ihrer Einstellung einnehmen. Die Fragen schneiden dieses Kontinuum an verschiedenen Stellen, einmal auf der Seite der Ausgabenkürzung,
das andere Mal auf der Seite der Steuererhöhung. In beiden
Fällen handelt es sich um dasselbe Kontinuum. Es ist zwar nicht
möglich zu sagen, ob die Einstellung zu Staatsintervention
zwischen 1958 und 1976 positiver oder negativer geworden ist.
Was wir dagegen tun können ist, die Stellungnahme von Berufsgruppen miteinander zu vergleichen. Die Relation der Berufsgruppen sollte sich, folgt man der Argumentation WILENSKYs, im
Zeitablauf ändern. Für eine Aufgliederung der Antworten aufgrund der Berufsangabe standen nur die Ergebnisse von 1958 und
1968 zur Verfügung. Ich habe die berufstätigen Befragten nach
der Stellung im Beruf aufgegliedert und ihre Stellungnahme zu
den beiden Alternativen zu beiden Zeitpunkten miteinander verglichen. Die statistische Methode, die ich verwendet habe, erlaubt die Ausschaltung des Effekts der Frageformulierung. Die
Ergebnisse sind in Tabelle 38 enthalten. Die Koeffizienten, die

----

Tabelle 38 Die Zustimmung zu Steuererhöhung oder Ausgabenkürzung in Abhängigkeit vom Beruf 1958, 1968[1])

	Logit-Koeffizienten für Ausgabenkürzung:		
1958	1.62	Arbeiter	-.23
1968	- 1.62	Angestellte	-.07
		Beamte	-.39
		Selbständige	.62
		Landwirte	.07

[1]) Antworten von berufstätigen Befragten

Quelle: Herz 1983 b

ich den fünf Berufsgruppen zugewiesen habe, können als ein Maß
für die Abweichung einer Gruppe von der durchschnittlichen, über
alle Gruppen und alle Zeiten berechneten Einstellung interpretiert werden.[11] Im Falle der Tabelle 38 bedeuten die negativen
Koeffizienten, daß Ausgabensenkungen nicht in so starkem Maße
befürwortet werden wie im Durchschnitt, während positive Koeffizienten eine überdurchschnittliche Zustimmung zu solch einer
Senkung bedeuten. Die Ergebnisse zeigen mit aller Deutlichkeit,
daß Selbständige den anderen Gruppen gegenüberstehen. Diese sind
eher für Steuererhöhungen, jene eher für Ausgabenkürzungen. Bemerkenswert ist die unterschiedliche Einstellung von Angestellten und Beamten. Zwei Schlußfolgerungen ziehe ich aus dieser
Analyse. Erstens ist das Problem staatlicher Intervention eine
Sachfrage, die das Elektorat (ich verallgemeinere das Ergebnis auf alle Wahlberechtigten) nach Klassen spaltet. Diese ist
die dominante Konfliktstruktur. Zweitens gibt es eine signifikante Differenzierung unter den abhängig Beschäftigten, nämlich
zwischen Angestellten und Beamten. Es kann keine Rede davon
sein, daß die unteren Beamten sich mit einem Teil der Arbeiterschaft zusammenschließen und zum Beispiel gegen den Wohlfahrtsstaat protestieren könnten.

Auch die folgende Analyse leidet darunter, daß Fragen nicht in
gleicher Formulierung wiederholt worden sind. Allerdings halte
ich die Unterschiede für nicht so gravierend wie im ersten
Falle. Es geht bei den Ergebnissen in Tabelle 39 um die Gerech-
----

Tabelle 39 Einstellung zu Steuergerechtigkeit[1]

	1958[2]	1973[3]	1978[3]
	%	%	%
Gerecht	27	41	63
Ungerecht	73	59	37

1) Antworten von berufstätigen Befragten
2) Steuern ungerecht verteilt?
3) In Steuersachen ungerecht behandelt?
Quelle: Herz 1983 b

tigkeit des Steuersystems. Steuern sind die wichtigsten Ein-
nahmequellen des Staates und dienen u.a. zur Finanzierung der
sozialen Ausgaben. Ihre Höhe und die Beurteilung der Gerechtigkeit der verteilten Lasten trägt sicherlich zu größerer oder
geringerer Legitimität von Staatsintervention bei. Die Fragen
in den Untersuchungen aus den Jahren 1973 und 1978 sind in
der gleichen Weise formuliert und betreffen das Gefühl, in
Steuersachen gerecht behandelt zu werden. 1958 wurde dagegen
gefragt, ob die Steuern gerecht verteilt seien. Entgegen einer
allgemein verbreiteten Annahme nimmt das Gefühl, es herrsche
im Steuersystem Gerechtigkeit, von 1959 über 1973 bis 1978
zu. Wie ist das möglich angesichts der gestiegenen Steuern
und Sozialabgaben? Gerade weil diese Ausgaben gestiegen sind,
hat man zunehmend das Gefühl, alle seien in der gleichen Weise
betroffen. Die sozialen Sicherungssysteme sind nicht selektiv,
sondern schließen bald alle Bevölkerungsgruppen ein, während
die Beiträge, sei es in Form von Steuern oder Sozialabgaben,
sich nach der Einkommenshöhe richten. Sichtbar wird die Steuer-
last z.B. auch beim Benzin, und da sehr viele Haushalte ein
Auto besitzen, werden sie alle durch die Benzinsteuer in Mit-
leidenschaft gezogen. Natürlich gibt es auch andere Quellen
dieser veränderten Sichtweise, z.B. die Einführung der elek-
tronischen Datenverarbeitung bei der Berechnung des Lohn- und
Einkommensteuerjahresausgleiches, die bessere Ausstattung der
Finanzämter mit Personal etc.. Aber darum geht es hier nicht
in erster Linie, sondern: wie beurteilen die Berufsgruppen diese
Frage? Wieder habe ich die Antworten der berufstätigen Befragten nach ihrer Stellung im Beruf aufgegliedert. In diesem
Falle sind die Resultate der Analyse komplizierter als beim
vorigen Test, denn die Stellung der Berufsgruppen ändert sich
von einem Zeitpunkt zum anderen. Die Koeffizienten in Tabelle
40 sind erneut als Abweichungen von einem über alle Gruppen und
alle Zeitpunkte gebildeten Gesamtdurchschnitt zu interpretieren. Positive Koeffizienten bedeuten eine Abweichung vom Gesamtdurchschnitt in der Richtung eines noch stärker ausgepräg-

Tabelle 40 <u>Einstellung zur Steuergerechtigkeit in Abhängigkeit
vom Beruf</u>

Logit-Koeffizienten für <u>ungerechte Behandlung/Verteilung</u>

1958	.61	Arbeiter	.36
1973	.14	Angestellte	.13
1978	- .75	Beamte	- .60
		Selbständige	.21
		Landwirte	- .10

	1958	1973	1978
Arbeiter	- .21	.14	.07
Angestellte	- .25	.01	.24
Beamte	.08	- .02	- .07
Selbständige	.18	- .22	.04
Landwirte	.20	.09	- .28

Quelle: Herz 1983 b

----

ten Gefühls der Ungerechtigkeit, während negative Koeffizienten
eine weniger negative Beurteilung als der Gesamtdurchschnitt indizieren. Die Angaben in Tabelle 40 zeigen zunächst, daß die
Einstellung mit der Zeit positiver geworden ist. Die Berufsgruppen stehen in einer ungewohnten Beziehung zueinander. Das größte
Vertrauen in die Gerechtigkeit des Steuersystems haben die Beamten, gefolgt von den Landwirten, während die Angestellten eine
eher ins Negative abweichende Meinung haben, die bei den Selbständigen und bei den Arbeitern noch stärker ausgeprägt ist. Diese Zahlen stellen allerdings nur einen Durchschnitt aus zeitlichen Veränderungen, die berufsspezifisch erfolgt sind, dar.
Die Beamten behalten über diesen 20-jährigen Zeitraum ihre
positive Einstellung bei. Die Landwirte dagegen änderten ihre
Einstellung von einer anfänglich skeptischen zu einer positiven. Bei den Selbständigen ist eine ähnliche Änderung zwischen
1958 und 1973 zu beobachten, aber zwischen 1973 und 1978 wandelt sich ihre Beurteilung der Gerechtigkeit wieder ins Negative.

Die Angestellten und die Arbeiter bewegen sich von einer zunächst recht positiven Beurteilung des Steuersystems in einer skeptischen Richtung. Diese Änderung ist bei den Erstgenannten größer als bei den Arbeitern, so daß man hier von einer Annäherung der Standpunkte sprechen kann. Diese Ergebnisse sind von der tatsächlichen Struktur des Steuersystems, von der Einkommenshöhe und von der Stellung der Berufsgruppen in Relation zum Staat her zu interpretieren. Die stark abweichende Beurteilung der Beamten ist sicherlich auf ihre Identifikation mit dem Staat, der ihr Arbeitgeber ist, zurückzuführen. Sie verwalten die Mittel, die durch Steuern aufgebracht werden; ihr Stand ist es, der sich einen Vorwurf des Nicht-gerecht-Handelns gefallen lassen muß. Es ist deshalb verständlich, wenn sie an die Gerechtigkeit des Steuersystems glauben. Die Einstellung der Landwirte kann man analog interpretieren. Sie haben eine ganze Anzahl Vergünstigungen durch das Steuersystem. Das geht soweit, daß die Öffentlichkeit mehrmals davon Notiz genommen hat; in den Massenmedien ist der Tatbestand kritisch gewürdigt worden. Dagegen können sich Landwirte nur verteidigen, wenn sie den Glauben an die Gerechtigkeit des Steuersystems aufrechterhalten. Die Selbständigen haben durch die Höhe ihrer Einkommen und die Art der Einkommenserzielung mehr Möglichkeiten, das Steuerrecht auszunutzen als andere Erwerbstätige. Bei den Arbeitern und Angestellten wäre es denkbar, daß die Einkommenserhöhung sie in Steuerklassen gebracht hat, in denen die Belastungen ihnen überproportional erscheinen. Diese Annäherung der Arbeiter und Angestellten mag man im Sinne WILENSKYs interpretieren. Ich halte aber den großen Unterschied zwischen Beamten und Angestellten für das wichtigere Ergebnis. Es zeigt, daß mit dem Wachstum des Wohlfahrtsstaates eine Differenzierung innerhalb des neuen Mittelstandes stattfindet. Vermutlich wird jede Partei, sei sie links oder rechts, die Beamten auf ihre Seite bekommen, wenn sie eine Stärkung des Staates in Aussicht stellt. Das ist ein weiterer Hinweis darauf, daß die Wendung der Beamten zur Sozialdemokratischen Partei nicht als Ausdruck

eines Arbeitnehmerbewußtseins interpretiert werden darf. Im
übrigen bestätigen Analysen britischer und dänischer Umfragen
die obigen Ergebnisse (HERZ 1983 b).

Keines der hier vorgetragenen Ergebnisse stützt die These
WILENSKYs. Der Steuer- und Sozialstaat belebt offenbar eine
traditionelle Konfliktdimension des deutschen Parteiensystems.
Diejenigen, die in einem Loyalitätsverhältnis zum Staat stehen -
es geht ihnen nicht primär um "Profit" - haben auch eine andere Einstellung zur staatlichen Aktivität als andere Gruppen.
Darin könnte man eine Bestätigung der These LADDs sehen.

Im Zusammenhang mit der Analyse von Versorgungsklassen (Abschnitt 5.2.5) hatte ich auf die besondere Stellung der Rentner
hingewiesen. Sie haben nicht nur ihre vom Staat abhängige Stellung gemeinsam, sondern auch das Alter. Die Mehrheit unter den
älteren Menschen (über 65-jährigen) ist weiblich. Sie befinden
sich nicht nur in einer gemeinsamen ökonomischen Lage, sondern
teilen auch Eigenschaften, die für die Bildung von Standesgruppen relevant sind. Das zahlenmäßige Gewicht der älteren Menschen (1950 betrug der Anteil der über 65-jährigen an der Bevölkerung 9,4 %, 1975 14,3 %; BALLERSTEDT und GLATZER 1979, 349)
hat zugenommen und ihre politische Bedeutung ist mit den Schwierigkeiten, die Finanzierung der Alterspensionen zu sichern, gestiegen. Diese sind aber erst seit 1976 der Öffentlichkeit
sichtbar geworden. Hat das zu einer politisch relevanten Gruppenbildung geführt? Jüngst haben PLUM und SCHLEUSENER (1981) das
politische Verhalten in Abhängigkeit vom Alter untersucht. Sie
stellen fest, daß mit steigendem Alter die Form der politischen
Teilnahme sich ändert. Aktive Beteiligung ist unter älteren
Menschen weniger häufig als unter jüngeren. Das könnte einmal
auf die unterschiedliche Stellung im Lebenszyklus, zum anderen
aber auch auf die Tatsache, daß jene unter anderen historischen
Bedingungen sozialisiert und politisch reif geworden sind als
diese, zurückgeführt werden. Nach PLUM und SCHLEUSENER (1981)

haben die letztgenannten Ursachen ein stärkeres Gewicht als die erstgenannten. Die geringere Neigung zu ungewöhnlichen Partizipationsformen (z.B. Teilnahme an Bürgerinitiativen), die sie unter älteren Menschen beobachten, kann also ein Phänomen sein, das mit dem Generationenwechsel an Bedeutung verliert. Trotzdem erscheint ein Ergebnis ihrer Studie, nämlich die geringere aktive Partizipation der Älteren im Vergleich zu den Jüngeren, plausibel. Sie hängt mit der Abnahme der Interaktionsdichte zusammen, die der Wechsel von Positionen im Lebenszyklus mit sich bringt. Ist diese Erklärung schlüssig? Ich glaube nicht. Um diese Zweifel zu begründen, werde ich mit einem Beispiel anfangen. Der stärkste Protest gegen Kürzungen im Sozialbereich, den man in der Bundesrepublik bis zum Regierungswechsel 1982 beobachten konnte, galt der Verschiebung des Termins für die Erhöhung der Renten 1976. In diesem Fall hat also genau diejenige Gruppe, die ich als die "Versorgungsklasse" par excellence beschrieben habe, auf Handlungen des Staates reagiert. Sie hat sich im Jahre 1982 auch erfolgreich gegen Kürzungen des sogenannten Taschengeldes für Heimbewohner zur Wehr gesetzt. Unterstützt und verstärkt werden solche Reaktionen durch die verschiedenen Wohlfahrtsverbände, die u.a. die Interessen der Rentner vertreten. Die Aussage ALBERs (1982), wonach die Rentner aufgrund der engen Beziehung zwischen Höhe der Renten und der Einkommenshöhe zur Zeit der aktiven Erwerbstätigkeit sich eher mit den Erwerbstätigen ihres ökonomischen Status als mit ihresgleichen solidarisieren müßten, stimmt also nicht ganz. Auch die obige Interpretation von PLUM und SCHLEUSENER muß präzisiert werden. Eine solche Präzisierung kann über das Rollenkonzept erfolgen. PAPPI hat, wie ich oben dargestellt habe, auf die zunehmende Bedeutung von Übergangsrollen (transitorische Rollen) und den gleichzeitigen Bedeutungsverlust der Berufsrolle hingewiesen (PAPPI 1977, 406 - 413). Kennzeichnend für jene Rollen ist ihre zeitliche Befristung und ihre diffuse, nicht institutionalisierte Ausprägung. Rollen verdanken ihre verhaltenssteuernde Kraft den Erwartungen, die der Rolleninhaber inter-

nalisiert hat und die die Interaktionspartner des Rolleninhabers
an ihn herantragen. Gleichzeitig hegt dieser Erwartungen gegenüber jenen. Für die hier in Betracht kommenden Rollen wie die
des Pensionärs, des Studenten, des Schülers, des Arbeitslosen,
ist die Bezeichnung "totale Rolle", die ALLERBECK zur Charakteri-
sierung der studentischen Rollen vorgeschlagen hat, geeignet
(ALLERBECK 1973, 221 - 222). Eine totale Rolle schließt im Grenz-
falle alle anderen Rollen aus, umfaßt also die "ganze Person".
Dafür sind die Erwartungen an den Inhaber vage, die Interaktionspartner unbestimmt und die Sanktionen dementsprechend kaum
verhaltensbestimmend. Personen, die solche Rollen inne haben,
werden bereit sein, ganz verschiedene politische Ziele zu verfolgen. Sie sind auch eher mobilisierbar als Menschen, die den
Pflichten institutionalisierter Rollenmuster unterliegen. Damit
liegt es nahe anzunehmen, daß diese Übergangsrollen nicht zu
stabilen Konfliktstrukturen führen. Damit scheint OFFEs (1969)
Hypothese sich schließlich zu bestätigen. Es ist aber nicht die
staatliche Fürsorge, die eine dämpfende Wirkung auf die politischen Konflikte ausübt, sondern die Struktur der Rollen und
die Verlagerung des Zeitbudgets von einem Typus auf einen anderen Typus. Das bedeutet jedoch nicht, daß die berufliche Tätigkeit politisch weniger wichtig wird - im Gegenteil. Verringerung der Arbeitszeit, Teilzeitbeschäftigung, Arbeitslosigkeit,
Verteilung der vorhandenen Arbeit auf möglichst vielen Köpfen
(vgl. Abschnitt 5.2.1) - all dies macht aus der Selbstverständlichkeit der Erwerbstätigkeit ein Problem. Arbeit wird noch
wichtiger als sie es bisher war. Daraus folgt, daß politische
Konflikte, die an die Berufsrolle geknüpft sind, ihre Relevanz
mit der Zeit nicht verlieren werden. Darüber hinaus ist politischer Konflikt, der auf Klasseninteressen basiert, nicht aus-
schließlich vom Beruf, sondern auch vom Eigentum bestimmt und
seine Rolle nimmt ja keinesfalls ab.

Zum Schluß werde ich auf die Wertwandelstheorie und, damit zu-
sammenhängend, auf einige neue Tendenzen im Wählerverhalten in

der Bundesrepublik eingehen. Werte sind, wie ich in Abschnitt
4.6 dargestellt habe, Vorstellungen des Wünschenswerten, die die
Wahl von Handlungsarten und Handlungszielen beeinflussen
(KLUCKHOHN 1962, 395). Werte werden, so die Wertwandelstheorie,
im Jugendalter internalisiert. Menschen halten deshalb das ganze
Leben an ihnen fest. Durch den Wechsel der Generationen findet
ein Wandel der Werte statt. Welche Werte internalisiert werden
und die höchste Priorität erhalten, hängt von der Befriedigung
von Bedürfnissen ab. Die Werte sind eng an Bedürfnissen gekoppelt. Diese sind hierarchisch geordnet und reichen von den
physiologischen Bedürfnissen mit höchster Priorität über die
Sicherheitsbedürfnisse, das Bedürfnis nach Liebe und Zusammen-
gehörigkeit und nach Achtung bis zum Bedürfnis nach Selbstverwirklichung (MASLOW 1954, 80 - 106). Da die heute älteren Generationen in einer Zeit aufwuchsen, die ihnen eine Befriedigung ihrer materiellen Bedürfnisse (die physiologischen und
Sicherheitsbedürfnisse) nicht erlaubt haben, sehen sie im Materiellen das Erstrebenswerte. Dagegen konnten die jüngsten Generationen in wirtschaftlich gutgehenden Zeiten aufwachsen, haben diese Bedürfnisse befriedigen können und sich deshalb den
nicht-materiellen Werten zugewandt.

Die Theorie macht folgende Annahmen:

1. Es besteht eine Bedürfnishierarchie,

2. Werte können aus Bedürfnissen abgeleitet werden,

3. Werte werden im Jugendalter internalisiert und die Hierarchie
bleibt über das ganze Leben erhalten,

4. der materielle Lebensstandard ist der wichtigste Faktor bei
der Bildung und Veränderung der hier zur Diskussion stehenden
Werte.

Ich halte von dieser von INGLEHART (1971; 1977) entwickelten
Theorie wenig. Sie ist argumentativ nicht untermauert und empirisch hält sie nicht stand.

Werte sind nicht nur in den Individuen und ihren Bedürfnissen
verankert, sondern sie sind Teil der Kultur. Es geht hier nicht
um Persönlichkeitseigenschaften, sondern um gesellschaftliche
Werte. Man könnte auch sagen: erstrebenswerte Zustände gesellschaftlicher Organisation. Wenn wir von Erfolg, Reichtum und
Ansehen als zentrale Werte der amerikanischen Gesellschaft, als
Inbegriff des amerikanischen Traums, sprechen, dann meinen wir
nicht bloß den Wunsch einzelner Personen nach viel Geld und
Ruhm, sondern die Institutionalisierung dieser Werte in den ver-
schiedenen Bereichen der amerikanischen Gesellschaft. Sie werden
dort nicht nur in den direkten Handlungen und Äußerungen der
Menschen sichtbar. Vielmehr wird die Institutionalisierung auf
symbolische Weise gestützt, z.B. durch die Werbung, die Literatur, die Massenmedien etc.. Man kann nicht, und hier liegt ein
Fehler INGLEHARTs, Werte aus den angeblichen Bedürfnissen von
Menschen ableiten. Abgesehen davon gibt es Bedenken gegen die
Bedürfnishierarchie MASLOWs (vgl. HERZ 1979 a). Der zweite Fehler
ist eine direkte Folge aus dem ersten. Gesellschaften sind in
verschiedene Subsysteme gegliedert. In der Politik gelten andere Werte als im ökonomischen Bereich und diese beiden Subsysteme sind anderen Werten unterworfen als der Freundeskreis
oder die Familie. Man kann zwar Humanität und Solidarität als
oberstes Prinzip wirtschaftlichen Handelns fordern, gerät dann
aber in Konflikt mit den bestehenden Werten der Produktivität
und ökonomischen Rationalität. Partizipation und Mitbestimmung
sollten im politischen Bereich noch stärker als bisher durchgesetzt werden, meinen viele, würden aber mit dem Gebot effekti-
ver Entscheidungen konkurrieren. Für die Subsysteme der Gesellschaft gelten also jeweils andere Werte und man kann sie
nicht auf nur eine Dimension, sei es die materialistische-post-
materialistische oder eine andere reduzieren. Der dritte Fehler
liegt in der impliziten Annahme der Theorie, die postmateriellen Werte stellten etwas grundsätzlich Neues dar. Unsere Vorvä-
ter hätten, so könnte man die Theorie überspitzt formulieren,
in ihrer großen Mehrheit materielle Werte, die Produktion von

Gütern und das Streben nach Wohlstand vor Augen gehabt, während
erst die Nachkriegsgeneration sich den menschlichen Dingen zugewandt hätten. Wenn man jedoch bedenkt, welche Entbehrungen unsere Eltern und deren Eltern auf sich genommen haben, um ihren Kindern ein besseres Dasein zu verschaffen, dann wird die Abfolge:
damals materielle, heute postmaterielle Werte, fragwürdig. Das
unter Juden hoch geschätzte Lernen oder das unter Beamten geltende Standesethos, beides für die jeweilige Gruppe viel wichtiger als materielle Dinge, läßt sich in diese Theorie nicht
pressen.

Neben diesen theoretischen Einwänden, die hier nur in Kürze wiedergegeben wurden (vgl. ausführlicher HERZ 1979 b; 1983 a) sprechen auch empirisch gestützte Fakten gegen die Theorie. Eine Analyse von Umfragen, in denen Wertprioritäten von repräsentativen
Bevölkerungsquerschnitten aus neun Ländern 1973 erhoben worden
waren, ergab nicht nur eine Rangordnung von Werten. Die Struktur der Werte in den Köpfen der Befragten ist mehrdimensional
(HERZ 1979 b). Auf der Grundlage dieser Ergebnisse und unter Bezugnahme auf politische, soziale und ökonomische Entwicklungen
lassen sich fünf Wertebereiche isolieren, die ich wie folgt genannt habe: Sicherheit, Partizipation, Prosperität, Solidarität
und Ökologie (vgl. HERZ 1983 a). Die Begriffe werden im folgenden
erläutert. Eine Analyse dieser fünf Werte auf der Basis von Umfragen aus acht Ländern zeigt, daß nur zwei von Ihnen die als
grundlegend postulierte Beziehung zu Alter aufweisen: Sicherheit und Partizipation. Der erste Wert umfaßt eine hohe
Bevorzugung innen- und außenpolitischer (nicht: sozialer)
Sicherheit, der zweite eine hohe Bewertung von Beteiligung an
politischen und betrieblichen Entscheidungen. Je älter die Befragten desto höheren Wert legen sie auf Sicherheit. Genau umgekehrt verhält es sich bei Partizipation. Man kann den Unterschied zwischen Altersgruppen auf zwei Ursachen zurückführen:
auf unterschiedliche Rollen im Lebenszyklus und auf sozialisa-
tionsbedingte Generationseffekte. Nur der letztgenannte Fall

entspricht der Theorie. Nun zeigt sich folgendes: unter Befragten mit einer höheren Schulbildung sind die Altersunterschiede
deutlich stärker als unter Befragten mit nur mittlerer Schulbildung und dort wiederum stärker als unter den Befragten mit
nur Pflichtschulbildung. Das bedeutet, daß im Falle von Sicherheit und Partizipation wir es mit gesellschaftlichen Werten zu
tun haben, die sich nach dem Prinzip des Generationenwechsels
verändern. Die jeweils herrschenden Werte werden internalisiert,
je länger man zur Schule geht um so erfolgreicher. Es ist auch
plausibel, diese beiden Werte und ihre Veränderung auf den Generationenwechsel zurückzuführen. Ältere Menschen haben eine
politisch unsichere und turbulente Vergangenheit gehabt. Einige haben beide Weltkriege, viele den zweiten erlebt. Die Zwi-
schenkriegszeit war auch in vielen Ländern unruhig. Die jüngeren Generationen haben dagegen in Frieden aufwachsen können,
der erst in jüngster Zeit wieder gefährdet erscheint. Partizipation dagegen ist ein Konzept mit einem ständig sich ausweiten-
den Einzugsbereich. Der Kampf um das gleiche und allgemeine
Wahlrecht war ein Kampf um Partizipation. Nach dem Zweiten Weltkrieg hat sich in der Bundesrepublik sogar die CDU für die Mitbestimmung in den Betrieben eingesetzt. Der Slogan "Demokratisierung aller Lebensbereiche" hat sich in den sechziger Jahren
durchgesetzt. Neben Politik und Wirtschaft, die verschiedene
Formen der Mitbestimmung kennen, wäre der familiäre und schu-
lische Bereich zu nennen. In beiden hat ebenfalls eine Demokratisierung stattgefunden. Was also für die ältere Generation
durchaus problematisch sein kann, ist für die jüngeren Menschen
eine Selbstverständlichkeit. Betrachtet man diese Wandlungen
auf dem Hintergrund der Wertwandelstheorie wird deutlich, daß
es nicht ökonomische, sondern politische Faktoren sind, die die
Veränderungen hervorgerufen haben. Im Gegensatz zu den behandelten Werten zeigen Prosperität und Solidarität keine lineare Beziehung zum Alter. Unter Prosperität verstehe ich eine hohe
Bewertung von wirtschaftlichem Wachstum und einer stabilen
Wirtschaft. Solidarität bezieht sich auf die zwischenmensch-

lichen Beziehungen (humane Gesellschaft, Ideen sollen statt Geld
zählen). Die mittleren Altersgruppen geben dem ökonomischen Wert
eine höhere Priorität als die älteren und jüngeren Jahrgänge;
umgekehrt ist es im Falle der Solidarität. Auch dieses Ergebnis ist plausibel. Die Stellung im Lebenszyklus beeinflußt hier
die Wertprioritäten. Jemand, der verheiratet ist und Kinder hat,
wird stärker von der wirtschaftlichen Lage abhängig sein als
Personen, die noch nicht oder nicht mehr erwerbstätig sind und/
oder eine Familie zu ernähren haben. Umgekehrt sind zwischen-
menschliche Beziehungen gerade für diese Menschen wichtig, während für diejenigen, die Frau und Kinder haben, Solidarität eine
Selbstverständlichkeit ist.Der fünfte Wert (Ökologie), der eine
Priorität für die Umwelt erfaßt, weist keine Beziehung zum Alter auf. Diese Ergebnisse bedeuten, daß der pauschale Begriff
der postmateriellen Werte nichts erklärt und für eine Prognose
über künftige neue Konfliktstrukturen untauglich ist - und mag
man noch suggerieren, MASLOW selbst habe den Wahlerfolg der
SPD und FDP 1972 positiv und im Sinne der Wertwandelstheorie
kommentiert (s. BARING 1982, 507). Eine Erklärung neuer Konfliktstrukturen, die den Generationenwechsel als ursächlich an-
nimmt, muß sich vorläufig auf die beiden oben genannten Werte
Partizipation und Sicherheit beschränken. Da die anderen beiden Werte sich aufgrund der Lebenszyklusstellung verändern,
sollten von ihnen keine Impulse zu politischem Wandel ausgehen.

Die Differenzierung von fünf Wertbereichen mit jeweils verschiedener Beziehung zur Altersvariablen stellt die Analyse
von BAKER et al. (1981) in Frage. Die Autoren unterscheiden
zwischen einer "alten" Politik, die für die Bundesrepublik
bis 1969 - 1972 charakteristisch gewesen sei, die jedoch allmählich von einer "neuen" Politik abgelöst werde. Wie ich dargestellt habe, messen sie dem Postmaterialismus und dem Generationenwechsel eine erhebliche Bedeutung beim Wandel von
der "alten" zur "neuen" Politik zu. Wie Menschen die Alterna-

tiven in dem "alten" Politikbereich beurteilen, messen sie an
dem Interesse (!?) an Preisstabilität und Alterssicherung, während die Standpunkte zu der "neuen" Politik am Interesse an guten Beziehungen zu den Vereinigten Staaten und an der Bildungspolitik erfaßt werden (BAKER et al. 1981, 145 - 146). Im Lichte
meiner Ergebnisse spricht vieles dafür, daß unterschiedliche
Reaktionen von jüngeren und älteren Menschen gegenüber den beiden erstgenannten Fragen auf die Stellung im Lebenszyklus zurückzuführen sind. Dagegen sind altersbedingte Reaktionen auf
die zuletztgenannten Indikatoren vermutlich eine Folge histo-
risch-spezifischer Sozialisationsbedingungen. Hier werden also
zwei voneinander unabhängige Prozesse miteinander vermengt.
BAKER et al. können nur falsche Schlußfolgerungen über neue
Konfliktstrukturen ziehen.

Um genauer über die Beziehung zwischen den von mir unterschiedenen Werten und der sozialen Struktur und dem Parteiensystem
urteilen zu können, habe ich jene mit dem Wahlverhalten bei
der Bundestagswahl 1972 und mit der Klassenposition korreliert.
Die Ergebnisse sollen zum Schluß dargestellt werden. Prosperität und Ökologie sind nicht in der Klassen- und Schichtstruktur
verankert. Die Bewertung von wirtschaftlichem Wachstum und ökonomischer Stabilität sowie von Umweltfragen hängt nicht von der
Stellung in der Klassenstruktur ab. Wie die obige Darstellung
gezeigt hat, weist Ökologie keine Beziehung zum Alter auf,
während Prosperität von der Stellung im Lebenszyklus abhängt
und sich nicht nach dem Modell des Generationenwechsels wandelt. Es zeigt sich auch, daß die beiden Wertbereiche keine
Beziehung zu dem Wahlverhalten aufweisen. Diese schwache Arti-
kulation zwischen den beiden Wertbereichen einerseits und der
sozialen und politischen Struktur andererseits kann sich seit
der hier analysierten Untersuchung gewandelt haben. Die Erhebung fand Ende 1974 statt, d.h. ein Jahr nach dem ersten sogenannten Ölpreisschock, der die wirtschaftlichen Turbulenzen
einleitete. Die ideologisch-politischen Gegensätze (hie Forderungen nach erhöhten Investitionen zur Förderung des Wirt-

schaftswachstums, dort Ansprüche auf Umweltschutz, geringeres
Wachstum etc.) haben sich damals in der Bevölkerung nur zum
Teil so manifestiert. Zwar ist die Korrelation zwischen den
Werten negativ (je höher die Bewertung von Wachstum und ökonomischer Stabilität, desto niedriger die Bewertung von Umweltfragen und umgekehrt), aber diese Korrelation ist schwach (r = -.24).
Seit der Durchführung dieser Umfrage kann man eine Politisierung
von Umweltfragen und der Probleme des Wirtschaftswachstums
beobachten. Zur Aktualität der letztgenannten trägt auch die
Arbeitslosigkeit bei. Jedoch: aufgrund der nicht existenten Beziehung zwischen dem Wert Wachstum und Stabilität einerseits
und der Klassenposition bzw. der Parteiorientierung andererseits ist es nicht zu erwarten, daß hierdurch neue politische
Konfliktstrukturen entstehen. Ökologische Fragen haben dagegen
Jugendliche mit hoher Bildung für die sogenannten Grünen mobili-
siert. Hier könnte man am ehesten von einer neuen Konfliktstruktur sprechen, obwohl zweierlei berücksichtigt werden muß: die
nur kurze Zeit,während der die Grünen existieren und die noch
mageren Informationen über die Ziele dieser Bewegung.

Zwei Werte weisen deutliche Verankerung in der Sozialstruktur
auf und sind außerdem mit den politischen Orientierungen der
Wähler verbunden: Partizipation und Sicherheit. Die Selbständigen einschließlich der Landwirte stufen Beteiligung niedrig
ein, im Gegensatz zu den Angestellten und Beamten. Die Arbeiter bewerten politische und wirtschaftliche Mitbestimmung
durchschnittlich ein. Die obige Darstellung hat auch gezeigt,
daß es jüngere Altersgruppen und Personen mit höherer Bildung
sind, die dem Wert Partizipation einer hohen Priorität zuweisen. Wer diesen Wert hoch einschätzt, tendiert eher zur SPD,
wer ihm keine große Bedeutung beimißt eher zur CDU/CSU und zur
FDP. Der Wert Sicherheit - militärische Sicherheit, innere
Sicherheit - wird von Arbeitern und Landwirten hoch bewertet, niedrig dagegen von Angestellten und Beamten. Die Selbständigen (außer Landwirten) nehmen gegenüber diesem Wert eine

mittlere Position ein. Mit zunehmender Betonung des Wertes
Sicherheit nimmt der Anteil derer zu, die bei der Wahl 1972
CDU/CSU wählten. Umgekehrt verhält es sich mit dem Anteil SPD-
Wähler. An diesen Beziehungen fällt die Stellung der Arbeiter
auf. Auf der Ebene der Werte stimmt ihre Position nicht mit
der "ihrer" Partei überein. Die SPD hat ja durch ihre Politik Forderungen nach Mitbestimmung im Betrieb artikuliert,
sie hat "mehr Demokratie wagen" wollen, sie hat eine Detente
mit den kommunistischen Staaten forciert, während die CDU/CSU
sich allen diesen Forderungen gegenüber ablehnend oder skep-
tisch gezeigt hat. Insofern sind die Sympathien der Wähler,
die die Werte Partizipation und Sicherheit in unterschiedlicher Weise bewerten, in ihrer Tendenz korrekt. Nur werden
dadurch nicht die traditionellen SPD-Wähler (die Arbeiter)
an diese Partei gebunden, sondern die Angestellten und Beamten. Diese beiden Werte binden dagegen die traditionellen
CDU/CSU-Wähler (die Selbständigen und die Landwirte) an diese
Partei. Oben habe ich dargelegt, daß die Werte Partizipation
und Sicherheit wahrscheinlich einem Wandel unterliegen, der
dem Modell des Generationenwechsels entspricht. Das bedeutet
nun, daß der Wertwandel innerhalb des bestehenden Parteiensystems
verläuft. Der langfristige Trend könnte der SPD zugute kommen.
Allerdings wäre dies mit einer Umorientierung der Arbeiter
zur CDU/CSU in Kauf zu nehmen, nämlich dann, wenn das Gewicht
der Angestellten und Beamten innerhalb der SPD wächst und die
Fraktion innerhalb der Partei sich durchsetzt, die mit der
Friedensbewegung und mit den Grünen sympathisiert. Diese Prognose, das muß hier betont werden, beruht auf einer recht schmalen
Datenbasis. Darüber hinaus sind zwei Faktoren zu berücksichtigen.
Erstens konnte bei dieser Analyse die Rolle der Staatsintervention, eine seit der Bundestagswahl 1976 politisierte Frage,
nicht behandelt werden. Die SPD wird mit der sozialen Sicherung
versuchen, die Arbeiter bei der Stange zu halten. Des weiteren
ist die Aktualität von Partizipation heute gering. Die Mitbestimmungsfrage wird auf absehbare Zeit nicht wieder zur Dis-

kussion gestellt werden. Deshalb ist kaum damit zu rechnen,
daß dieser Wert einen Einfluß auf die politischen Konfliktstrukturen ausübt.

Der Wert Solidarität (die Ablehnung einer materialistischen
zugunsten einer menschlichen Gesellschaft) wird von den Selbständigen und Angestellten und Beamten hoch, von den Arbeitern
und Landwirten niedrig bewertet. Dieser Wert, darauf habe ich
oben hingewiesen, unterliegt nicht dem Modell des Generationenwechsels, sondern ist von der Stellung im Lebenszyklus abhängig. Wenn man die politischen Auseinandersetzungen der Nachkriegszeit betrachtet, ist dieser Wert nie politisiert gewesen. Es gibt wohl keine politische Sachfrage, die sich unter
diesem Wert subsumieren ließe. Deshalb ist auch die Beziehung
zu dem Wahlverhalten schwach. Es gibt eine leichte Tendenz zu
einem höheren CDU/CSU- und FDP-Anteil unter denjenigen Befragten, die den Wert der Solidarität hoch einstufen. Als Motor
des politischen Wandels erweist sich auch dieser Wert als nicht
relevant. Als Fazit bleibt nur festzustellen: "plus cela change,
plus c'est la même chose".

8. Anmerkungen

1) Um den Gini-Koeffizienten zu berechnen, schichtet man die
   Haushalte nach der Höhe ihres Einkommens, von dem niedrigsten bis zu dem höchsten. Es läßt sich nun berechnen, wie
   groß der Anteil am Gesamteinkommen ist, den die untersten 10 %,
   20 %... der Haushalte verdienen. Graphisch ergibt sich folgendes
   Bild:

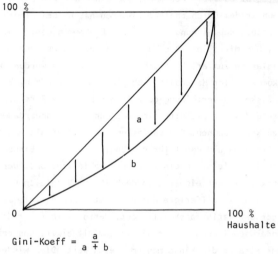

Einkommen 100 %

0   100 %
                                                    Haushalte

Gini-Koeff = $\dfrac{a}{a + b}$

Falls 10 % der Bevölkerung 10 %, 20 % der Bevölkerung 20 %
des Gesamteinkommens verdienen etc., sind die Einkommen gleich
verteilt. Es ergibt sich die von links unten nach rechts oben
verlaufende Gerade. Je ungleicher die Einkommen verteilt sind,
desto mehr weicht die Kurve von der Geraden ab, d.h. desto
größer ist die schraffierte Fläche a im Verhältnis zum unteren Dreieck (a + b). Dieser Quotient wird auch Gini-Koeffizient genannt. Je niedriger sein Wert, desto weniger ungleich sind die Einkommen verteilt und umgekehrt (zu den statistischen Problemen verschiedener Ungleichheitsmaße siehe
ATKINSON 1973).

2) Der Variationskoeffizient ist die Standardabweichung einer
Verteilung, ausgedrückt in Prozent des arithmetischen Mittels
der Verteilung.

Die Standardabweichung ist ein Maß für die Streuung um den
Mittelwert. Ein monatliches Durchschnittseinkommen von
DM 896,- sagt ja nichts darüber aus, wieviele Personen ein
davon abweichendes Einkommen haben. Ist die Standardabweichung
groß, gibt es viele Personen, die Einkommen erheblich über
und unter dem Durchschnittseinkommen haben. Bei einer geringen Standardabweichung weichen die Einkommen wenig vom arithmetischen Mittel ab. Der Wert der Standardabweichung muß immer
in Relation zum arithmetischen Mittel gesehen werden. Wenn die
Einkommen aller Haushalte sich gleichmäßig erhöhen, ändert
die Einkommensverteilung ceteris paribus ihre Form nicht,
während das Durchschnittseinkommen und die Standardabweichung
ihren Wert erhöhen. Der Variationskoeffizient als Maß für
die Streuung und damit für die Ungleichheit der Einkommensverteilung bleibt in einem solchen Falle konstant. Der Variationskoeffizient eignet sich deshalb zum Vergleich von Verteilungen mit differierenden arithmetischem Mittel. Je niedriger der Variationskoeffizient, desto kleiner ist die
Standardabweichung im Verhältnis zum Mittelwert und desto
enger streuen die Einkommen um diesen Wert. Dies wiederum
kann als geringere Ungleichheit interpretiert werden (siehe
jedoch ATKINSON 1973).

3) Zur Ermittlung des persönlichen Nettoeinkommens wurde den Befragten eine Karte mit Einkommensklassen - in der Bundesrepublik z.B. - 500, 500 - 750, ... 3000 und mehr - gereicht.
Sie sollten dann angeben, in welche Klasse das persönliche
Einkommen nach Abzug von Steuern und Sozialabgaben falle.
Damit werden in erster Linie die regelmäßigen Einkünfte aus
Erwerbstätigkeit erfaßt. Einkommen aus anderen Quellen werden wohl eher vernachlässigt. Das Einkommen von Selbständigen schwankt oft von Monat zu Monat. Von diesem Einkommen

müssen sie selbst Steuern abführen und Kranken-, Pensions-
versicherungsbeiträge selbst zahlen. Daher ist ihr Einkommen mit großen Unsicherheitsmargen verbunden.

Zur Umrechnung von Angaben in fremder Währung in D-Mark habe
ich nicht die Wechselkurse, sondern die sogenannten Verbrauchergeldparitäten (STATISTISCHES BUNDESAMT 1977) benutzt. Sie
stellen den Versuch dar, aufgrund des Vergleiches der tatsächlichen Lebenskosten Geldwertparitäten zu berechnen. Die
Verbrauchergeldparitäten werden u.a. vom Außenministerium benutzt, um die Gehälter und Zulagen des diplomatischen Dienstes
einigermaßen gerecht berechnen zu können.

In der Bundesrepublik, in den Niederlanden, in Österreich und
in Finnland wurde das persönliche monatliche Nettoeinkommen,
in der Schweiz das monatliche Bruttoeinkommen und in den
Vereinigten Staaten das jährliche Bruttoeinkommen gemessen.
Jahresangaben wurden durch 12 dividiert. Die Unterschiede
zwischen Brutto- und Nettoeinkommen lassen sich nicht neutra-
lisieren.

4) Folgende Geschichte aus den Vereinigten Staaten wird kolpor-
tiert: Beim Arzt bricht ein Rohr und der Keller steht unter
Wasser. Der Klempner kommt, steigt herab und repariert den
Schaden. Nach getaner Arbeit kommt er wieder hinauf und
stellt eine Rechnung aus. Der Arzt schaut auf die Rechnung
und wird blaß. "Ich muß sagen, solche Rechnungen stelle
nicht einmal ich aus!", sagt er schließlich. "Das verstehe
ich", antwortet der Klempner, "das habe ich auch nicht getan als ich Arzt war".

5) DUNCAN führte eine Regressionsanalyse mit Einkommen (X_2)
und Schulbildung (X_3) als Prädiktoren für den sozio-ökonomischen Status (X_1) und mit den 45 Berufsgruppen als Einheiten durch. Resultat:

$$\hat{X}_1 = 0,59 \ X_2 + 0,55 \ X_3 - 6.0$$

(DUNCAN 1961, 124)

6) Die Analyse bezieht sich auf männliche und weibliche voll-
und halbtags Erwerbstätige im Alter 16 - 65. Die Fallzahl
beträgt: D = 990 - 1150, NL = 590 - 640, A = 770 - 900,
USA = 800 - 920, CH = 620 - 760, SF = 750 - 815.

Die Standardabweichungen der jeweiligen Variablen sind in
allen Ländern ähnlich hoch. Die nicht-standardisierten Re-
gressionskoeffizienten entsprechen in ihrer relativen Höhe
den standardisierten.

Quelle: Zentralarchiv-Untersuchung 765

7) Vor dem Richter mußte sich ein Angeklagter wegen Diebstahls
eines Radios verantworten. Er habe, so sagte er, im Kauf-
haus Kopien von irgendwelchen Unterlagen machen wollen. Da
es soviele gewesen seien, habe er nach einem Karton gesucht, in dem er die Kopien habe wegtragen wollen. Er habe
nicht gemerkt, daß in dem Karton sich ein Radio befunden
habe.

8) Die Zahlen in Tabelle 32 könnten durch tatspezifische Dunkelziffern verzerrt sein. Wahrscheinlich ist die Dunkelziffer
bei Unterschlagungen niedriger als bei Kfz-Diebstahl. Das
hätte zur Folge, daß in der amtlichen Statistik weniger Mit-
tel- als Unterschichtangehörige erschienen. Diese Zahlen in
Tabelle 32 können nicht als Indikatoren für die gesamten
(entdeckten und nicht entdeckten) Normbrüche der Schichten
interpretiert werden.

9) Das Ergebnis beruht auf einer kanonischen Korrelationsanalyse. Nur die signifikanten kanonischen Faktoren sind in der
Abbildung 8 enthalten.

10) Die kanonische Korrelationsanalyse der Beurteilung der Wichtigkeit der Probleme ergibt drei signifikante kanonische Faktoren. Der erste bindet 15 %, der zweite 6 % und der dritte
3 % der Varianz. Die Analyse der Einstellung zu staatlichen

Eingriffen ergibt drei signifikante Faktoren, die 11 %, 4 %
und 3 % der Varianz erklären. Die Analyse der Zufriedenheit
ergibt drei signifikante Faktoren (vgl. Abbildung 8), die
jeweils 13 %, 7 % und 3 % der Varianz binden. In Abbildung 8
wurden nur diejenigen Variablen aufgeführt, deren Ladung
auf einem der Faktoren mehr als 0,30 betrug. Der niedrige Anteil erklärter Varianz ist z.T. eine Folge der Linearitäts-
annahme, die dem Verfahren zugrundeliegt. Ich vermute, daß
sich die Anteile erhöhen würden, würde man Interaktionen
zwischen den unabhängigen Variablen erlauben.

11) Der Analyse liegt das sogenannte log-lineare Modell zugrunde
(vgl. z.B. GOODMAN 1972). Benutzt wurde das Programm ECTA.
Die Koeffizienten in den Tabellen 38 und 40 sind sogenannte
logits.

Literatur

Alber, J.: Der Wohlfahrtsstaat in der Krise? Eine Bilanz nach
drei Jahrzehnten Sozialpolitik in der Bundesrepublik, in:
Zeitschrift für Soziologie 1980, 9, 313 - 342

Alber, J.: The emergence of welfare classes in West Germany:
Theoretical perspectives and empirical evidence, vervielfältigtes Ms., San Domenico/Florenz 1982

Allardt, E.: Past and Emerging Political Cleavages, in:
Otto Stammer (Hg.): Party Systems, Party Organizations, and
the Politics of New Masses. Als Manuskript gedruckt.
Berlin 1968, 66 - 74

Allerbeck, K.R.: Soziologie radikaler Studentenbewegungen.
München und Wien 1973

Allerbeck, K.R., und H.R. Stork: Soziale Mobilität in Deutschland 1833 - 1970, in: Kölner Zeitschrift für Soziologie und
Sozialpsychologie 1980, 32, 93 - 110

Aron, R.: Social Class, political class, ruling class, in:
European Journal of Sociology. 1960, 1, 260 - 281

Atkinson, A.B.: On the Measurement of Inequality, in:
A.B. Atkinson (Hg.): Wealth, Income and Inequality,
Harmondsworth 1973, 46 - 68

Autorenkollektiv des Instituts für Marxistische Studien und
Forschungen: Klassen- und Sozialstruktur der BRD 1950 - 1970,
Sozialstatistische Analyse, Bd. 1 u. 2, Frankfurt/M. 1974

Baker, K.L., R.J. Dalton, K. Hildebrandt: Germany Transformed,
Cambridge, Mass. 1981

Ballerstedt, E., W. Glatzer: Soziologischer Almanach, Frank-
furt/M./New York 1979

Baring, A.: Machtwechsel. Die Ära Brandt - Scheel, Stuttgart
1982

Bell, D.: The coming of post-industrial society, New York 1976

Ben-David, J.: The Growth of the professions and the class
structure, in: Bendix R., und S. Lipset (Hg.): Class, status,
and power, London 1967, 459 - 472

Bendix, R.: Max Weber. An Intellectual Portrait, Garden City,
New York 1962

Bendix, R.: Nation-building and citizenship, New York etc. 1964

Bendix, R., and S. Lipset (Ed.): Class, Status, and Power, London 1967

Bendix, R.: Inequality and social stratification: a comparison of Marx and Weber, in: American Sociological Review 1974, 39, 149 - 161

Berger, U. und U. Engfer: Strukturwandel der gesellschaftlichen Arbeit, in: Littek, W., W. Rammert, G. Wachtler (Hg.): Einführung in die Arbeits- und Industriesoziologie, Frankfurt/M./New York 1982, 302 - 324

Bischoff, J.: Die Klassenstruktur der Bundesrepublik Deutschland, Berlin 1976

Blankenburg, E., K. Sessar und W. Steffen: Die Schichtverteilung der (Eigentums- und Vermögens-)Kriminalität: eine Willkür der Instanzen?, in: Kriminologisches Journal 1975, 7, 36 - 47

Blau, P.M., and O.D. Duncan: The American Occupational Structure, New York u.a. 1967

Bolte, K.M., D. Kappe und F. Neidhardt: Soziale Ungleichheit, Opladen 1974

Bottomore, T.B.: Classes in modern society, New York 1966 (Vintage Books)

Boudon, R.: Education, Opportunity, and Social Inequality. Changing Prospects in Western Societies, New York etc. 1974

Bourdieu, P. and L. Boltanski: Changes in the social structure and changes in the demand for education, in: G. Salvador, and M.S. Archer (Hg.): Contemporary Europe, London 1978, 197 - 227

Braithwaite, J.: The myth of social class and criminality reconsidered, in: American Sociological Review 1981, 46, 36 - 57

Bundeskriminalamt (Hg.): Polizeiliche Kriminalstatistik 1980, Wiesbaden 1981

Bundesminister für Bildung und Wissenschaft (Hg.): Grund- und Strukturdaten 1981/1982, Bonn 1981

Bundesrat (Hg.): Sozialbericht 1980, Bonn, Juni 1980 (Drucksache 407/80)

Carlsson G.: Social Mobility and Class Structure, Lund 1958

Claessens, D., A. Klönne, A. Tschoepe: Sozialkunde der Bundesrepublik Deutschland, Düsseldorf/Köln 1978

Cohen A.K.: Kriminelle Jugend, Reinbek/Hamburg 1961

Coser, L.A.: Presidential address: Two methods on search of a substance, in: American Sociological Review 1975, 40, 691 - 700

Coxon, A.P.M., and C.L. Jones: Problems in the Selection of Occupational Titles, in: The Sociological Review 1974, 22, 369 - 384

Dahrendorf, R.: Class and class conflict in industrial society, Stanford, Calif. 1959

Dahrendorf, R.: Über den Ursprung der Ungleichheit unter den Menschen, Tübingen 1961 a

Dahrendorf, R.: Deutsche Richter. Ein Beitrag zur Soziologie der Oberschicht, in: Dahrendorf, R.: Gesellschaft und Freiheit, München 1961 b, 176 - 187

Dahrendorf, R.: Bildung ist Bürgerrecht, Hamburg 1965

Dahrendorf, R.: Gesellschaft und Demokratie in Deutschland, München 1968

Davis, K.: Reply to Tumin, in: Bendix R., und S. Lipset (Hg.): Class, Status, and power, London 1967 (zuerst 1953), 59 - 62

Davis, K., and W.E. Moore: Some Principles of Stratification, in: R. Bendix and S.M. Lipset (Ed.): Class, Status, and Power, London 1967 (zuerst 1945), 47 - 53

Does, K.J.: Die Verbürgerlichung der Arbeiter, unveröffentl. Diplomarbeit, Köln WS 1970/71

Duncan, O.D.: A socioeconomic index for all occupations, in: Reiss, A.J., Jr.,O.D. Duncan, P.K. Hatt, C.C. North: Occupations and social Status, New York 1961, 109 - 138

Duncan, O.D.: Methodological Issues in the Analysis of Social Mobility, in: Smelser, N.J., and S.M. Lipset (Hg.): Social Structure and Mobility in Economic Development, Chicago 1966, 51 - 97

Durkheim, E.: Über die Teilung der sozialen Arbeit, Frankfurt/M. 1977 (zuerst 1893)

Ernst, G.: Soziale Mobilität von Männern und Frauen im internationalen Vergleich, Diplomarbeit, Duisburg 1980

Falter, J.: Wer verhalf der NSDAP zum Sieg?, in: Aus Politik und Zeitgeschichte 1979, H. B 28 - 29, 3 - 21

Featherman, D.L., F.L. Jones, and R.M. Hauser: Assumptions of Social Mobility Research in the U.S.: the Case of Occupational Status, in: Social Science Research 1975, 4, 329 - 360

Featherman, D.L., and R.M. Hauser: Prestige or Socioeconomic Scales in the Study of occupational achievement?, in: Sociological Methods and Research 1976, 4, 403 - 422

Fend, H.: Gesellschaftliche Bedingungen schulischer Sozialisation, Bd. I, Weinheim/Basel 1974

Fiegehen, G.C., P.S. Lansky, und A.D. Smith: Poverty and Progress in Britain 1953 - 1973, Cambridge etc. 1977

Flora, P., J. Alber, J. Kohl: Zur Entwicklung der westeuropäischen Wohlfahrtsstaaten, in: Politische Vierteljahresschrift 1977, 18, S. 707 - 772

Flora, P.: Krisenbewältigung oder Krisenerzeugung? Der Wohlfahrtsstaat in historischer Perspektive, in: J. Matthes (Hg.): Sozialer Wandel in Europa, Frankfurt/M./New York 1979, 82 - 136

Galtung, J.: Theory and Methods of Social Research, Oslo/London/New York 1967

Geiger, T.: Die soziale Schichtung des deutschen Volkes, Stuttgart 1967 (zuerst 1932)

Giddens, A.: The class structure of the advanced societies, London 1973

Glass, D.V. (Hg.): Social Mobility in Britain, London 1954

Glatzer, W.: Einkommenspolitische Zielsetzungen und Einkommensverteilung, in: Zapf, W. (Hg.): Lebensbedingungen in der Bundesrepublik, Frankfurt/M./New York 1977, 323 - 384

Gösecke, G. und K.-D. Bedau: Verteilung und Schichtung der Einkommen der privaten Haushalte in der Bundesrepublik Deutschland 1950 bis 1975, in: Beiträge zur Strukturforschung 1974, H. 31

Goldthorpe, J.H., D. Lockwood, F. Bechhofer und J. Platt: The affluent worker in the class structure, Cambridge 1969

Goldthorpe, J.H., und K. Hope: Occupational Grading and occupational prestige, in: Hope K. (Hg.): The Analysis of social mobility. Methods and approaches, Oxford 1972, 19 - 79

Goldthorpe, J.H.: Social inequality and social integration in modern Britain, in: Wedderburn, D. (Hg.): Poverty, Inequality and class structure, Cambridge 1974, 217 - 238

Goodman, L.A.: A General Model for the Analysis of Surveys, in: American Journal of Sociology 1972, 77, 1035 - 1086

Haferkamp, H.: Mittelschichtinterne Sozialkontrolle und Legitimation von Unterschichtkriminalisierung, in: Kriminologisches Journal 1977, 9, 161 - 174

Haller, A.O., and D.B. Bills: Occupational Prestige Hierarchies: Theory and Evidence, in: Contemporary Sociology 1979, 8, 721 - 734

Hamilton, R.F., and J. Wright: New directions in political Sociology, Indianapolis 1975

Handl, J., K.U. Mayer, W. Müller: Klassenlagen und Sozialstruktur, Frankfurt/M. 1977

Harrington, M.: The other America. Poverty in the United States, New York 1962

Hauser, R.M., J.N. Koffel, H.P. Travis and P.J. Dickinson: Temporal Change in Occupational Mobility: Evidence for Men in the United States, in: American Sociological Review 1975, 40, 279 - 297

Hazelrigg, L.E., and M.A. Garnier: Occupational mobility and industrial society: a comparative analysis of differential access to occupational ranks in 17 countries, in: American Sociological Review 1976, 41, 498 - 511

Heath, A.: Social Mobility, Glasgow 1981

Herz, Th. A.: Soziale Bedingungen für Rechtsextremismus in der Bundesrepublik Deutschland und in den Vereinigten Staaten, Meisenheim am Glan 1975

Herz, Th. A.: Effekte beruflicher Mobilität, in: Zeitschrift für Soziologie 1976, 5, 17 - 37

Herz, Th. A.: Västtyskland efter 1976 ars val: Stabilitet och polarisering, in: Statsvetenskaplig tidskrift 1978, H. 3, 169 - 175

Herz, Th. A., und M. Wieken-Mayser: Berufliche Mobilität in der Bundesrepublik, Frankfurt/M./New York 1979 (nach Herz 1983 b)

Herz, Th. A.: Die Erfassung des Berufs in der deutschen Umfrageforschung - dargestellt am Beispiel der Zentralarchiv-Bestände, in: Pappi, F.U. (Hg.): Sozialstrukturanalysen mit Umfragedaten, Königstein/Ts. 1979 a, 58 - 70

Herz, Th. A.: Der Wandel von Wertvorstellungen in Industriegesellschaften, in: Kölner Zeitschrift für Soziologie und
Sozialpsychologie 1979 b, 31, 282 - 302

Herz, Th. A.: Change of values and social mobility, in: Klingemann, D., P. Pesonen, H. Kerr (Hg.): People and their politics,
Beverly Hills, erscheint 1983 a

Herz, Th. A.: Attitudes to the Welfare State, in: Flora, P. (Hg.):
The Development of Welfare States in Europe since World War II,
erscheint 1983 b

Hibbs, D.A. Jr., and H.J. Madsen: Public Reactions to the
Growth of Taxation and Government Expenditure, in: World
Politics 1981, XXXIII, 413 - 435

Hobsbawn, E.J.: Industry and Empire, Harmondsworth 1969

Hörning, K.H.: Struktur und Norm: das "Soziale" an Ungleichheit und Schichtung, in: Hörning, K.H. (Hg.): Soziale Ungleichheit. Strukturen und Prozesse sozialer Schichtung.
Darmstadt und Neuwied 1976, 10 - 32

Homans, G.C.: Prestige or Status?, in: Contemporary Sociology 1980, 9, 178 - 180

Horan, P.M.: Is status attainment research atheoretical?, in:
American Sociological Review 1978, 43, 534 - 541

Huffschmid, J.: Die Politik des Kapitals. Konzentration und
Wirtschaftspolitik in der Bundesrepublik, Frankfurt/M. 1969

Hyman, H.H.: The value systems of Different classes, in:
Bendix, R., and S.M. Lipset (Hg.): Class, Status, and Power,
London 1967

Inglehart, R.: The Silent Revolution in Europe: Intergene-
rational Change in Post-Industrial Societies, in: The American Political Science Review 1971, LXV (December), 991 - 1017

Inglehart, R.: The Silent Revolution. Changing Values and
Political Styles Among Western Publics, Princeton 1977

Inglehart, R.: Wertwandel und politisches Verhalten, in:
Matthes, J. (Hg.): Sozialer Wandel in Westeuropa, Frank-
furt/M./New York 1979, 505 - 533

Institut für Demoskopie (Hg.): Akademikerberufe haben an
Glanz verloren, Allensbacher Berichte Nr. 32/1978

Jahoda, M., P.F. Lazarsfeld, H. Zeisel: Die Arbeitslosen von
Marienthal, Frankfurt/M. 1978 (zuerst 1933)

Jannen, W. Jr.: National Socialists and Social mobility, in:
Journal of Social History 1976, 9, 339 - 366

Janowitz, M.: Soziale Schichtung und Mobilität in West-
deutschland, in: Kölner Zeitschrift für Soziologie und
Sozialpsychologie 1958, 10, 1 - 38

Janowitz, M.: Social Control of the Welfare State, Chicago
and London 1976

Johansson, S.: Om levnadsnivåundersökningen, Stockholm 1970

Kaase, M., und D. Klingemann: Sozialstruktur, Wertorien-
tierung und Parteiensysteme: Zum Problem der Interessen-
vermittlung in westlichen Demokratien, in: Matthes, J. (Hg.):
Sozialer Wandel in Westeuropa, Frankfurt/M./New York 1979,
534 - 573

Kaupen, W.: Die Hüter von Recht und Ordnung, Neuwied und
Berlin 1969

Kirchoff, G.F.: Selbstberichtete Delinquenz, Göttingen 1975

Kleining, G.: Struktur- und Prestigemobilität in der Bundesrepublik Deutschland, in: Kölner Zeitschrift für Soziologie
und Sozialpsychologie 1971 a, 23, 1 - 33

Kleining, G.: Die Veränderung der Mobilitätschancen in der
Bundesrepublik Deutschland, in: Kölner Zeitschrift für Soziologie und Sozialpsychologie 1971 b, 23, 789 - 807

Kleining, G. und H. Moore: Soziale Selbsteinstufung (SSE).
Ein Instrument zur Messung sozialer Schichten, in: Kölner
Zeitschrift für Soziologie und Sozialpsychologie 1968, 20,
273 - 292

Kluckhohn, C.: Values and Value-Orientations in the Theory
of Action: An Exploration in Definition and Classification,
in: Parsons, T., and E.A. Shils (Hg.): Toward A General
Theory of Action, New York and Evanston 1962, 388 - 433

Kohn, M.: Class and conformity: A study in values, Homewood,
Ill. 1969

Ladd, E.C. Jr.: Pursuing the New Class: Social Theory and
Survey Data, in: Bruce-Briggs, B. (Ed.): The New Class?,
New Brunswick/ New Jersey 1979, 101 - 122

Laumann, E.O.: Prestige and Association in an Urban Commu-
nity. An Analysis of an Urban Stratification System, Indianapolis, New York 1966

Laumann, E.O., F.U. Pappi: Networks of Collective Action.
A Perspective on Communitiy Influence Systems, New York
etc. 1976

Lawson, R., V. George: An assesment, in: George, V. and
R. Lawson (Hg.): Poverty and inequality in Common Market
countries, London 1980, 233 - 242

Lemert, E.M.: Social Pathology, New York, London 1951

Lepsius, M.R.: Ungleichheit zwischen Menschen und soziale
Schichtung, in: Glass, David V., und Renê König (Hg.):
Soziale Schichtung und soziale Mobilität, Köln und Opladen
1961, 54 - 64 (Sonderheft 5 der Kölner Zeitschrift für
Soziologie und Sozialpsychologie)

Lepsius, M.R.: Soziale Ungleichheit und Klassenstrukturen
in der Bundesrepublik Deutschland, in: Wehler, H.-U. (Hg.):
Klassen in der europäischen Sozialgeschichte, Göttingen
1979, 166 - 209

Levy, J. Jr.: The structure of society, Princeton 1952

Lipset, S.M.: Faschismus - rechts, links und in der Mitte,
in: Lipset, S.M.: Soziologie der Demokratie, Neuwied 1962,
131 - 189

Lipset, S.M., and R. Bendix: Social Mobility in Industrial
Society, Berkeley and Los Angeles 1959

Lipset, S.M., and S. Rokkan: Cleavage Structures, Party
Systems, and Voter Alignments: An Introduction, in:
Lipset, S.M., and S. Rokkan (Hg.): Party Systems and Voter
Alignments: Cross-National Perspectives, New York/London
1967, 1 - 64

Lipset, S.M., and H. Zetterberg: A Theory of Social Mobility,
in: Bendix, R., and S.M. Lipset (Hg.); Class, Status, and
Power, London 1967 (2. Aufl.), 561 - 573

Luhmann, N.: Arbeitsteilung und Moral. Durkheims Theorie.
Einleitung von: Durkheim, E.: Über die Teilung der sozialen
Arbeit, Frankfurt/M. 1977, 17 - 35

Marshall, T.H.: Citizenship and social class and other
essays, Cambridge 1950

Maslow, A.H.: Motivation and Personality, New York 1954

Mason, T.W.: Sozialpolitik im Dritten Reich, Opladen
1977

Marx, K. und F. Engels: Manifest der kommunistischen Partei, Berlin 1945 (zuerst 1848)

Marx, K. und F. Engels: Die deutsche Ideologie, Berlin 1953

Marx, K.: Der 18. Brumaire des Louis Bonaparte, Kempten/ Allgäu 1965 (zuerst 1852)

Marx, K.: Die heilige Familie, in: Marx, K.: Die Frühschichten, hg. v. S. Landshut, Stuttgart 1971 a (zuerst 1844 - 45), 317 - 338

Marx, K.: Das Elend der Philosophie, in: Marx, K.: Die Frühschriften, hg.v. S. Landshut, Stuttgart 1971 b (zuerst 1847), 486 - 524

Mayer, K.U.: Soziale Mobilität, in: Wiehn E. und K.U. Mayer: Soziale Schichtung und soziale Mobilität. Eine kritische Einführung, München 1975 a, 122 - 160

Mayer, K.U.: Statushierarchie und Heiratsmarkt - empirische Analysen zur Struktur des Schichtungssystems in der Bundesrepublik und zur Ableitung einer Skala des sozialen Status, in: Handl, J., K.U. Mayer, W. Müller: Klassenlagen und Sozialstruktur, Frankfurt/M./New York 1977, 155 - 232

Mayer, K.U.: Ungleichheit und Mobilität im sozialen Bewußtsein, Wiesbaden 1975 b

Mayer, K.U. und W. Müller: Trendanalyse in der Mobilitätsforschung. Eine Replik auf Gerhard Kleinings "Struktur- und Prestigemobilität", in: Kölner Zeitschrift für Soziologie und Sozialpsychologie 1971, 23, 761 - 788

Mayntz, R.: Soziale Schichtung und sozialer Wandel in einer Industriegemeinde, Stuttgart 1958

McClendon, J.M.: Structural and Exchange Components of Vertical Mobility, in: American Sociological Review 1977, 42, 56 - 74

Merton, R.K.: Sozialstruktur und Anomie, in: Sack F. und R. König (Hg.): Kriminalsoziologie, Frankfurt/M. 1968 (zuerst 1938), 283 - 313

Meulemann, H.: Soziale Herkunft und Schullaufbahn, Frankfurt/M./New York 1979

Meulemann, H.: Bildungsexpansion und Wandel der Bildungsvorstellungen zwischen 1958 und 1979: Eine Kohortenanalyse, in: Zeitschrift für Soziologie 1982, 11, 227 - 253

Meulemann, H.: Soziale Position der Eltern, Schulleistungen und Schullaufbahn des Kindes, in: Nowotny, H.J. (Hg.): Soziale Indikatoren X, Frankfurt/M. 1983

Mierheim, H. und L. Wicke: Die personelle Vermögensverteilung in der Bundesrepublik Deutschland, Tübingen 1978

Miliband, R.: Marxism and Politics, Oxford 1977

Miller, S.M.: Comparative Social Mobility: A Trend Report and Bibliography, Current Sociologie 1960, 9, 1 - 89

Miller, W.B.: Die Kultur der Unterschicht als ein Entstehungs-milieu für Bandendelinquenz, in: Sack, F. und R. König (Hg.): Kriminalsoziologie, Frankfurt/M. 1968, 339 - 359

Miller, S.M., and P. Roby: The future of inequality, New York/ London 1970

Moore, H. und G. Kleining: Das soziale Selbstbild der Gesell-schaftsschichten in Deutschland, in: Kölner Zeitschrift für Soziologie und Sozialpsychologie 1960, 12, 86 - 119

Müller, W.: Familie - Schule - Beruf. Analysen zur sozialen Mobilität und Statuszuweisung in der BRD, Opladen 1975

Müller, W.: Klassenlagen und soziale Lagen in der Bundesrepu-blik, in: Handl, J., K.U. Mayer, W. Müller: Klassenlagen und Sozialstruktur, Frankfurt/M./New York 1977, 21 - 100

Müller, W., and K.U. Mayer: Social Stratification and Stratifi-cation Research in the Federal Republic of Germany 1945 - 1975, in: Caporale, R. (Hg.): Classes and Social Structure in Economically Advanced Societies, Turin 1975

Naumann, J.: Entwicklungstendenzen des Bildungswesens der Bundesrepublik Deutschland im Rahmen wirtschaftlicher und demographischer Veränderungen, in: Max-Planck-Institut für Bildungsforschung (Hg.): Bildung in der Bundesrepublik Deutsch-land, Bd. 1, Stuttgart 1980, 21 - 102

Noelle, E. und E.P. Neumann (Hg.): Jahrbuch der öffentlichen Meinung, 1968 - 1973, Allensbach 1974

Noelle-Neumann, E. (Hg.): Allensbacher Jahrbuch der Demoskopie, 1976 - 1977, Wien/München/Zürich 1977

Noelle-Neumann, E.: Werden wir alle Proletarier?, Zürich 1978

Noll, H.-H.: Soziale Indikatoren für Arbeitsmarkt und Be-schäftigungsbedingungen, in: Zapf, W. (Hg.): Lebensbedingun-gen in der Bundesrepublik, Frankfurt/M. 1978, 209 - 322

Offe, C.: Politische Herrschaft und Klassenstrukturen. Zur
Analyse spätkapitalistischer Gesellschaftssysteme, in:
Kress, G. und D. Senghaas (Hg.): Politikwissenschaft. Eine
Einführung in ihre Probleme, Frankfurt/M. 1969, 155 - 189

Olson, M. Jr.: The Logic of collective action, Cambridge,
Mass. 1965

Opp, K.-D. und P. Schmidt: Einführung in die Mehrvariablen-
analyse, Reinbek b. Hamburg 1976

Pappi, F.U.: Sozialstruktur und politische Konflikte in der
Bundesrepublik. Habilitationsschrift, Köln 1977

Pappi, F.U.: Sozialstruktur und soziale Schichtung in einer
Kleinstadt mit heterogener Bevölkerung, in: Kölner Zeitschrift für Soziologie und Sozialpsychologie 1973 a, 25,
23 - 74

Pappi, F.U.: Parteiensystem und Sozialstruktur in der Bundesrepublik, in: Politische Vierteljahresschrift 1973 b,
14, 191 - 213

Parkin, F.: Class inequality and political order, Frogmore,
St. Albans 1972

Parkin, F.: Social Stratification, in: Bottomore,T. und
R. Nisbet (Hg.), New York 1978, 599 - 632

Parsons, T.: The social system, New York/London 1951

Parsons, T.: Ansatz zu einer analytischen Theorie der sozialen
Schichtung, in: Parsons, T.: Beiträge zur soziologischen
Theorie, Rüschemeyer, D. (Hg.), Neuwied und Berlin 1964 a
(zuerst 1940), 180 - 205

Parsons, T.: Soziale Klassen und Klassenkampf im Lichte der
neueren soziologischen Theorie, in: Parsons, T.: Beiträge zur
soziologischen Theorie, Rüschemeyer, D.(Hg.), Neuwied und Berlin
1964 b (zuerst 1949), 206 - 222

Parsons, T.: A revised analytical approach to the theory of
social stratification, in: Parsons, T.: Essays in sociological theory, New York/London 1964 c (zuerst 1953), 386 - 439

Parsons, T.: Equality and Inequality in modern Society, or
social stratification revisited, in: Laumann, E.O. (Hg.):
Social Stratification: Research and Theory for the 1970s,
Indianapolis/New York 1970, 13 - 72

Peters, D.: Die soziale Herkunft der von der Polizei aufge-
griffenen Täter, in: Feest, J. und R. Laufmann (Hg.): Die
Polizei, Opladen 1971, 93 - 106

Peters, D.: Richter im Dienst der Macht, Stuttgart 1973

Plotnicov, L., and A. Tuden (Hg.): Essays in Comparative Social Stratification, Pittsburgh 1970

Plum, W. und E. Schleusener: Das politische Verhalten älterer Menschen in der Bundesrepublik Deutschland, vervielfältigtes Manuskript, Köln 1981

Poulantzas, N.: Class in contemporary Capitalism. London 1978

Presse- und Informationsamt der Bundesregierung (Hg.): Gesell- schaftliche Daten 1977, Wolfenbüttel 1977

Presse- und Informationsamt der Bundesregierung (Hg.): Gesell- schaftliche Daten 1979, Melsungen 1979

Quensel, St. und E.: Delinquenzbelastungsskalen für männliche Jugendliche, in: Kölner Zeitschrift für Soziologie und Sozial- psychologie 1970, 22, 75 - 97

Rasmussen, T.: Entwicklungslinien des Dienstleistungssektors, Göttingen 1977

Reiss, A.J. Jr., O.D. Duncan, P.K. Hatt, C. G. North: Occupa- tions and social status, New York 1961

Reuband, K.H.: Differentielle Assoziation und soziale Schich- tung, Diss. Hamburg 1974

Ridge, J.M.: Introduction, in: Ridge, J.M. (Hg.): Mobility in Britain Reconsidered, Oxford 1974, 1 - 7

Ritsert, J.: Die Antinomien des Anomiekonzepts, in: Soziale Welt 1969, XX, 145 - 162

Roberts, K., F.G. Cook, S.C. Clark, E. Semeonoff: The fragmen- tary class Structure, London 1977

Rogoff,N.: Recent trends in occupational mobility, Glencoe, I 11. 1953

Rokkan, S. und L. Svåsand: Zur Soziologie der Wahlen und der Massenpolitik, in: König R. (Hg.): Handbuch der empiri- schen Sozialforschung, Bd. 12, Stuttgart 1978, 1 - 72

Rose, R. und D. Urwin: Social Cohesion, Political Parties and Strains in Regimes, in: Comparative Political Studies 1969, 2, 7 - 67

Rossi, P.H.: The Ups and Downs of Social Class in America, in: Contemporary Sociology 1980, 9, 40 - 44

Rüthers, B.: Werden wir eine statische Gesellschaft, in: Frankfurter Allgemeine Zeitung v. 29. August 1981

Runciman, W.G.: Relative Deprivation and Social Justice, Harmondsworth 1972

Sack, F.: Neue Perspektiven in der Kriminalsoziologie, in: Sack F. und R. König (Hg.): Kriminalsoziologie, Frankfurt 1968, 431 - 475

Sack, F.: Interessen im Strafrecht: Zum Zusammenhang von Kriminalität und Klassen- (Schicht-)Struktur, in: Kriminologisches Journal 1977, 9, 248 - 278

Sack, F.: Probleme der Kriminalsoziologie, in: König R. (Hg.): Handbuch der empirischen Sozialforschung, Bd. 12, Stuttgart 1978, 192 - 492

Sartori, G.: The Sociology of Parties. A Critical Review, in: Stammer, O. (Hg.): Party Systems, Party Organizations, and the Politics of New Masses. Als Manuskript gedruckt. Berlin 1968, 1 - 25

Schäfers, B.: Sozialstruktur und Wandel der Bundesrepublik Deutschland, Stuttgart 1979

Schelsky, H.: Die Bedeutung des Schichtungsbegriffs für die Analyse der gegenwärtigen deutschen Gesellschaft, in: Schelsky, H.: Auf der Suche nach Wirklichkeit, München 1979 a (zuerst 1954), 326 - 332

Schelsky, H.: Soziologische Bemerkungen zur Rolle der Schule in unserer Gesellschaftsverfassung, in: Schelsky, H.: Auf der Suche nach Wirklichkeit, München 1979 b, 148 - 181

Scheuch, E.K.: Sozialprestige und soziale Schichtung, in: Glass, D.V. und R. König (Hg.): Soziale Schichtung und soziale Mobilität, Sonderheft 5 der Kölner Zeitschrift für Soziologie und Sozialpsychologie 1961, 65 - 104

Scheuch, E.K.: Ungleichheit als Ärgernis, in: Stahl und Eisen 1974, 94, 1271 - 1282

Schieder, W. (Hg.): Faschismus als soziale Bewegung, Hamburg 1976

Schmölders, G.: Das Irrationale in der öffentlichen Finanzwirtschaft, Reinbek b. Hamburg 1960

Schönbaum, D.: Die braune Revolution. Eine Sozialgeschichte des Dritten Reiches, Köln/Berlin 1968

Schüler, K.: Einkommensverteilung und -verwendung nach Haushaltsgruppen, in: Wirtschaft und Statistik 1982, Nr. 2, 75 - 91

Schumann, K.F.: Ungleichheit, Stigmatisierung und abweichendes Verhalten. Zur theoretischen Orientierung kriminologischer Forschung, in: Kriminologisches Journal 1973, 5, 81 - 96

Short, J.F. Jr. und I.F. Nye: Erfragtes Verhalten als Indikator für abweichendes Verhalten, in: Sack, F. und R. König (Hg.): Kriminalsoziologie, Frankfurt/M. 1968, 60 - 70

Statistisches Bundesamt (Hg.): Klassifizierung der Berufe. Systematisches und alphabetisches Verzeichnis der Berufsbenennungen, Ausgabe 1975, Stuttgart und Mainz 1975

Statistisches Bundesamt (Hg.): Internationaler Vergleich der Preise für die Lebenshaltung 1976, Wiesbaden 1977 (Fachserie 17, Preise, Reihe 10)

Statistisches Bundesamt (Hg.): Ausgewählte Zahlen für die Rechtspflege 1980, Wiesbaden 1982 (Fachserie 10, Rechtspflege, Reihe 1)

Stinchcombe, A.L.: Some emperical consequences of the Davis-Moore theory of statification, in: Bendix, R. und S.M. Lipset (Hg.): Class, Status, and Power, London 1967, 69 - 72

Stooß, F., und H. Saterdag: Systematik der Berufe und der beruflichen Tätigkeiten, in: Pappi, F.U. (Hg.): Sozialstrukturanalysen mit Umfragedaten, Königstein/Ts. 1979, 41 - 57

Streeck, W.: Gewerkschaften als Mitgliederverbände. Probleme gewerkschaftlicher Mitgliederrekrutierung, in: Bergmann, J. (Hg.): Beiträge zur Soziologie der Gewerkschaften, Frankfurt/M. 1979, 72 - 110

Strzelewicz, W., H.-D. Raapke und W. Schulenburg: Bildung und gesellschaftliches Bewußtsein, Stuttgart 1973

Thornberry, T.P., and M. Farnworth: Social Correlates of Criminal Involvement: Further evidence on the relationship between social Status and criminal Behavior, in: American Sociological Review 1982, 47, 505 - 518

Tittle, C.R., W.J. Villemez, and D. A. Smith: The Myth of Social Class and Criminality, in: American Sociological Review 1978, 43, 643 - 656

Tjaden-Steinhauer,M. und K.H. Tjaden: Klassenverhältnisse im Spätkapitalismus, Stuttgart 1973

Townsend, P.: The family life of old people: an inquiri in East, London, London 1957

Treiman, D.J.: Occupational Prestige in Comparative Perspective, New York 1977

Treiman, D.J.: Industrialization and Social Stratification, in: Laumann, E.O. (Hg.): Social Stratification: Research and Theory for the 1970s, Indianapolis/New York 1970, 207 - 234

Treiman, D.J.: Probleme der Begriffsbildung und Operationalisierung in der international vergleichenden Mobilitätsforschung, in: Pappi, F.U. (Hg.): Sozialstrukturanalysen mit Umfragedaten, Königstein/Ts. 1979, 124 - 167

Treiman, D.J., and K. Terell: The Process of Status Attainment in the United States and Great Britain, in: American Journal of Sociology 1975, 81, 563 - 583

Tumin, M.M.: Some prinziples of stratification: A critical analysis, in: Bendix, R. und S.M. Lipset (Hg.): Class, status and power, London 1967 (zuerst 1953), 53 - 58

Turner, R.H.: Modes of social ascent through education, in: American Sociological Review 1960, XXV, 121 - 139

U.S. Department of Labor (Hg.): Dictionary of occupational titles 1965, II, occupational classification and industry index, Washington 1965

Verba, S.: Germany: The remaking of political culture, in: Pye, L.W., and S. Verba (Hg.): Political Culture and political development, Princeton, N.J. 1965, 130 - 170

Vonderach, G.: Die "neuen Selbständigen". 10 Thesen zur Soziologie eines unvermuteten Phänomens, in: Mitteilungen aus der Arbeitsmarkt- und Berufsforschung 1980, 13, 153 - 169

Wagner, M.: Income Distribution in small countries: Some Evidence from Austria, in: Grilliches, Z., W. Krelle, H.-J. Krupp, O.K. Kyn (Hg.): Income Distribution and Economic Inequality, Frankfurt/M./New York 1978, 290 - 305

Wagner, M.: Einkommenshierarchien, in: Fischer-Kowalski, M., J. Buček (Hg.): Lebensverhältnisse in Österreich, Frankfurt/M./ New York 1980, 427 - 446

Wallraff, G.: Am Fließband, in: Wallraff, G.: Industriereportagen, Reinbek b. Hamburg 1970, 7 - 27

Warner, W.L., M. Meeker, K. Eels: Social Class in America, Chicago 1949

Weber, M.: Wirtschaft und Gesellschaft, Köln/Berlin 1964

Weber, M.: Die protestantische Ethik und der Geist des Kapitalismus, in: Weber, M.: Die Protestantische Ethik I. Eine Aufsatzsammlung, hg. v. J. Winckelmann, Gütersloh 1979 (zuerst 1920)

Westergaard, J., and H. Resler: Class in a Capitalist Society, Harmondsworth 1976

Wilensky, H.L.: The Welfare State and Equality, Berkeley 1975

Wilensky, H.L.: The New Corporatism, Centralization, and the Welfare State, London/Beverly Hills 1976

Wiley, N.: America's unique class politics: the interplay of labor, credit and commodity markets, in: American Sociological Review 1967, 32, 529 - 541

Wright, E.O., and L. Perrone: Marxist class categories and income inequality, in: American Sociological Review 1977, 42, 32 - 55

Yasuda, S.: A Methodological Inquiry into Social Mobility, in: American Sociological Review 1964, 29, 16 - 23

Zeitlin, M.: Corporate ownership and Control: The large corporation and the capitalist class, in: American Journal of Sociology 1974, 79, 1073 - 1119

Zentralarchiv für empirische Sozialforschung (Hg.): Political Action. An eight Nation study 1973 - 1976. Machine-readable data file code book, Köln 1979

Beruf und Altersstruktur der Erwerbstätigen, in: Wirtschaft und Statistik 1979, 10, 740 - 745

Beruf und Art der überwiegend ausgeübten Tätigkeit der Erwerbstätigen, in: Wirtschaft und Statistik 1978, 6, 354 - 360

Die Kaufkraft der Lohnstunde, in: Die Zeit v. 15. 6. 1979

Erst rechnen, dann reden, in: Die Zeit v. 15. 2. 1980

Italiener arbeiten schwarz, in: Frankfurter Rundschau v. 14. 2. 1979

Nachbeben in Neapels Kleingewerbe, in: Neue Zürcher Zeitung v. 28./29. 12. 1980

Ergänzung

Büchner, G.: Der hessische Landbote, in: Büchner, G.: Gesammelte Werke, München o.J. (zuerst 1834), 167 - 181

Coxon, A.P.M., and C.L. Jones: The Images of Occupational Prestige, New York 1978

Goodman, L.: How to ransack socia mobility tables and other kinds of cross-classification tables. in: American Sociological Review 1969, 75, 1 - 40

Klanberg, F.: Armut und ökonomische Ungleichheit in der Bundesrepublik Deutschland, Frankfurt/M./New York 1978

Laumann, E.O.: Bonds of Pluralism: The Form and Substance of Urban Social Networks, New York u.a. 1973

Picht, G.: Die deutsche Bildungskatastrophe, Olten/Freiburg 1964

Abstieg 9, 141, 154, 163f, 182, 184
  186
Angestellte(r) 66f, 68ff, 71f, 73,
  74, 75, 80f, 88ff, 95ff, 108,
  113f, 120f, 123, 131ff, 141,
  173ff, 255ff, 274ff
Anomie 232ff
Ansehen 10, 11, 35, 41, 49, 57, 58,
  67, 74, 84, 107f, 111f, 141ff,
  154f, 163, 203ff, 208ff, 231, 283
Arbeiter 10, 19, 21, 22, 27, 30, 32,
  34, 48, 51f, 66f, 68ff, 71f, 73
  74, 75, 80f, 88ff, 95ff, 108, 114,
  120f, 123, 128, 131ff, 139, 141,
  161ff, 173ff, 241ff, 249, 255ff,
  274ff
- Klasse 20, 27, 67, 180
Arbeit(s) 20, 35, 40, 45, 51
- bedingungen 73ff, 259
- ethos 63
- losigkeit 68ff, 139f, 281
- markt 10, 22, 58, 60, 90
- teilung 19, 20, 23, 143, 233
- zeit 63f, 138, 281
Armut 9, 14, 94
Aufstieg(s) 9, 141, 152ff, 163f,
  172, 175, 182, 183ff,
- streben 13, 234f
Ausbeutung 21, 22, 24, 40, 63, 90
Ausbildung s. Bildung
Autorität 26, 27, 40, 44, 45, 67

Bauern s. Landwirte
Beamte(r) 66f, 70, 72, 73, 74, 75,
  80f, 88ff, 95ff, 108, 113f, 120f,
  131ff, 141, 172ff, 255ff, 274 ff
Beruf(s) 30f, 51, 62, 135, 153ff,
  203, 246
- klassifikation 64ff, 146, 154,
  189ff
- prestige, s. Ansehen
- Stellung im 65ff, 72, 75, 79ff,
  246
- struktur 75f, 79, 168ff, 185, 193f,
  201f, 253f
- system 39, 40, 41, 140
Besitz 10, 19, 30, 34, 39, 42, 85,
  176, 266
- klasse 34, 37
- verhältnisse 11

Bewußtsein, s. Klassenbewußtsein
Bildung 44, 46, 48, 49, 54, 57,
  58, 59, 62, 106ff, 111f,
  124ff, 144f, 148, 176, 181,
  200f, 203ff, 231, 246
Bildungschance(n) 14, 15, 136,
  138ff, 226
Bourgeoisie 20, 21, 25, 29,
  33, 85, 114
- "petit" 25, 30

Chance(n) 15, 55, 133f, 152,
  175, 183, 194, 196ff, 204,
  238
Chancengleichheit 14, 44, 128,
  140, 164ff, 169ff

Dienstleistung 51f, 79ff, 85
Distanz, soziale 22, 160,
  175f, 240
Dominanz 22, 57, 84

Ehre, Ehrerbietung, s.Ansehen
Eigentum(s) 10, 14, 21, 26,
  27, 37, 42, 43, 52, 55, 57,
  59, 85ff, 226, 259
- verhältnisse 11, 20, 21, 22,
  26, 33
- verteilung 31, 52
Einkommen(s) 10, 14, 19, 55,
  57, 74, 91ff, 119ff, 144f,
  203ff, 220f, 226, 231, 246,
  259, 278
- determinanten 30, 53f
- Renten- 34

Familie 39, 40, 44, 137, 139,
  204, 217
Faschismus 28
Feudalismus 19, 21, 22
Freie Berufe 67
Gleichheit 39ff, 43f, 45, 136
  152, 265f
Güter 9, 19, 22, 33, 34, 35,
  37, 43, 46, 50, 56, 59, 68,
  91, 116, 142ff, 157, 226, 238
- kollektive 52
- öffentliche 54 f

Güter
- produktion 51, 76
- versorgung 33, 55, 57-58
Gut,s. Güter

Handeln, soziales 9, 32, 38, 42, 234f
Herkunft 35, 44, 107-108, 112, 141, 155f, 166, 204ff, 261ff

Industrialisierung 19, 21, 22, 28, 158ff, 185, 187, 189, 198
Industriegesellschaft 11, 12, 19, 37, 38, 41, 42, 50ff, 57, 60, 71, 78, 101, 102, 107, 127, 158, 164, 198, 249, 252, 265
Integration 39ff, 45, 125

Kapital 19, 24, 35, 52, 53, - besitz 32
Kapitalismus 21, 22, 50, 54
Kapitalist 10, 19, 21, 22, 25, 27, 30, 34
Klasse(n) 10ff, 18, 21ff, 28, 30f, 33, 37, 40, 45, 58f, 141, 188f, 190, 226, 248, 275
- analyse 13f, 16, 19
- begriff 26, 35
- bewußtsein 24, 31, 55, 116, 164, 250
- beziehung 19, 28, 32, 35
- bildung 20, 29, 33ff, 50, 64, 74, 136, 203, 248
- gegensatz 10, 250, 256, 260, 266
- kampf 23
- konflikt 14, 25ff, 54f, 90, 248, 253
- lage 27, 33ff, 54, 57, 59f, 75, 88, 91, 108, 112, 129ff
- neue 56, 124, 251, 272ff
- ökonomische 56ff
- soziale 33f, 36f, 55ff, 155, 157, 165, 180ff
- struktur 12, 15, 52f, 124, 140, 220, 259, 267ff, 287ff

Klasse(n)
- theorie 18ff, 54
- transitorische 25, 28
- unterschied 13, 15
- Versorgungs- 55, 115ff, 250f, 280f
Konflikt(e) 14, 21f, 24, 39f, 44f, 54
- kulturelle 28, 236
- politische 28f, 31, 52f, 56, 226, 248ff
- religiöse 28
Konsum 11, 19, 115, 116, 118
- kraft 54
- situation 55
Kontrolle 26f, 30, 57
Kriminalität 226ff
- Jugend- 230f
"Labeling" 237f
Landwirt(e) 23, 33, 66, 88ff, 95ff, 108, 113, 119ff, 122, 131, 161ff, 173ff, 255ff, 274ff
Lebens
- bereiche, Disparität 54, 124, 248
- chancen 11, 15, 34, 37, 54f, 57, 68f, 70, 124, 131
- führung 35f, 66f, 239f
- schicksal 33, 35, 55, 57f, 91, 116
- standard 14f, 144
- stellung 33, 55, 57f, 91, 116
Leistung 15, 41ff, 49, 106f, 115, 137, 155, 204
- staatliche 54, 69f, 116, 121, 250f
Leistungsqualifikation 33ff, 43, 58, 116
Lohnarbeiter 21, 25, 34

Macht 9, 11, 14, 19, 26f, 40, 48, 52, 63, 74, 105, 143, 147, 149, 236
Manager 26, 27, 30, 41
Markt 19, 25, 34, 37, 54, 58, 115f
Mehrwert 20ff, 40, 90
Mittelklassen, s. Mittelschichten

Mittelschicht(en) 28, 31, 33,
  52, 83, 114, 115, 127, 136,
  138, 153, 156, 180, 185f,
  227, 229f, 236, 238, 241ff,
  256ff, 278
Mittelstände, s. Mittelschichten
Mittelstandsgesellschaft
- nivellierte 13, 114
Mobilität(s) 10f, 13, 16, 28f,
  31, 38, 55, 59, 152ff, 233f,
- "contest" 137f
- forschung 9ff, 50, 222
- "sponsored" 137f
- strukturelle 168ff, 188f,
  194, 198ff, 223
- theorie 45, 156ff
- Zirkulations- 168ff, 188f,
  194, 198ff

Nationalismus 29, 40
Nationalsozialismus 28, 152f,
  186f
Nichterwerbstätige(r) 88, 95ff,
  119ff, 122, 279ff
Norm 227, 232ff

Oberschicht 10, 127

Parteien, politische 29, 44, 53,
  56, 114, 152, 249ff
Position(en) 9f, 13, 19, 30, 45f,
  50, 56f, 106, 153, 160, 174,
  233
Postindustrielle Gesellschaft
  50ff, 75ff, 160, 248, 253f
Prestige, s. Ansehen
Produktion(s)
- form 22
- mittel 20ff, 24, 26f, 29f, 37,
  39, 50, 57f, 67, 85
- soziale Beziehungen der 30
- struktur 75f
- Vergesellschaftung der 25
- verhältnisse 26
Produktivkräfte 19, 20, 21, 53
Proletariat 20f, 24f, 29, 33,
  85
Rang, s. Status

Recht(s) 40ff, 240ff
- System 226
Religion 29, 32, 46
Rentner, s. Nichterwerbstätige
Ressourcen 45ff, 58, 60, 106 ff,
  142ff, 217

Schicht(en) 10f, 13f, 24, 217,
  248, 256
- grenzen 15, 155, 159
Schichtung(s) 10ff, 45, 54,
  136, 203, 220, 259, 287
- forschung 9ff, 14f, 18, 50,
  56
- soziale 17, 32f, 37f, 43, 62,
  227ff
Selbständige(r) 66f, 75, 80f,
  83, 85, 88ff, 95ff, 108,
  113, 120f, 131ff, 173ff, 241ff
  255ff, 274ff
Sicherung
- soziale 37, 43, 55, 66, 117f,
  265f
Staat(s) 11, 25, 66, 76, 90,
  160
- intervention 53ff, 67, 115f,
  121, 128, 250ff, 272ff
Stand, Stände, s. Statusgruppen
Status 14f, 35ff, 39, 41f, 45,
  47, 65ff, 115, 125, 137,
  140, 142, 153ff, 174ff, 186
- gruppen 33, 35ff, 43, 56ff,
  114, 141, 164, 188f, 190,
  202, 226, 248, 279ff
- sozio-ökonomischer 142ff, 154,
  163, 217
- zuweisung 2o2ff
Steuern 272ff
Subkultur 232, 236f

Transferleistung 54f, 118f,
  122

Ungleichheit 9, 11, 13f, 37,
  40f, 43f, 45, 52, 54f, 87,
  102f, 122, 123, 127, 136,
  156, 226
Unternehmer 19, 51f, 67, 253
Unterschicht 10, 127, 136,
  138f, 186, 227, 229ff, 241

Vermögen 10, 85ff
- Produktiv- 86ff
Verwandtschaftssystem 39f, 44

Wachstum
- wirtschaftliches 14, 15, 50,
   127, 233, 252, 266
Wahlverhalten 254ff
Wandel 12, 13, 20, 32, 45, 50,
   60, 200ff, 223, 248ff
- sozialer 19, 54
Werte 41f, 52, 57, 59, 83, 114,
   138, 164, 174, 232, 234f
- system 63, 142, 217
- wandel 50, 252f, 257f, 261, 281ff
Wirtschaftssektoren 51, 65, 76ff
Wirtschaftswachstum, s. Wachstum
Wissen 50ff, 83, 85
Wohlfahrtsstaat 56, 115, 123, 251,
   272f